과학의 새로운 언어,
정보

INFORMATION: the New Language of Science
Copyright ⓒ 2003 by Hans Christian von Baeyer
All rights reserved

First published in English by Weidenfeld and Nicolson Ltd, an imprint of
The Orion Publishing Group Ltd of Orion House

Korean translation copyright ⓒ 2007 by Seung San Publishers
Korean translation rights arranged with The Orion Publishing Group Ltd. through EYA
(Eric Yang Agency)

이 책의 한국어판 저작권은 EYA(Eric Yang Agency)를 통한 The Orion Publishing Group Ltd. 사와의 독점계약으로
도서출판 승산이 소유합니다.
저작권법에 의하여 한국 내에서 보호를 받는 저작물이므로 무단 전재와 무단 복제를 금합니다.

Information
The New Language of Science

과학의 새로운 언어, 정보

| 한스 크리스천 폰 베이어 지음 |
| 전대호 옮김 |

승산

목차

● 한국어판을 위한 특별 서문

● 서문
  정말 큰 질문들···8

● 배경
  1 전기 비: 우리 삶 속의 정보···19
  2 데모크리토스의 주문에 걸리다: 왜 정보가 물리학을 변화시킬 것인가···29
  3 인-포메이션: 개념의 뿌리···39
  4 비트 세기: 정보의 과학적 측정···53
  5 추상: 구체적인 실재를 넘어서···61
  6 생명의 책: 유전 정보···71
  7 거인들의 싸움: 환원주의와 출현emergence···87
  8 코펜하겐의 신탁: 과학이 다루는 것은 정보이다···97

● 고전적인 정보
  9 가능성 계산: 확률은 정보의 수량화이다···107
  10 자릿수 세기: 어디에나 있는 로그함수···123
  11 묘비에 새겨진 메시지: 엔트로피의 의미···135
  12 무작위성: 정보의 뒷면···147

13 전기 정보: 모스에서 섀넌까지···163
14 잡음: 방해와 필요···177
15 궁극적인 속도: 정보 속도 한계···187
16 정보 풀기: 물리학에 봉사하는 컴퓨터···197
17 생물정보학bioinformatics: 생물학과 정보기술의 만남···209
18 정보는 물리적이다: 망각의 비용···219

양자 정보

19 양자 기계: 양자의 불가사의를 목격하다···231
20 구슬 게임: 양자 중첩의 신비···245
21 큐비트: 양자시대의 정보···255
22 양자 컴퓨터: 큐비트를 이용한 계산···267
23 블랙홀: 정보가 숨는 곳···283

진행 중인 연구

24 비트, 달러, 히트, 너트: 섀넌을 넘어선 정보이론···295
25 차일링거의 원리: 실재의 뿌리에 있는 정보···305

Notes···323

역자후기···331

색인···335

한국어판을 위한 특별 서문

한스 크리스천 폰 베이어

제 책을 읽을 한국 독자들께 몇 마디 환영의 말을 전할 기회를 얻게 되어 행복합니다. 2000년에 이 책을 쓰기 시작했을 때, 저는 빠르게 발전하는 양자정보과학quantum information science의 이면에서 새로운 태도가 등장하기 시작했다고 느꼈습니다. 이 책의 마지막 장에서 저는 그 새로운 정신에 대한 최초의 잠정적이고 부분적인 기술(記述)이라 할 만한 것을 시도했습니다. 그로부터 6년이 지난 지금, 새로운 밀레니엄에 양자정보과학이 나아가는 방향은 명확해지기 시작했습니다.

지난 세대의 물리학자들은 양자역학의 명백한 설명력을 인정하면서도, 어떤 상실감 — 확실성의 상실, 결정론의 종말 — 을 무릅쓰면서 양자역학을 받아들여야 했습니다. 그리하여 우리는 "자연이 우리에게 자신의 비밀에 관하여 알도록 허용한 것은 여기까지가 전부이다"라는 말을 위안으로 삼아야 했습니다.

그러나 지금은 양자암호학과 양자계산학이라는 새로운 분야들이 과거에는 생각할 수 없었던 놀랍고 새로운 실용적 성과들을 거느리고 등장하고 있습니다. 그 분야에 종사하는 신세대 과학자들은 우리보다 훨씬 더 낙관적입니다. "양자역학이 어떤 기적들을 가능하게 하는지 보세요!"라고 그들은 외칩니다. 그들의 낙관적인 태도는 우리가 그저 받아들였던 것을 더 쉽게 이해하는 새로운 길을 찾으라고 우리를 격려합니다. 그들은 양자정보과학이라는 새로운 통찰을 도구로 삼아 우리가 오래 전에 불가능하다며 포기한 심오한 이해에 도달하겠다는 희망에 가득 차 있습니다.

저는 그들이 성공할 것이라 믿으며, 그들이 놀라운 발견을 했다는 소식이 들려오기를 손꼽아 기다리고 있습니다. 친애하는 독자 여러분의 삶이 끝나기 전에, 그리고 바라건대 제 삶이 끝나기 전에, 우리는 이 책의 서문에 등장하는 존 휠러가 평생을 바쳐 추구한 것을 성취하게 될 것입니다.

우리는 양자를 이해하게 될 것입니다.

프랑스 파리에서
2006년 8월

서문

정말로 큰 질문들

존 아치볼드 휠러John Archibald Wheeler는 그의 생일을 기념하여 토론의 중심에 서게 되었다. 미국 이론물리학회 회장인 그는 2001년 7월 9일에 90세가 되었지만, 그의 생일을 기념한 국제 학회는 이듬해 봄에야 개최되었다. 학회가 개최되기 전 8개월 동안, 초대될 학자들과 그 밖에 여기에 참가하고픈 용의가 있는 사람이면 누구든지 위대한 물리학자 휠러의 관심사들 — 끈이론부터 시간의 본성까지 — 에 관한 활발한 이메일 논쟁을 벌였다. 풍부하고 열정적이며 또한 결론들이 명료한 그 논쟁은 236쪽 분량의 책자로 간행되어 받는 사람들을 기쁘게 했다.

휠러의 생일을 기념한 심포지엄은 존 템플턴 재단John Templeton Foundation을(과학과 종교 간의 대화를 촉진한다는 취지에서) 비롯한 여러 단체들이 공동으로 후원하였고, 휠러의 거대한 비전에 걸맞은 거창한 명칭 — 《과학과 궁극적인 실재Science and Ultimate Reality》 ― 을 부여받았다. 300명의 과학자와 학생들, 친구들과 거기에 끼어 있는 몇 명의 노벨상 수상자들, 멀리 아프리카와 오스트레일리아에서 초대된 손님들은 ― 그들 중 상당수는 사이버 공간에서만 서로 안면이 있었다 ― 휠러의 고향인 뉴저지 주 프린스턴에 있는 멋진 회의장에 모여 3일 동안 과학적인 강연과 토론과 연회를 벌였다. 조지 부시 대통령과 교황 요한 바오로 2세도 축전을 보냈다.

휠러는 현재 귀가 약간 어두워지고, 필체가 흔들리고, 걸음걸이가 느려졌지만, 학회 기간 내내 젊은이들과 함께 천진한 미소를 지으며 객석 중앙 앞자리에 앉아 있었다. 토론을 위해 자리에서 일어날 때마다 그는 아직 재치가 사라지지 않았음을 보여 주었다. 행사 막바지에 그가 하객들에게 기념 학회에 모여 그에게 신선한 발상을 선사한 것에 대해 감사의 말을 전할 때 감사해야 할 쪽은 오히려 우리들이었다. 과학자로서 활동한 70년 동안 휠러가 전 세계의 과학자들에게 준 영감은 가늠할 수 없을 정도이다. 우리는 그에게 갚을 수 없는 빚을 졌다.

존 휠러는 물리학자 중의 물리학자이다. 물리학계 외부에는 널리 알려지지 않았지만, 전문가들 사이에서 그의 이름은 지난 수십 년간 너무도 익숙한 것이었다. 젊은 시절 그는 현대 물리학의 두 거장 알베르트 아인슈타인Albert Einstein, 닐스 보어Niels Bohr와 함께 연구했다. 그는 그 두 거인이 개척한 이론 ― 상대성이론과 양자역학 ― 에 혁신적인 기여를 했을 뿐 아니라, 교사와 교과서 저자로도 큰 업적을 남겼다. 그가 가르쳤던 물리학자들 중 가장 유명한 사람은 미국 물리학계의 '무서운 신동'이자 노벨상 수상자인 리처드 파인만Richard Feynman이다.

교사로서의 휠러는 언어가 부리는 마술을 잘 알고 있었다. 예를 들어 그는 물리학계가 별의 붕괴에 주목하도록 유도하기 위해 '블랙홀'이라는 새로운 단어를 만들어 냈다 — 그 단어는 아무도 예상하지 못한 대성공을 거두었다. 시간이 지나 그의 명성이 높아지고 그의 글과 강의에 더 많은 대중이 관심을 갖게 되자 휠러는 물리학과 철학의 경계에 있는 심오한 질문들 — 양자역학의 해석이나 우주의 기원에 관한 문제 등 — 을 던지기 시작했다. 그는 자신의 생각을 인상적이고 알기 쉬운 언어로 전달하기 위해 선정한 '큰 질문들Big Questions'을 표현하는 독특한 문구들을 개발했다. 휠러의 생일을 기념한 심포지엄에서 다루어진 주제들은 그 큰 질문들 중 가장 중요한 것들, 즉 '정말로 큰 질문들Really Big Questions(RBQs)'이었다. 각각의 강연은 그 신비로운 질문들에 대한 독창적인 착상과 영감을 담고 있었다.

휠러의 '정말로 큰 질문들'은 전적으로 형이상학적이고, 자동차 뒷유리창에 장식으로 붙일 수 있을 만큼 간결하지만, 운전 중에 그 질문들에 골몰하는 것은 권할 만한 일이 아닐 것이다. 그중 눈에 띄는 것들을 다섯 가지로 추려 보자.

존재는 어떻게 생겨났는가?
왜 양자인가?
동참하는 우주?
의미는 무엇인가?
비트에서 존재로?

첫 번째 질문은 다음과 같은 유명한 종교적이고 철학적인 수수께끼를 표현한다. '왜 아무것도 없지 않고 무언가 있는가?' 많은 사람들이 일생을 바쳐 그 질문에 대한 답을 추구했다. 인터넷에서도 그런 질문들은 흔히 발견된다.

두 번째 질문은 원자 세계가 일상생활의 고전적인 물리학에 의해 지배되는 것이 아니라, 반(反)직관적인 양자역학의 법칙들에 의해 지배되어야 한다는 것을 입증하는, 단순하고 설득력 있는 논증을 찾는 노력을 대변한다. 휠러는 특유의 용기로, 과학자들이 일반적으로 조심스럽게 던지는 '어떻게?'라는 질문을(우리는 그 질문에 대한 답을 안다) 넘어서 곧바로 더 까다로운 '왜?'라는 질문으로 나아간다.

'동참하는 우주'는 휠러의 캐치프레이즈이다. 이는 우주가 전적으로 '저 밖'에 있으며 그 후에 우리에게 발견되는 것이 아니라, 부분적으로 우리가 묻는 질문과 그 질문에 대한 답으로 우리가 얻는 정보에 의해 형성된다는 생각으로, 논란의 여지가 많다. 그는 자신의 제안을 세 명의 야구 심판에 대한 이야기를 통해 설명한다. 심판들은 각자의 세계관에 따라 스트라이크와 볼을 판정한다. 첫 번째 심판은 "나는 보는 대로 판정한다."라고 말한다. 그는 확실히 경험주의자이다. 두 번째 심판은 "나는 사실대로 판정한다."라고 주장하는 실재론자이다. 세 번째 심판은 이렇게 설명한다. "내가 판정하기 전에, 그것들은 아무것도 아닌 것이 아니다." 이것이 바로 휠러의 입장이다.

네 번째 질문 '의미는 무엇인가?'는 의미의 개념을 정의하는 난해한 철학적인 문제를 표현한다. 메시지 속에 포함된 정보의 '양'을 측정하는 것은 자유자재로 하면서 그 메시지의 '의미'를 다룰 방법은 개발하지 못한 공학자들의 절망감을 과연 풀어 줄 수 있을까?

마지막, 다섯 번째의 '정말로 큰 질문'은 가장 근본적이다. 이 질문이 시사하는 것은 물질적인 세계 — 존재 — 가 전적으로 혹은 부분적으로 정보 — 비트 — 로부터 구성된다는 것이다. 휠러는 다음과 같은 신비로운 주장을 내놓는다. "모든 존재, 즉 모든 입자와 역장, 심지어 시공 연속체까지도 그 기능이나 의미 그리고 바로 존재 그 자체를 '예-아니오' 질문에 대한 답으로부터 즉 비트로부터 전적으로(상황에 따라 간접적으로라도) 얻는다."

'정말로 큰 질문들'에 관한 이야기가 울려 퍼지는 《과학과 궁극적인 실재》에 관한 심포지엄의 강연들을 듣는 동안 — 비록 그 강연들은 실험물리학과 이론물리학과 우주론의 난해하고 전문적인 주제를 논의했지만 — 나는 존 휠러의 강력한 영향력의 원천을 이해하기 시작했다. 한 강연자가 감사의 마음을 전하며 평가했듯이, 그의 업적은 단순히 과학을 다시 흥미롭게 만드는 것 이상이었다. 실제로 그가 성취한 것은 수백 년 전에 물리학으로부터 추방된 형이상학을 다시 도입한 것이다. 나는 학생 시절에 물리학은 자연의 **어떻게**를 발견하기 위해 노력하며 **왜**를 채우는 과제는 철학과 신학에게 맡긴다고 분명하게 배웠다. 그러나 대부분의 사람들은 — 마음속 가장 깊은 곳에서는 과학자들도 아마 마찬가지로 — 최소한 부분적으로라도 '왜'를 이해하기를 열망한다. 학생들에게 — 특히 과학자가 될 생각이 없는 학생들에게, 그들이 정말로 알고 싶어 하는 것은 '왜'임에도 불구하고 — '어떻게'를 가르치는 일은 모든 과학 교사가 익히 아는 실망스러운 경험이다. 휠러는 그런 우리에게 실험실과 교실에서 다시 정말로 큰 질문들을 논할 수 있게 해주었다. 더군다나 그는 충고를 통해 우리를 그렇게 하도록 설득한 것이 아니라 실례를 통해 우리에게 확신을 주었다. 예언자를 연상시키는 그의 거대한 주장들은 그것들만 외따로 있는 것이 아니라 그의 전문적인 노력과 업적과 함께 있다. '어떻게'를 묻는 질문들과 관련한 그의 탁월한 성취들은 그에게 '왜'를 물을 자격을 준다. 그렇게 물리학자로서 권위를 얻은 철학자 휠러는 물리학자들에게 영감을 주고 그의 뒤를 따르도록 유도한다.

심포지엄의 주요 강연자인 빈 대학의 안톤 차일링거 Anton Zeilinger는 〈왜 양자인가? 비트에서 존재로? 동참하는 우주? : 존 아치볼드 휠러의 거대하고 심오한 세 질문과 그것이 양자 실험가에게 준 영감〉이라는 제목의 강연을 통해 휠러의 강력한 영향을 분명하게 증언했다. 차일링거는 휠러의 바람과 마찬가지로 "우리가 내일 물리학 전체를 정보의 언어로 이해하고 표현할 수 있게 되기를 희망"했다. 이 책의 마지막 장에서 나는, 정보가 만물이 그로부터 성장하는 환원불가능한 씨앗이라는 차일링거의 주장을 논의할 것이다.

심포지엄 막바지에 나는 사람들로 붐비는 휴게실의 당구대(전통적인 고전물리학의 상징)와 분수(양자파동의 상징) 사이에서 휠러와 마주쳤다. 그에게 지난 40년 동안 우리가 나눴던 대화를 상기시킨 후, 그가 1960년에 내게 보낸 엽서에 대해 감사의 말을 전했다. 그 엽서는 내가 생애 최초로 공저로 발표한 과학논문을 보내 달라고 부탁하는 내용이었다. 당시 나는 그가 내 논문의 주제(열이 어떤 특정한 물질 속을 흐르는 방식에 관한 세부적인 이론)에 관심을 가졌다는 것을 의아하게 생각하면서도, 위대한 물리학자로부터 서신을 받은 것 자체에 지금도 생생하게 기억할 만큼 감동했다. 휴게실에서 휠러는 나의 스승이며 그 논문의 공동저자인 조 캘러웨이Joe Callaway의 근황을 물었고, 나는 조가 몇 년 전에 사망했다는 슬픈 소식을 전해야 했다. 조는 윌리엄 앤드 매리 칼리지(현재 내가 근무하는 학교)를 졸업한 후 프린스턴 대학으로 갔고, 중력과 전자기력을 통일하는 아인슈타인의 시도들 중 하나에서 치명적인 오류를 발견함으로써 명성을 얻었다. 휠러는 이렇게 회고했다. "나도 아인슈타인의 연구를 기억하네. 아마 그가 죽기 직전인 1950년대 중반이었지. 조와 나와 아인슈타인은 셋이서만 둘러앉아 통일 이론에 대한 토론을 했어. 조가 어떻게 죽었나? 심장이 문제였나?" 나는 그의 사망원인을 모르고 있었다.

그 후에 나는 캘러웨이의 상대성이론 논문을 살펴보았다. 그 논문의 마지막 문장은 다음과 같았다. "나는 값진 토론을 허락해 준 휠러 교수와 아인슈타인 교수에게 감사의 뜻을 전하고 싶다. 이 논문은 그들의 견해 차이에서 발상을 얻어 씌어졌다." 40년이 지난 후에 비로소 나는 나의 첫 논문에 대한 휠러의 관심을 이해할 수 있었다. 그의 관심을 끈 것은 논문의 주제가 아니라 공동저자의 이름이었던 것이다. 그러나 나는 실망하지 않았다. 반대로 나는 내가 물리학계에 더 강하게 연결되는 느낌을 받았다. 아인슈타인으로부터 휠러와 캘러웨이를 거쳐 내게로 ―오랜 세월의 전통 속에서 스승으로부터 제자로― 이어지는 끈이 우리 각각을 위대한 선임자에게 연결하고 있었다.

그런 생각으로 힘을 얻은 나는 '정말로 큰 문제' 두 개를 추가로 던진다. 첫 번째는 '정보는 무엇인가(WHAT IS INFORMATION)?'라는 근본적인 질문이다. 두 번째는 휠러의 가장 대담한 제안을 현대화하는 것과 관련된다. 즉 '비트에서 존재로?'를 새로운 양자정보$_{\text{quantum information}}$의 언어로 번역하는 것이 과제이다. 그렇게 번역하면, 질문은 '큐비트에서 존재로(IT FROM QUBIT)?'가 된다.

확률론은 17세기에 진지한 과학이 되었지만, 그 뿌리는 고대의 주사위 놀이와 카드놀이로까지 거슬러 올라간다. 수학자들이 확률을 다룰 수 있을 만큼 충분하게 수학적 도구를 발전시키기 훨씬 전에 도박사들은 부분적인 정보를 이용하여 내기에서 이길 가능성을 계산하는 방법을 알고 있었다. 그런 방식으로 그들은 가지고 있는 혹은 필요한 정보에 양적인 가치를 직관적으로 부여했다. 확률과 도박의 이러한 상관성을 생각할 때, 확률이 정보를 반영하는 미묘한 방식을 매우 극적으로 보여 준 것이 TV 속의 한 도박 게임 - 정확히 말하면 그 게임에 관한 글 - 이었다는 것은 어쩌면 놀라운 일이 아닐 것이다.

매릴린 보스 사반트는 『퍼레이드Parade』라는 잡지에 수학적인 게임과 논리적인 수수께끼에 관한 칼럼을 쓴다. 그녀는 자신이 IQ가 228 인 천재라고 허풍을 떠는 인물이지만, 그럼에도 불구하고 많은 독자를 가지고 있다. 1990년 9월 9일에 그녀는 수수께끼 하나를 냈다. 《거래 합시다》라는 제목의 TV 쇼 진행자 몬티 홀은 행운아 된 시청자를 출연자 로 뽑아 세 개의 방을 보여준다. 그 방들은 1에서 3까지 번호가 매겨져 있고, 커튼으로 가려져있다. 세 방 중 하나에는 최신형 자동차가 있다. 만일 출연자가 자동차가 있는 방을 맞히면, 자동차는 그의 것이 된다. 출연 자는 행운을 바라며 1번 방을 선택한다. 이때 '자동차가 어디에 있는지 아는' 진행자는 2번 방을 열어 방이 비어 있다는 것을 보여 주면서 다 음과 같이 자상하게 묻는다. "처음에 선택한 대로 1번 방에 거시겠습니 까, 아니면 선택을 바꾸어 3번 방에 거시겠습니까?"

생각해 보면 자동차는 두 방 중 하나에 있으므로, 어느 방을 선택하든 자동차를 얻을 확률은 50퍼센트인 것처럼 보인다. 그러므로 선택을 바 꾸는 것은 무의미한 일인 것처럼 보인다. 그러나 그것은 틀린 생각이 다. 영리한 방청객들이 "바꿔라, 바꿔라" 하고 외친다고 상상해 보자.

1 전기 비
우리 삶 속의 정보

정보는 보이지 않고 만질 수 없는 전기 비의 형태로 끊임없이 조용하게 우리에게 내린다. 대기를 채운 전파 속에 암호화된 정보는 우리의 집과 벽을 통과하고 우리 자신의 몸도 관통한다. CNN 뉴스, 오스트레일리아의 토크쇼, 독일의 연속극, 멕시코의 영화, 그리고 수많은 광고들 — 우수한 프로그램에서 저질의 쓰레기까지 온갖 것이 전파 속에 있다. 어떤 전파 신호는 수정처럼 선명하고, 또 어떤 신호는 투과할 수 없는 잡음 속에 묻혀 있다. 정보를 발견하려면 작은 안테나를 세우고, 안테나가 수신하는 미세한 전기 신호를 증폭하고, 그 신호를 소리와 빛으로 변환하기만 하면 된다.

실제로 안테나는 라디오와 텔레비전 방송 외에도 훨씬 많은 것을 포착할 것이다. 비행기 조종사, 항해사나 아마추어 무선사의 교신, 엄청난 양의 핸드폰 통화, 군대의 비밀 통신, 과학 위성과 우주선에서 오는 전파, 그리고 차고를 열거나 텔레비전을 켜기 위해 사용하는 수많은 리모컨에서 나오는 전파도 있을 것이다.

더 나아가 구리와 유리로 된 선들도 있다. 그 통로들을 열려면 모뎀을 연결하기만 하면 된다. 당신은 전 세계의 무수한 전자 메모리들로부터 당신의 컴퓨터로 쏟아져 들어오는 정보의 흐름을 보게 될 것이다. 심지어 그 흐름도 한계에 도달한 케이블과 광학 섬유를 뛰쳐나와 우리를 둘러싼 무선통신과 합류하고 있다. 일부 정보는 누구나 이해할 수 있다. 그러나 밤낮으로 금융기관들을 오가는 수백억 달러의 돈과 관련된 정보를 비롯한 대부분의 정보는 정해진 사람만 이해할 수 있다. 좋든 싫든 세계는 정보 속에 잠겨 있다.

물이 개별적인 분자들로 이루어진 것과 마찬가지로, 정보는 수 0과 1을 나타내는 전기 펄스의 형태로 되어 있다. 과거의 기술은 더 복잡한 아날로그 신호를 이용했다. 그러나 오늘날의 정보는 일반적으로 컴퓨터의 기본적인 알파벳인 0과 1로 암호화되어 있다. 0과 1은 정보를 이루는 근본 재료인 셈이다. 우리에게 익숙한 원자와 복사파로 이루어진 우주는, 이 궁극적인 두 기호로 이루어지며 비물질적인 평행 우주로 뒤덮여 있다. 그러나 0과 1의 무작위한 조합은 정보가 아니다. 오직 그 기호들이 특정한 패턴으로 조직될 때만 정보가 발생한다. 이는 물분자들이 특정한 패턴으로 배열될 때만 빗방울과 구름과 얼음과 강물이 생겨나는 것과 마찬가지이다. 기호들은 바탕을 이루고, 정보는 의미를 가진다.

정보우주는 몸속의 바이러스나 복리 이자처럼 지수함수적으로 성장한다. 지수함수적인 성장의 특징은 마지막 항이 항상 이전 항들을 모두 합한 것보다 크다는 것이다.(2의 제곱수들로 이루어진 지수함수적으로 성장하는 수열 1, 2, 4, 8, 16, 32, 64……에서 4는 1+2보다 크고, 8은 1+2+4보다 크고, 16은 1+2+4+8보다 크다. 이런 특징은 무한히 유지된다.) 캘리포니아 대학의 과학자들은 인간과 인간이 만든 기계가 앞으로 3년 동안 생산할 정보가 과거 30만 년간 생산한 것보다 더 많을 것이라고 예언했다. 그 예언은 대단한 얘기로 들리지만, 실은 정보의 양이 지수함수적으로 성장한다는 말에 불과하다. 정보는 대략 3년마다 두 배로 성장한다.

시간을 가로축으로 한 그래프로 그려 보면 정보우주의 성장 곡선은, 활주로를 달려 이륙한 후 갑자기 방향을 바꾸어 점점 더 가파르게 무한한 고도로 치솟는 비행기의 궤적처럼 그려진다. 거의 성장이 감지되지 않는 초기의 긴 구간 때문에 예리한 관찰자가 아닌 일반인들은 지수함수적인 성장을 정체로 착각하기도 한다. 임박한 정보기술의 혁명을 일찍이 예견한 사람들 중 하나는 "미디어는 메시지"라는 격언을 만들어 낸 마셜 맥루한Marshall McLuhan이다. 이미 1964년에 그는 이렇게 지적했다. "사무용 가구나 기기를 만드는 것이 중요한 일이 아니라 정보를 처리하는 것이 중요한 일이라는 것을 깨달은 이후 IBM은 확실한 비전을 가지고 전진하기 시작했다." 그 후 얼마 안 있어 디지털 계산의 폭발적인 발전이 정보 혁명을 촉발시켰고, 우리는 '디지털 시대' 혹은 '정보 시대'라고 불리는 컴퓨터 시대를 맞이했다. 과거에 우리는 21세기가 되면 태양계의 여러 지점으로 사람과 물자를 수송하는 것이 충분히 가능하리라고 예상했다. 그러나 오늘날 우리는 사람과 물자 대신에 비물질적인 정보의 구름을 주고받는다.

정보우주의 지수함수적인 성장은 계속될까? 태아나 은행계좌 같은 실재 계들은 무한히 성장할 수 없고, 반드시 한계에 도달하여 성장을 멈추거나 반대로 축소된다. 유한한 계의 진화를 나타내는 곡선은 길게 기울여 쓴 S자와 유사한 모양을 가진다(18세기 경제학자 맬서스가 인구의 성장과 관련해서 처음 연구한 그 곡선은 'S 곡선'이라 불리기도 한다). 곡선 상부의 평평한 구간에서 증가가 멈추거나 감소가 일어나는 것은 다양한 제한 메커니즘의 작용 결과이다.

오늘날 정보기술의 진보를 제한하는 것은 오직 공학적인 문제들뿐이다. 그 문제들은 영리한 디자인에 의해 극복될 수 있다. 물리학 법칙과 관련된 더 근본적인 한계는 2020년 이후에나 도달될 것으로 추정된다. 그러므로 현재로서는 지수함수적인 성장이 당연한 법칙이다. 미래에는 컴퓨터 메모리들이 더 저렴해지고 더 작아져서 결국 원자 규모나 심지어 원자핵 규모에 도달할지도 모른다. 정보를 전송할 수 있는 진동수 혹은 채널의 범위('띠너비bandwidth'라 불린다)는 전송되는 것이 전기 신호에서 광학 신호로 바뀜에 따라 점점 더 넓어질 것이다. 계산 속도 역시 정보 운반자 역할을 하는 둔한 전자가 민첩한 광자로 대체됨으로써 증가할 것이다. 또한 가능한 계산의 양도 양자 컴퓨터 등의 새로운 장치 덕분에 급격하게 증가할 것이다. 우리를 둘러싼 정보 구름은 불투명할 정도로 두꺼워질 것이다.

이 모든 정보가 우리의 삶 전체에 스며들 것이라는 사실은 현재 수립되고 있는 계획들로부터 추측할 수 있다. 과학자들과 공학자들의 증가하는 요구에 부응하여 월드 와이드 웹World Wide Web은 훨씬 더 복잡하고 강력한 월드 와이드 그리드World Wide Grid로 대체되기 시작했다. 월드 와이드 그리드 역시 옴니넷Omninet 혹은 하이퍼그리드Hyper Grid 등의 명칭을 가진 더 포괄적인 어떤 것에 의해 대체될 것이다. 결국 우리의 모든 인공물은 연결망들의 연결망들의 연결망으로 연결될 것이다. MIT에서 추진되는 '산소Oxygen'라는 프로그램의 목표는, 우리가 호흡하는 공기가 '모든 장소에 있듯이ubiquitous', 계산이 모든 장소에서 이루어지도록 만드는 것이다. 그 프로그램은 우리의 옷과 벽과 가구와 자동차와 몸에 컴퓨터를 장착하는 것을 꿈꾸고, 초소형 컴퓨터와 센서와 송신장치로 이루어진 '스마트 먼지'의 안개가 우리 머리 위로 흘러다니는 것을 꿈꾼다. 미대륙의 반대편인 버클리(저자가 가르치고 있는 대학은 버지니아 주에 있다 : 옮긴이)에서 추진되고 있는 — 제임스 쿡 선장Captain James Cook의 배 이름을 따서 '인데버Endeavour'라고 명명된 — 프로젝트는 마치 바다 속의 물고기처럼, 사람들을 뒤덮는 정보의 바다를 창조하기로 계획하고 있다. 전기 비는 대홍수를 일으킬 것이다.

한계는 어디일까? "바닥에 충분한 공간이 있다"는 파인만의 주장에 고무된 물리학자들과 컴퓨터 과학자들은 물리학 법칙들에 의해 설정된 장벽에 부딪힐 때까지 정확히 얼마나 많은 공간이 남아 있는지 계산하는 시도를 했다. 그러나 양자역학의 불확정성원리와 열역학 제2법칙, 상대성이론의 한계 속도가 영향력을 발휘하기 이전에 인간의 영향력이 정보우주의 팽창을 멈추고 정보의 성장곡선을 평평하게 만들기 시작할지도 모른다.

우리는 정보 시대의 충격이 생각만큼 보편적이지 않다는 것을 깨닫기 시작했다. 풍요로운 서양 세계에서는 정보기술이 삶을 지배하는 것처럼 보인다. 그러나 세계 인구의 대다수는 아직 정보기술과 무관하다. 월드 와이드 웹은, 아직 전화조차 걸거나 받지 못하는 형편에 있는 세계 인구 절반에 해당하는 사람들의 빈곤문제를 해결해 줄 수 없을 것이다. 자동으로 운전되는 자동차들은 2달러 미만의 돈으로 하루를 버티는 30억 인구의 삶의 수준을 향상시키지 못할 것이다. 로봇을 이용한 수술은 깨끗한 식수를 얻지 못하는 15억 인구를 치료하지 못할 것이다. 결국 심각한 디지털 격차에 대한 인식이 정보에 대한 우리의 무한한 욕구를 억제하기 시작할지도 모른다.

정보기술의 참된 비용 역시 아직 일반적으로 인식되어 있지 않다. 최근에 추정된 바에 의하면, 2그램 무게의 컴퓨터칩 하나를 생산하는 데 36배 무게의 화학물질과 800배 무게의 연료와 1600배 무게의 물이 소모된다고 한다. 언제 이 숨겨진 비용이 컴퓨터칩 생산을 억제하게 될지 아무도 모른다.

정보우주의 성장을 제한하는 추가적인 요인들은 아마도 인간의 유한성에 의해 설정될 것이다 — 오류를 범하는 우리의 습성과 보잘 것 없는 우리 뇌의 한계가 정보우주의 성장을 가로막을 것이 분명하다. 자료는 미래의 통로들 속에서 더 빠르고 풍부하게 흐를 것이다. 그러나 0과 1이 운반하는 정보는 인간의 오류에 의해서 불가피하게 손상될 것이다. 이 문제는 이미 분명하게 나타나기 시작했다. 인터넷에서 얻을 수 있는 정보의 많은 부분은(일단 얻을 수 있다는 전제하에서) 왜곡되어 있고, 체계적이지 않으며, 심지어 명백한 거짓도 있다. 따라서 상당량의 정보는 얻을 수조차 없거나, 얻어 봤자 유용하지 않다.

1997년, 노벨상 수상자이자 물질을 쿼크로서 설명하는 이론을 세우는 데 일등공신이었던 머리 겔만Murray Gell-mann은, 향후 50년 동안 이루어질 컴퓨터의 발전과 그것이 일상에 미칠 영향에 대한 질문을 받은 적이 있다. 그는 질문에 대한 답변으로「진흙에서 다이아몬드 캐기」라는 제목의 글을 썼다. 그 글에서 그는 자료의 홍수 속에서 의미를 발견하고 정보의 바다 속에서 지혜를 건져 내는 일의 어려움을 이야기했다. 근본적으로 기술옹호자인 그는 과학과 공학이 그토록 크고 빠르게 성장하면서 발생한 문제들을 해결하는 데 과학과 공학 그 자신이 기여할 것이라는 희망을 밝혔다. 그럼에도 불구하고 그가 글의 마지막에 인용한 밀레이Edna St Vincent Millay의 시는 과학이 제시하는 미래의 청사진에 대한 그의 의심을 시사한다.

축복의 시대, 이 어두운 시간에
하늘에서 유성의 비처럼
사실들이 쏟아진다.
의문시되지 않으며 서로 연결되지 않는 사실들.
우리를 치유하기에 충분한 지혜의 실이
매일 만들어진다. 그러나 그 실로
천을 짤 베틀이 없다.

정보처리의 한계가 물리적이거나 기술적, 경제적이기보다는 인간적인 데 있는 것이 사실이라면, 사이버카페, 사이버섹스, 사이버범죄, 사이버

세계 등에서와 같이 '사이버'라는 말이 대중적으로 즐겨 사용된다는 것은 꽤 역설적인 일이다. '사이버cyber'라는 말은 1950년대에 노버트 위너 Nobert Wiener가 만든 '사이버네틱스cybernetics'라는 단어에 의해 영어에 도입되었다. 사이버네틱스는 계를 제어하는 과학을 의미한다. 위너는 그 단어를 조타수 혹은 안내자를 뜻하는 그리스어 퀴버네테스kybernetes에서 따왔다. 퀴버네테스의 이니셜 K는 미국명예과학협회를 나타내는 축약어 ΦBK(화이 베타 카파)에도 등장하는데 이 축약어는 그리스어 격언 '철학, 삶의 지침'의 이니셜들을 따서 모은 것이다. 첨단 기술의 마법을 찾아 인터넷을 항해할 때에도 우리는 사이버라는 말의 인간적인 뿌리를 기억할 필요가 있다. 사이버호는 인간이 키를 잡을 때 비로소 통제된다.

　그러나 현재 정보의 비는 끊임없이 우리 위로 내리고 있다. 그 빗속에는 인공적으로 생산된 정보, 즉 컴퓨터와 정보기술의 산물인 사이버-내용cyberstuff만 있는 것이 아니다. 더 쉽게 확인할 수 있으며 마찬가지로 방대한 부분을 차지하는 것은 바로, 자연적인 정보의 비이다. 우리는 안테나를 세우는 수고를 할 필요도 없이 단지 눈을 뜨기만 하면 된다. 주위의 풍경을 한번 생각해 보라. 주위를 둘러볼 때 당신이 보는 것은 엄청난 양의 정보이다. 당신이 의식하는 것은 분해되지 않은 색과 모양의 덩어리라 할지라도, 그 상은 여러 방식을 통해 자료의 흐름으로 환원될 수 있다. 한 가지 방식은 그 상을 디지털 카메라로 보는 것이다. 디지털 카메라는 상을 0과 1로 번역하기 위해 고안된 장치이다. 자연은 이미 인간의 눈에서 디지털 카메라 기술을 실현했다. 인간의 눈은 시각적인 자극을 시간과 공간 속에서 다양하게 세분화된 전기적인 충격으로 변환한다. 그 전기적인 충격은 디지털 형태로 표현될 수 있다. 그림은 눈에 도달할 때까지 개별적인 광자들에 의해 운반된다. 그 운반과정 역시 또 하나의 디지털 코드화이다. 전기적인 신호와 화학적인 신호를 교환하는 세포들의 거대한 연결망인 뇌도 알고 보면 대부분 꺼짐-켜짐 신호의 형태로, 즉 0과 1로 코드화된 정보를 처리하는 강력한 장치이다. 문장을 코드화하는 것도 생각해 볼 수 있다. 일상 언어로 문장을 쓰고, 그것을 모스부호로 또는 모스부호의 컴퓨터 시대 버전인 ASCII로 — 점과 선, 0과 1로 — 번역할 수 있을 것이다.

우리가 시각의 작용을 어떻게 분석하든, 우리의 눈은 풍부한 정보를 기록한다. 처리하고 기록할 메시지를 뇌로 보내는 것은 귀와 코와 혀와 손가락 끝도 마찬가지이다. 모든 살아있는 세포 속에서도 뇌가 처리하는 것과 비교할 수 있을 만큼 거대한 양의 정보가 처리된다. 분자생물학은 세포를 유전정보 저장소로 파악한다. 유기체의 성장과 행동은 유전암호에 의해 결정되고 제어된다. 우리는 생명의 책인 그 유전암호를 0과 1의 형태로 슈퍼컴퓨터에 저장할 수 있게 되었다.

물리적인 세계에도 풍부한 정보가 있다. 정보는 우주를 이루는 근본 요소인 듯하다. 우리 인간은 감각을 통해 정보를 얻을 뿐 아니라, 불가피하게 정보를 서로 교환한다. 막 태어난 아기의 첫 울음에서부터, 역사적으로 따지자면 불 주위에 모인 동굴거주자들의 잡담에서부터 위성을 통해 전송되는 이메일 메시지까지, 정보를 향한 욕구는 식욕이나 성욕과 마찬가지로 인간의 근본적인 조건이다. 더 나아가 인류학자 킹Babara King은 언어와 몸짓을 통해 정보를 교환하는 능력이 인간에게만 국한되지 않는다고 주장한다. 그 능력은 우리가 원시인류로부터 물려받은 다른 특성들과 함께 진화했으며, 환경에서 정보를 추출하는 아메바의 능력에서부터 꿀벌의 춤과 새의 노래를 거쳐 우리의 현대적인 통신 방법에까지 이르는 연속체의 일부로 간주되어야 한다고 그녀는 믿는다.

그런데 정보가 인공적인 형태로든 자연적인 형태로든 우리 주변 세계의 필수적인 구성요소라면, 왜 정보는 물리학이 다루는 개념에 포함되지 않는 것일까? 왜 정보는 공간, 시간, 질량, 에너지, 원자, 빛, 열 등 물질적인 세계를 기술하는 데 필수적인 개념들과 유사한 역할을 하지 않는 것일까? 두 세대의 물리학자들이 공부한 파인만의 기념비적인 교과서 『물리학 강의』의 색인에는 왜 '정보'가 없을까?

대답은 정보가 매력적이지만 모호하고 잘 정의되지 않은 개념이라는 것에 있다. 모호성은 포스트모던한 시대의 미덕일지도 모르지만, 물리학자에게는 극복해야 할 과제이다. 정보는 정확히 무엇일까? 정보는 과학적으로 유용한 개념일까? 정보는 측정될 수 있을까? 정보를 수학적으로 분석할 수 있을까? 이런 질문들이 이 책이 다룰 내용이다.

2 데모크리토스의 주문에 걸리다
왜 정보가 물리학을 변화시킬 것인가

정보 개념은 지난 100년 동안 점진적으로 명료화되었는데, 이는 정보와 마찬가지로 추상적인 양인 에너지 개념이 19세기 중반에 탄생한 과정과 분명하게 대조된다. 에너지 개념은 20년이라는 짧은 기간 동안에 발명되고 정의되고, 처음에는 물리학의 주춧돌로 그리고 나중에는 모든 과학의 주춧돌로 정착되었다. 우리는 정보가 무엇인지 모르는 것과 마찬가지로 에너지가 무엇인지 모른다. 그러나 에너지는 견고한 과학적 개념이다. 우리는 에너지를 정확한 수학적 용어로 기술하고, 유용한 재화로서 측정하고, 거래하고, 세금을 매길 수도 있다.

정보 역시 거래되고 제어되기 시작했지만, 그것을 둘러싼 주관성의 아우라aura 때문에 에너지와는 달리 정의하기가 더 어렵다. 에너지는 분명히 물리적인 계 속에 있다—물질대사에너지는 도넛 속에, 전기에너지는 핸드폰 배터리 속에, 화학에너지는 가스탱크 속에, 운동에너지는 바람 속에 있다. 반면에 정보는 부분적으로 정신 속에 있다. 예를 들어 암호화된 메시지는 어떤 사람에게는 값진 정보이지만 다른 사람에게는 이해할 수 없는 낙서일 수 있다. 수 14159265……를 생각해 보자. 당신의 사전 지식에 따라, 그 수는 숫자들의 의미 없는 무작위 배열일 수도 있고 π의 소수점 이하 부분일 수도 있다. 후자의 경우라면, 이 수는 중요한 과학적 정보가 된다. 이렇게 정보 개념은 주관성과 관련되기 때문에 — 정신의 상태에 의존하기 때문에 — 모호하고 동시에 위력적이다.

"여기서 멈춰라." 나는 동료 물리학자들의 외침을 듣는다. "저기는 네가 갈 곳이 아니다."

주관성이라는 단어가 등장하면 물리학자들은 움츠러든다. 2천 년 이상 우리는 객관성을 추구해 왔고, 모든 개인적인 의견과 느낌의 흔적을 논의에서 추방하기 위해 체계적으로 노력해 왔다. 따라서 포스트모던한 비판자들이 과학을 사회적 구성물로 간주하고, 물리학을 — 신화와 같은 자격에 놓고 — 진리를 주장하는 하나의 정교한 이야기로 치부할 때 우리는 크게 분노할 수밖에 없다. 물리학은 근본적으로 객관적이라고 우리는 강력하게 주장한다. 과학의 언어는 인간이 가진 가장 합리적인 의사소통 형식인 수학이다. 예술가나 심리학자, 철학자들은 개인적인 인상과 반응을 중시하고 분석하게 놔두자. 그동안 우리 물리학자들은 사실에만 충실할 것이다. 나머지는 그들이 알아서 해 줄 것이다. 따라서 만일 정보가 주관적이라고 판명된다면 물리학 용어로서 정보의 역할은 즉각적으로 위태로워질 것이다.

20세기의 과학 혁명은 무생물 세계를 완벽하게 객관적으로 파악할 수 있다는 우리의 신념을 뒤흔들었다. 첫째, 아인슈타인의 상대성이론은 어떤 현상도 — 심지어 시간의 흐름도 — 관찰자의 운동상태와 무관하게 기술할 수 없음을 보여 주었다. 예를 들어 고속으로 날아가는 우주선에 타고 있는 우주인이 읽는 (정확한) 시계는 우주정거장에 있는 시계보다 느리게 갈 것이다. 이는, 먼 하늘을 날고 있는 비행기가 느린 속도로 이동하는 것처럼 보이듯이 시계가 단지 더 느리게 가는 것처럼 느껴진다는 뜻이 아니다. 시계는 실제로 더 느린 속도로 작동한다. 우주선 속에서는 시간 자체가 느려지고, 우주인의 심장박동과 탈모 속도도 느려진다. 이 주장은 매우 반(反)직관적이지만 부정할 수 없는 사실이며, 이로 인해 시간의 객관성 자체가 훼손되는 것은 아니다. 그러나 이 사실은 관찰자의 역할을 물리학의 언어 속에 불가피하게 삽입한다.

이렇게 상대성이론이 우리를 주관성의 심연 가장자리로 데려갔다면, 양자역학은 우리를 그 속에 빠뜨렸다. 양자이론에 대한 지배적인 해석에 따르면 원자와 같은 물리적인 계의 상태는, 시곗바늘이 (우리가 모른다 할지라도) 매 순간 고정된 방향을 가리키는 것과는 달리, 확정적이지 않다. 특정한 원자에 대해 객관적인 진술을 하려면 우선 관찰자는 어떤 성질을 측정할 것인가를 결정하고(여기서는 '원자의 속도'라고 하자) 그에 맞는 실험을 설계해야 한다. 인간은 측정 장치를 마음대로 선택할 수 있지만, 그 선택은 예상되는 가능한 결과들을 제한한다. 만일 다른 장치 — 예를 들어 원자의 위치를 측정하는 장치 — 를 선택한다면, 원자 속도의 정확한 값은 무의미해질 것이다. 속도는 단지 우리에게 알려지지 않은 unknown 것이 아니라, 어둠의 맛이나 희망의 색처럼 근본적으로 알 수 없는 unknowable 것이 된다. 원자의 속도는 질문이 올바르게 구성되고 적절한 측정이 수행될 때 비로소 존재한다.

이러한 양자역학의 필연적인 관찰자 의존성은 이른바 '양자의 신비'의 근간을 이룬다. 그 의존성은 바로 과학적 기획이 자랑하는 객관성에 반기를 든다. 마치 우리가 선택하는 질문에 의해서 실재가 형성되는 듯이 보이는데, 질문을 다르게 선택하면 다른 대답이 산출되는 듯이 보이기도 한다. 그러므로 휠러에 따르면, 우리의 세계는 '동참하는 우주'이다. 이 세계에서는 관찰자를 배제할 수 없다. 휠러가 희망하듯이, 본질적으로 주관적인 성질을 가지고 있는 정보가 과학에서 정당하게 논의되고 양자역학의 신비에 빛을 비출 수 있을까?

물리학은 일차적으로 '저 밖에' 있는 사물들의 세계를 다룬다. 눈앞에 있는 돌의 실재성을 증명하기 위해 주저 없이 그 돌을 발로 찼다는 사전 편집자 존슨 Dr Samuel Johnson의 유명한 일화는 '저 밖에' 있는 사물들이 가진 실재성의 의미를 시사한다. 그러나 동시에 이 세계에 대한 수학적인 기술(記述)은 물질 속에서가 아니라 분명 인간의 정신 속에서 생겨나고 작동한다. 주관적인 것과 객관적인 것의 이 불가피한 얽힘 앞에서, 우리는 관찰자와 관찰되는 것을 구분하는 명확한 선을 어디에서 찾아야 할까? 동물원에서 관람객들이 원숭이를 관찰하듯이 우리가 이 세계를 연구할 수 있다는 확신은 어디에서 나왔을까? 관람객과 원숭이 사이의 튼튼한 울타리는 인간과 원숭이의 영역이, 관찰자와 관찰되는 것의 영역이 분리되어 있고 서로 독립적이라는 인상을 준다. 그 그릇된 확신이 언제 탄생했는지는 역사의 행운 덕분에 정확하게 말할 수 있다.

약 2,400년 전에 철학자이자 수학자인 압데라Abdera의 데모크리토스 Democritus는 세계가 겉보기와 달리 원자로 이루어졌다고 분명하게 선언했다. 그의 저술은 몇 개의 조각글로만 남아 있다. 그런데 그 중 하나가 간결하면서도, 유례가 없는 역사적인 중요성을 가지고 있다. 그 조각글은 물리학의 근본적인 전제를 나타내는 것으로 보인다. "관습에 의해 달고 관습에 의해 쓰며, 관습에 의해 뜨겁고 관습에 의해 차갑다. 색깔 역시 관습에 의한 것이다. 실제로 있는 것은 원자와 진공뿐이다." 데모크리토스에게 관습은 실재와 대립하는 인간의 집단적인 의견이었다. 관습이 주관적이라면, 진실은 객관적이었다.

수백 년 동안 물리학자들은 데모크리토스를 본받아 객관적인 실재를 주관적인 지각으로부터 분리했다. 물론 그들은 온도와 색을 원자의 실재하는 물리적 속성들과 연결함으로써 주관적인 영역에서 객관적인 영역으로 옮기는데 성공했지만, 그 통찰은 데모크리토스의 이분법을 더 강화할 뿐이었다. 수백 년 동안 원자의 본성에 대한 우리의 지식이 성장하면서 주관적인 범주와 객관적인 범주에 속하는 항목들은 변했지만, 주관과 객관 사이의 근원적인 이분법은 그대로 유지되었다.

원자론은 역사 속에서 흥행과 쇠퇴를 겪었고 심지어 긴 침묵의 시기도 겪었다. 그러나 데모크리토스가 역설한 원자론의 원리는 한 번도 완전히 사라진 적이 없었고, 결국 오늘날의 과학에서 지배적인 지위에 도달했다. 단순하고, 더 이상 쪼갤 수 없으며, 명료하게 이해되는 대상 — 원자 — 이 복잡한 지각의 세계에 의해 더럽혀지지 않은 채로 '저 밖에', 물리적 실재의 기반에 존재한다는 생각은 거부하기에는 너무 매력적이었다. 원자론은 물리학자들과 화학자들을 인도하는 등대 역할을 했고, 마침내 그들에게 (데모크리토스는 상상조차 할 수 없었던) 자연을 지배할 권력을 선사했다. 데모크리토스의 주문spell — 객관성을 향한 꿈 — 은 지난 2천여 년 동안 과학자들을 확실하게 구속했다.

그러나 자연은 인간이 만든 범주category를 존중하지 않는다. 20세기의 물리학자들은 경험을 통해 그들 자신과 무생물계를 구분하는 벽이 그다지 확고하지 않다는 것과, 많은 경우 (예를 들어 원자 규모의 거리에서) 완전히 사라지기도 한다는 것을 알게 되었다. 절대적 객관성은 매우 쓸모가 많지만, 환상일지도 모른다. 그 개념은 오랫동안 유용하게 사용되어 왔으며 물리학을 (다양한 인간의 반응을 수용해야 하는) 다른 학문들이 선망하는 대상으로 올려놓았다. 그러나 오늘날 우리는 절대적 객관성을 극복하고, 때로는 관찰자와 관찰대상 사이의 상호작용을 무시할 수 없다는 것을 인정해야 한다.

역설적이게도 '절대적 객관성'을 향한 꿈의 허점을 지적한 것 역시 데모크리토스 자신이었다. 그가 원자에게 궁극적인 실재성을 부여하는 대목을 담은 조각글은 실제로 지성과 감각이 벌이는 작은 논쟁을 묘사한다. 그 논쟁 전체는 다음과 같다.

> 지성: 관습에 의해 달고 관습에 의해 쓰며, 관습에 의해 뜨겁고 관습에 의해 차갑다. 색깔 역시 관습에 의한 것이다. 실제로 있는 것은 원자와 진공뿐이다.
>
> 감각: 가련한 정신이여, 너는 우리를 이길 증거를 우리로부터 얻는가? 너의

승리는 너의 패배이다.

데모크리토스는 과학의 모든 경험적인 증거가 감각의 매개를 통해 수집된다는 것을 알고 있었다. 우리는 주사터널링현미경scanning tunnelling microscope (예리한 탐침을 물체 가까이 접근시켜 그 사이로 흐르는 전류 정보를 통해 물체의 표면을 읽는 방법 : 옮긴이)을 통해 원자를 본다. 또한 열로 감지되는 원자의 무작위한 운동을 온도계의 표시 도수로 번역하고, 비가시적인 원자 규모의 사건을 가이거 계수기의 청각적인 클릭 소리로 변환시킨다. 만일 우리가 감각 경험의 실재성을 부정한다면, 원자의 실재성을 위한 모든 증거를 스스로 파괴하는 것이다! 지난 수백 년 동안 우리는 데모크리토스의 통찰에서 뒷부분에 해당하는 내용을 성공적으로 은폐해 왔다. 그러나 오늘날에는 데모크리토스의 통찰이 열어 준 원자의 영역에서 바로 그 부분이 건드려지고 있다. 우리는 더 이상 진실을 회피할 수 없다. 감각과 지성을 가진 관찰자는 물리적인 세계에 대한 완전한 기술 속에 포함되어야 한다. 휠러는 이렇게 말한다. "물리학만 다루는 물리학이론은 결코 물리학을 설명할 수 없다. 나는 우주를 이해하려는 노력이 인간을 이해하려는 노력과 같다고 믿는다. …… 물리적인 세계는 어떤 깊은 의미에서 인간과 묶여 있다."

그러나 어떻게 이곳에서 저곳에 도달할 것인가? 원자와 진공으로 이루어진 객관적인 실재(우리는 그것을 이해했다는 사실을 자랑스러워한다)에서 출발하여 여전히 신비에 싸여 있는 인간의 감각과 의식을 향해 나아갈 때 우리는 먼저 다음과 같은 질문을 만난다. 이 둘을 연결하는 것은 무엇일까? 원자와 뇌를 매개하는 것은 무엇일까? 무엇이 원자에서 출발해서, 혹은 물질적인 세계 어디에선가 출발해서 원자에 대한 우리의 앎을 형성할까?

우리는 데모크리토스 원리의 현대적인 변형에서 힌트를 발견할 수 있다. 파인만은 그의 유명한 『파인만의 물리학 강의』에서 과학의 기획 전체를 한 문장으로 압축하는 과감한 시도를 했다.

만약 어떤 재앙이 발생하여 모든 과학 지식이 파괴될 위기에 처하고 단 한 문장만 다음 세대에게 전할 수 있다면, 어떤 문장이 최소한의 단어 속에 가장 많은 정보를 포함할 수 있을까? 나는 그것이 *원자가설* atomic hypothesis(혹은 원자사실 fact이라 불러도 상관없다)이라고 생각한다. 즉 모든 *사물은 원자로 이루어졌다*, 라는 문장 말이다. 원자라는 작은 입자들은 *끊임없이 주위를 돌아다니면서 거리가 가까워지면 서로 끌어당기고 충돌하면 서로 밀어낸다*. 약간의 상상력과 사고력만 발휘한다면, 이 한 문장 속에 세계에 관한 엄청난 양의 정보가 들어 있음을 알게 될 것이다.

원자들 사이의 힘에 작용하는 본성 등 지난 수천 년 동안 발견된 약간의 세부사항을 제외하면, (파인만 자신이) 이탤릭체로 표기한 메시지는 데모크리토스의 조각글과 동일하다. 이처럼 파인만과 데모크리토스가 모두 원자의 근본적인 중요성을 분명하게 주장하고 있지만, 파인만은 그 객관적인 주장을 확장하는 새로운 개념을 추가했다. 위의 짧은 글에서 파인만은 '정보'라는 말을 두 번 사용했다. 그는 그 작은 단어에 엄청난 의미를 부여하고 있다. 그는 원자가설이 마치 세계에 대한 정보로 꽉 찬 가방과 같다고 생각하고 있다. 그러나 동시에 그 가방을 열기 위해서는 그의 두꺼운 책과 약간의 상상과 사고의 도움까지도 받아야 함을 암시하고 있다.

위의 글에서 파인만은 특유의 통찰력으로 물리학과 또한 더 나아가 모든 과학과 밀접하게 관련된 정보의 특성을 강조한다. 그것은 자료를 압축하는 능력이다. 구체적인 예로 화성의 궤도를 생각해 보자. 처음에는 천구 상에서 화성의 위치를 꼼꼼하게 측정하고 애써 기록한 방대한 책만 있었다. 세월이 지난 후에 그 책은 단순한 대수학적 공식인 — 단순한 틀 속에 무한히 많은 가능한 관찰자료를 포함하는 — 케플러의 법칙에 의해 대체되었다. 그러나 케플러의 법칙도 충분히 간결하지 않았다. 케플러의 법칙은 뉴턴의 법칙에 의해 대체되고, 이어서 아인슈타인의 법칙에 의해 대체되었다. 아인슈타인의 법칙은 운동과 중력에 관한 법칙으로서, 발견되거나 아직 발견되지 않은 모든 행성들의 궤도뿐만 아니라, 그 행성들의 모성parent star의 움직임까지 포함한다. 또한 축구공과 조석과 은하와 그 밖에 우주에 있는 모든 질량 있는 물체들의 운동도 포함한다.

이와 마찬가지로 원자가설도 — 수학적인 기호보다는 말로 표현했을 때 — 상상할 수 있는 매우 다양한 물질계에 관한 자료를 모두 압축하여 포함하고 있다. 일반성이라 부르든 절약성이라 부르든 자료 압축의 경제성이라 부르든, 표현의 간결성은 과학의 필수적인 요소이다. 표현의 간결성은 14세기에 이른바 '오캄의 면도날Okham's razor'의 형태로 과학적 방법의 일부가 되었다. 오캄의 면도날은 복잡한 설명보다 단순하고 간단한 설명에 더 큰 가치를 부여하는 철학적인 원리이다.

자료 압축은 통신이론에서 중요한 과제이다. 01010101010······과 같은 무한한 숫자열을 전부 기록하려면 무한한 양의 종이가 필요할 것이다. 그러나 '멈추지 말고 01을 반복하라'는 간단한 명령을 사용하면 숫자열을 압축할 수 있다. 따라서 이 숫자열을 하나의 메시지로 전송해야 한다면, 압축 덕분에 전송 비용이 무한대에서 아주 작은 값으로 줄어들 수 있다. 전자공학적 속기술의 일종인 이런 메시지 단순화 기술은 통신공학 분야에서 매우 중요한 경제적인 관심사이다.

'가능한 최소의 부피로 정보를 압축하기'라는 과학과 통신 이론의 목표 수렴은 파인만으로 하여금 물리학과 정보를 연결시키게 했다. (앞서 인용한 그의 유명한 말이 시사하듯) 정보는 바로 우리가 찾고 있는 '정신과 물질의 연결점'이다. 그것은 압축이 가능한 희한한 재료이다. 원자나 DNA분자, 혹은 책이나 피아노처럼, 정보는 만질 수 있는 대상으로부터 흘러나온다. 그리고 감각이 관여하는 복잡한 과정을 거쳐 그것은 우리의 뇌 속에 자리를 잡는다. 이는 신기한 일이 아닐 수 없다. 정보는 물질적인 것과 추상적인 것을, 실재적인 것과 관념적인 것을 매개한다. 정보의 본성을 이해하고 그것을 우리의 물리적인 세계 모형에 통합시킬 수 있다면, 우리는 객관적인 실재로부터 정보에 대한 이해에 이르는 길을 한 걸음 내딛은 셈일 것이다. 우리는 데모크리토스의 주문에서 빠져나오게 될 것이다. 그때 물리학은 참된 의미에서 정보시대에 들어서게 될 것이다.

3 인-포메이션
개념의 뿌리

정보를 이해하려면 정보를 정의해야 한다. 그러나 정보를 정의하려면, 먼저 정보를 이해해야 한다. 우리는 어디에서 출발해야 할까?

단어를 맨 처음부터 새로 정의하는 것은 당신이 당신의 머리카락을 잡고 당신 스스로를 끌어올리는 것과 같다. 이 역설은 19세기 오스트리아의 물리학자 볼츠만Ludwig Boltzman에 관한 일화를 상기시킨다. 그는 과학에서 정보 개념의 잠재적 역할을 최초로 어렴풋하게나마 느낀 과학자이다. 그의 회고에 따르면, 그는 고등학교 시절에 명료하게 정의된 개념만으로 이루어진 철학을 발견하겠다는 순박한 야심을 품었다. 어떤 철학(아마도 흄의 철학이었을 것이다)이 특별히 명쾌하다는 말을 듣자 그는 즉시 형과 함께 도서관에 가서 그 책을 찾았다. 불행하게도 그것은 영어로 쓰여 있었고, 볼츠만은 영어를 읽을 수 없었다. "문제 없어." 볼츠만의 이상주의에 동조하지 않았던 그의 형은 약간 빈정거리는 투로 이렇게 말했다. "만일 이 책이 정말로 네가 기대하는 대로라면, 이 책의 언어는 중요하지 않아. 왜냐하면 모든 단어가 명료하게 정의된 후에 사용되었을 테니까."

'정보'에 대한 정의를 얻기 위해 도서관에 가는 것은 어린 볼츠만이 경험한 것처럼 큰 도움이 되지 않을 것이다. 서가에는 정보와 관련된 항목들을 담은 육중한 사전들과 제목에 '정보'가 포함된 수많은 책들이 쌓여 있을 것이다. 그러나 어떤 책도 확실하고 만족스러운 정의를 제공하지는 못한다. 우리는 팔을 걷어붙이고 출발점에서부터 스스로 탐구할 수밖에 없다.

'letter'라는 단어가, 쓰인 메시지 — 편지 — 를 의미할 뿐 아니라 그 메시지를 구성하는 알파벳 기호 — 글자 — 도 의미하듯이, '정보' information라는 단어도 두 가지 의미를 가지고 있다. '개인 정보' 혹은 '디렉터리 정보 directory information' 등과 같은 일상적인 용례에서 알 수 있듯이 '정보'는 특정 종류의 메시지가 담고 있는 의미를 뜻한다. 반면에 전문적인 영역에서는 메시지를 전달하는 기호 symbol — 그것이 문자이건, 수이건, 컴퓨터에서 사용되는 0과 1이건 — 가 강조된다. '정보기술 information technology'에서 '정보'는 이 두 번째 의미로 사용된다. 정보기술은 공학의 한 분야로 기호가 나타내는 의미와 상관없이 기호를 어떻게 저장하고, 전달하고, 나타내고, 처리할 것인가에 초점을 맞춘다.

물론 '정보'의 두 의미는 서로 밀접하게 관련되어 있다. 편지 a letter에 담긴 의미가 그 글자들 letters의 특정한 배열에서 나오는 것처럼, 메시지의 의미는 메시지를 이루는 개별 기호들의 관계에서 발생한다. 그러나 이 분명한 관련성에도 불구하고 정보의 일상적인 의미와 전문적인 정의 사이의 구분은 근본적으로 중요하다.

문학자와 과학자, '두 문화'를 대변하는 영원한 라이벌인 이들은 개념을 정의하는 데 있어서 서로 정반대의 접근법을 취하는 것처럼 보인다. 인문학자들은 일반적으로 직관적인 관념에서 출발해서 일상적인 용법과 어원에 맞추어 살을 붙이고 적당히 통용될 수 있는 정의를 제안한다. 그 후에 그들은 특별한 사례들의 도움을 받아 정확한 의미가 잡혔다고 생각될 때까지 초안을 다듬는다. 사전이 바로 그런 방식으로 만들어지기 때문에 사전 속의 단어들은 점차 고정된 의미를 획득하게 된다. 이런 점진적인 과정을 통해 '정보'에 대한 여러 유용한 일상적인 해석들이 산출되었다. 그러나 '정보는 무엇인가?'라는 집요한 질문은 아직 밝혀지지 않았다.

과학자, 특히 물리학자들은 흔히 새로운 개념을 실용적 목적으로 개발한다. 물리학의 언어는 수학이고 수학은 수를 다루므로, 모든 물리학 이론의 필수요소는 측정, 계량화(計量化)에 있다. 이러한 이유로 새로운 용어가 소개되는 것은 새로운 측정방식의 도입 때문일 때가 많다. 이런 정의를 '조작적인 정의 operational definition'라고 한다. 조작적인 정의는 측정되는 것이 무엇인지에 대한 참된 이해를 요구하지 않는다. 예를 들어 1600년경부터 물리학과 화학에서 중요한 역할을 하기 시작한 온도가 처음에는 그런 방식으로 정의되었다. 처음에 온도는 단지 온도계에 의해 측정되는 양에 불과했다. 실험이 축적되고, 다양한 온도계로 측정한 값들이 비교되고, 다양한 실험을 통해 열의 본성에 대한 지식이 발전한 후에 온도는 마침내 19세기 중반에 분자들의 평균속도 측정값이라는 본모습을 드러냈다. 조작적인 정의에서 출발해서 '온도'라는 용어의 참된 의미가 이해되기까지 250년이 걸렸다.

정보 역시 조작적으로 정의되었다. 불행하게도 이 전문적이고 귀납적bottom-up인 정의는 매우 협소해서 현재까지는 일상적이고 연역적top-down인 정의들과 거의 유사성을 발견할 수 없다. 결국에는 정보의 두 정의가 수렴되야 할 것이다. 그러나 그 일은 아직 일어나지 않았다. 정보의 두 정의가 수렴될 때 우리는 마침내 정보가 무엇인지 알게 될 것이다. 그때까지는 절충안들에 만족해야 한다.

이 장에서는 먼저 정보의 일상적인 의미를 간략하게 살펴보고, 이 책의 나머지 부분에서 전문적인 정의에 대해 논할 것이다. 어원은 단서를 제공한다. 'information(정보)', 'deformation(변형)', 'conformation(구조)', 'transformation(변환)' 등의 단어에는 모두 'formation'이 들어 있고, 이 것은 'form(형상)'에서 나온 말이다. 그러므로 정보information는 형상이 없는 존재에 형상을 주입infusion하는 것을 의미한다. 마찬가지로 de-, con-, trans-, re-formation은 각각 형상을 해소하기, 한데 모으기, 변화시키기, 새롭게 하기를 의미한다. 그러므로 정보의 의미에 대한 질문은 다음과 같은 더 근본적인 질문으로 거슬러 올라간다. 형상은 무엇일까?

'형상'이라는 단어는 플라톤의 용어 에이도스eidos에 대한 번역으로 서양 철학에 도입되었다. 에이도스는 '관념idea'이나 '이상ideal' 같은 단어들의 어원이다. 플라톤은 세계 속의 모든 대상과 속성이 완벽하고 추상적인 이상, 형상, 혹은 원형의 희미하고 불완전한 복사본이라고 생각했다. 플라톤에 따르면, 형상 혹은 원형은 상상적인 하늘에 있다. 그러므로 한

마리의 말(a horse)은 형상 — 말임(horse-ness), 말들 중의 말(horse of horses), 혹은 근원-말(Ur-horse) — 의 복사본에 불과하다. 근원-말 혹은 이상적인 말은 세계 속의 말에게 모든 물질적인 속성들을 부여한다. 마찬가지로 누군가가 선하거나 아름답다면, 그는 근본적이고 이상적인 의미에서 선하거나 아름다운 것이 아니라, 단지 우리의 감각이 포착할 수 있는 조야한 방식으로 선과 미의 형상을 반영하는 특징들을 가지고 있을 뿐이다. 소년 시절에 나는 그 접근할 수 없는 본질의 세계에 호기심을 품었고, 말의 본질이 어떤 모양일지 혹은 연필의 형상과 같은 더 단순한 형상을 어떻게 인식할 수 있을지 시각적인 상상력을 동원하여 상상하기 위해 노력했다. 비록 볼츠만처럼 형은 없었지만, 나는 성장하면서 플라톤의 이데아론을 벗어나 형상에 집착하지 않고 사유하게 되었다.

아리스토텔레스도 플라톤의 형상 때문에 곤란을 겪었다. 이른바 '형상'이라는 것들이 독자적으로 존재한다는 것을 어떻게 증명할 수 있을까, 라고 그는 물었다. 그러나 아리스토텔레스는 형상을 전적으로 부정하는 대신에, 형상을 사물의 본질적인 속성들의 총합으로 정의했다. 예를 들어 말의 본질적인 속성들 중 하나는 '네 발 달림'이다. 반면에 다양하고 우연적인 색깔은 말의 형상의 일부가 될 수 없다. 두 마리의 말은 말임이라는 본질을 공유한다. 그러나 말임이 실재하는 '말' 없이 존재하는 것은 아니라고 아리스토텔레스는 주장했다. 그는 그의 지각perception 이론에서 형상에 중요한 역할을 부여했다. 물질세계에 대한 이해는 우리의 앎이 우리의 지성 속에 형상들을 가지는 것에 달려 있다고 그는 주장했다. "영혼 속에 있는 것은 돌이 아니라 돌의 형상이다." 그리고 아리스토텔레스는 그 정신적인 형상을 관념, 추상, 혹은 개념이라고 불렀다. 형상의 본성에 대한 거대한 고전적인 논쟁의 흔적이 정보에 대한 우리의 정의 속에 얼마나 남아 있는지에 대해서는 여러 다른 의견이 있을 수 있다. 그러나 우리에게 남은 흔적들 속에 플라톤보다 아리스토텔레스에게서 유래한 것이 더 많다는 것은 분명하다.

생물학에서 '형상'은 훨씬 더 평범한 의미로 사용된다. 생물학에 등장하는 유기체의 무한한 모양들은 우리에게 경이로울 정도로 다채로운 장관을 제공한다. 그 다양성을 이해하려고 노력한 최초의 현대적인 생물학자는 그에게 필요한 도구가 수학이라는 것을 알고, 그것이 생물에서 형상(형태: 생물학과 관련해서만 'form'을 '형태'로 번역 한다 : 옮긴이)의 발현에도 적용되리라는 것을 깨달았다. 대칭성을 비롯한 자연 속의 패턴들을 다룬 1917년에 출간된 책 『성장과 형태에 관하여(On Growth and Form)』에서 다시 톰프슨D' Arcy Thompson은 이렇게 썼다.

우리는 유기적인 현상에 대한 연구가, 모든 상황과 조건에서 물질이 얻는, 또한 더 포괄적인 의미에서는 이론적으로 상상할 수 있는 형태들을 다루는 더 포괄적인 과학의 일부분이라는 것을 깨달았다. '형태'의 수학적인 정의는 몇 개의 단어로 또는 더 간단한 기호로 표현될 수 있을 만큼 명확하다. 그리고 그 단어들과 기호들은 매우 풍부한 의미를 가지고 있다. 우리는 그 정의를 통해서, 자연의 책은 기하학의 문자로 쓰여 있다는 (플라톤이나 피타고라스만큼 오래된, 어쩌면 이집트의 지혜만큼 오래된) 갈릴레이의 격언을 만나게 된다.

형태가 궁극적으로 수학의 용어로 표현되어야 한다는 생각은 정보의 현대적이고 전문적인 정의에도 계승되었다.

형태에 대한 톰프슨의 개념은 더 정확하게는 '모양shape'이라 표현될 수 있다. 그러나 그의 조언을 더 자세히 살펴볼 필요가 있다. 예를 들어 영Paul Young이라는 작가는 정보의 본성을 명료화하려는 노력 속에서 '형태'와 비슷한 말 8개를 찾아냈다. 배열, 배치, 질서, 조직, 패턴, 모양, 구조, 관계가 그것이다. 이들 중 가장 일반적이고, 수학·물리학·화학·생물학·신경과학 등에서 모두 통용될 수 있는 개념으로, 영은 물질계 각 부분 사이의 '관계relationship'에 주목하고, 그것을 최대한 넓은 의미로 해석하려고 했다.

자연 속에 존재하는 형태에 대한 톰프슨의 가장 유명한 연구는 방산충radiolaria이라는 수중 미생물의 골격에 관한 것이었다. 영국의 천재 튜링Alan Turing — 그가 정보과학에 기여한 공로는 논리 체계의 근본 정리를 마련한 것부터 2차대전 때 독일군의 암호를 해독한 것까지 실로 다양했다 — 역시 그 미생물의 형태를 정확하게 기술하기 위하여 여러 해 동안 모양shape에 관한 수학 이론을 연구했다. 그 미생물은 놀랍도록 아름답고 복잡한 패턴을 가지고 있어서, 처음 보는 사람들은 그것이 진짜라는 것을 의심할 정도이다. 실제로 그 패턴은 한 덩어리로 되어 있다고 믿기 힘든 중국의 뼈 조각과 유사하다. 단순한 형태들은 못이 달린 축구공과 유사하고, 다른 것들은 바깥쪽으로 휘어진 면들을 가진 아름다운 다면체이다. 그 모든 형태들은 부분들 간의 기묘한 관계 때문에 경이롭다. '모양'이라는 단어는 그 형태들을 나타내기에는 왜소하게 느껴진다. 만일 그 형태들이 암호화된 메시지를 저장하기 위해 비밀리에 조각된 것이라면, 그것들은 엄청나게 많은 정보를 전달할 수 있을 것이다.

　형태의 복잡성은 모양이 보유할 수 있는 정보의 양을 결정하는 유일한 요소가 아니다. 훨씬 더 단순하며 생물이 아닌, 원을 예로 들어 보자. 원의 본질은 원을 이루는 부분들 사이의 관계에 있다. 원주에 있는 각각의 점은 중심으로부터 동일한 거리만큼 떨어져 있다. 이런 종류의 수학적인 설명을 다양한 방식으로 확장하고 복잡하게 만들면 자연의 모든 특이한 형태들을 최소한 근사적으로 포착할 수 있다. 그러나 우리가 정보를 수량화하기 시작한다면, 우리는 평범한 원조차도 원리적으로 무한한 정보를 보유할 수 있다는 것을 알고 놀라게 될 것이다.

　더 나아가 하나의 계를 이루는 각 부분들 사이의 관계가 반드시 공간적 spatial 일 필요는 없다. 우주 공간에 있는 두 개의 바위를 상상하고, 그것들의 모양을 무시하자. 두 바위 사이의 관계는 둘 사이의 거리에 의해 요약되고, 그들의 상호인력은 뉴턴의 중력법칙에 의해 기술될 것이다. 두 바위는 서로를 향해 움직이므로 거리는 시간에 따라 변하고, 따라서 그들의 관계를 공간적으로만 기술할 수는 없어 보인다. 그러나 아인슈타인의 일반상대성이론을 이용하여 4차원 공간에서 두 바위의 관계를 기하학의 언어로 표현할 수 있다. 인간의 시각은 매우 강력한 도구이기 때문에 물리학자들은 방정식을 가시화하기 위해 끊임없이 노력한다. 그들은 그 노력을 '이론을 기하학화하기'라고 부르며, 매우 중요시한다.

　공간적이지 않은 관계로 논리적인 관계와 인과 관계 ― A 더하기 B는 C ―가 있다. 이 관계들은 뇌 속의 신경 연결과 컴퓨터 속의 전기회로에 구현되어 있다. 영의 정의를 따르면, 논리적인 관계와 인과 관계는 모두 형상form이다. 전신 기사가 발송하는 전기 펄스의 패턴 같은 시각적인 관계들은 정보 전달의 전형적인 예이다. 알파벳은 전기 펄스보다 더 복잡한 메시지 전달 방식이다. 각각의 알파벳 기호는 한 개의 철자를 나타낸다. 그러나 대부분의 철자는 독자적으로는 아무 의미도 가지지 않는다. 문장은 철자들이 연결된 패턴 속에, 철자들 사이의 관계 속에 있다. 소리의 시간적인 관계는 조합되어 음악적인 형상을 이루고, 색의 공간적인 관계는 회화를 이룬다.

우리가 이런 관계들의 연쇄를 더 깊이 숙고하면, 세계는 관계들의 복잡한 연결망으로 보인다. 관계는 과학의 재료이다. '과학의 목표는 독단론자들이 단순하게 상상하는 것처럼 사물 자체가 아니라 사물들 사이의 관계이다. 우리가 알 수 있는 실재는 그 관계뿐이다.' 라고 프랑스의 수학자 푸앵카레Henry Poincaré는 썼다. 같은 맥락에서 오스트리아의 철학자 비트겐슈타인Ludwig Wittgenstein은 다음과 같은 논리적인 결론을 내렸다. "우리는 어떤 대상에 대해 다른 대상들과의 연결 가능성을 떠나서는 아무것도 생각할 수 없다." 이 결론은 그를 몹시 괴롭혔다. 왜냐하면 그는 그의 동향인인 볼츠만과 마찬가지로 완벽하게 정의된 일관적인 철학 체계를 열망했기 때문이다. 결국 그는 곤경에 빠졌다. 어떤 것도 다른 것들을 먼저 정의하지 않으면 정의할 수 없기 때문이다.

일상적인 삶에서 비트겐슈타인의 통찰은 거의 자명하다. 태어날 때부터 우리는 관계라는 그물에 걸려들게 되는데, 그것은 우리를 정의하고, 많은 경우 우리의 운명까지도 결정짓는다. 이탈로 칼비노Italo Calvino(이탈리아의 소설가)만큼 이러한 진실을 생생하게 묘사한 작가도 없을 것이다.

그의 소설 『보이지 않는 도시들 Invisible Cities』은 인간 조건의 다양한 측면들을 상징하는 가상적인 도시들을 여행하는 환상적인 내용이다. 에르실리아 Ersilia라는 도시의 사람들은 색깔이 있는 실로 서로의 집을 연결하여 관계를 나타낸다. "혈족, 교역, 주종, 대리인 등의 관계를 나타내기 위해 흰 실, 검은 실, 회색 실, 혹은 흰색과 검은색이 섞인 실이 사용된다." 모든 관계가 표시되고, 모든 집은 점점 더 많은 실로 장식된다. 결국 실 다발이 너무 굵어져서 운동이 불가능해지고, 거주자는 집을 떠나야 한다. 소설의 마지막은 공동체의 본성에 대한 시적인 정의로 끝을 맺는다. "그러므로 에르실리아 지역을 여행할 때 당신은 버려진 도시의 폐허를 만날 것이다. 모든 벽은 허물어지고, 바람은 죽은 자들의 뼈를 굴린다. 얽히고설킨 관계의 거미줄만이 남아 형상을 추구한다."

간단히 말해서 형상은 관계를 표현한다. 이 사실은 정보 개념에도 적용된다.

그러나 정보는 형상과 다르다. 내 욕실 바닥은 흥미로운 패턴을 나타낸다. 그 패턴은 형상을 가지고 있고, '형상'이라고 불릴 수도 있다. 그러나 그 패턴을 정보라고 부를 수는 없다.

정보는 형상에는 없는 '행위'의 의미를 포함하고 있다. 키케로는 '형상을 부여하다 inform'라는 동사를 어떤 것에 모양을 부여한다는 의미로, 생각을 구성한다는 의미로, 사람이나 정신을 조형한다는 의미로 사용했다. 예술 비평가들은 그 단어를 흔히 다음과 같은 문장에서처럼 사용한다. '전쟁 속에서 피카소가 겪은 개인적 경험은 이 시기의 그의 회화 전체에 형상을 부여한다.' 그렇다면 정보 information는 형상을 부여하기, 탐지하기, 혹은 전달하기를 의미한다. 정보 속에는 변화의 의미가 있다. 정보는 과학 작가 라이트Robert Wright가 말했듯이 '형상을 부여하는 힘informative power'을 가지고 있다. 실제로 정보를 생각할 때 우리는 몰랐던 것을 배우는 것을, 뉴스를(프랑스인들은 뉴스를 les informations이라고 부른다), 일종의 지식 전달을 연상한다. 물론 정보는 기억 속에 저장될 수 있다. 그러나 그것은 일시적인 저장이다. 만일 기억이 정보의 유입이나 유출이 불가능하도록 영구적으로 닫혀있다면, 그 기억은 쓸모가 없을 것이며 정보도 쓸모가 없을 것이다.

정보는 한 매체에서 다른 매체로 형상을 전달한다. 인간끼리의 정보 교환이라는 의미에서 '소통communication'은 '전달transfer'보다 표현이 더 선명하고, 앞서 형상을 관계로 파악하기로 했으므로, 우리는 정보를 잠정적으로 관계의 소통이라고 정의할 수 있다.

이 정의를 보충하기 위해 두 가지 언급이 필요하다. 첫 번째는 형상이 전달 매체에 새겨지는 방식과 관련된다. 패턴을 한 매체에서 다른 매체로 옮길 때 새로운 패턴으로 번역하는 과정을 코딩coding이라고 한다. 코딩을 완수하기 위해 필요한 사전은 코드라고 한다(암호학자들의 관심사인 비밀 코드는 암호cipher라고 한다). 예를 들어 라디오를 통해 피아노 연주를 듣는 것을 생각해 보자. 악보 위의 음표로 또는 연주자의 뇌 속에 어떤 신비로운 방식으로 저장된 음악의 패턴은 신체적인 동작으로 번역되고 이어서 악기의 진동이 된다. 악기의 진동은 공기 속에 압력 파동을 만들어 내고, 그 파동은 멀리 떨어져 있는 마이크에 진동을 일으킨다. 마이크는 코드화된 전기 신호를 전송장치로 보내고, 전송장치 속에서는 진동하는 전류가 만들어진다. 그 전류에는 전파 형태의 전자기 복사가 동반된다. 그것이 당신의 수신 안테나에 쏟아지는 전기 비이다. 이어서 변환은 한 단계씩 반대로 이루어져 최종적으로 당신의 뇌가 음악을 감지한다. 중간과정에서 코드는 여러 번 바뀌었으며, 기계적인 신호든 음향신호든, 전기신호나 신경신호든, 이런 개별 신호들은 다른 매체에 있는 신호와 닮지 않았다. 신호와 관련된 에너지도 음악 정보의 코딩 과정에서 변화했다. 그러나 모든 변화에도 불구하고 개별 신호의 강도와 시간상의 위치 관계, 즉 패턴은 ― 간단히 말해서 음악의 형상은 ― 온전하게 유지되었다.

두 번째로 지적할 점은, 우리가 지금까지 해 온 이야기와는 다소 어긋나는 것처럼 들릴 수도 있다. 영이 지적했듯이 정보는 형상의 흐름이지만, 이 책의 거의 대부분에서 우리는 정보를 정적인 현상으로 간주할 것이다. 시간을 멈추는 방법은 간단하다. 변화하는 패턴은 시간을 가로축상의 거리로 나타낸 그래프로 기록할 수 있다. 실제로 전보 메시지는 공간상의 한 점에서 생산된 점과 선의 시간적인 연속이지만, 다른 식으로 보면 점과 선과 공백이 잉크로 기록된 긴 테이프로도 생각할 수 있다. 더 극적인 예를 들면 복잡한 소리와 행동을 포함한 영화 전체도 점과 여백의 형태, 즉 1과 0으로 코딩된 자기테이프로 나타내진다. 그렇게 시간은 정보의 정의에 필수적인 항목으로 도입되자마자 기계적인 기법에 의해 다시 무대 밖으로 끌려나간다.

인-포메이션 ― 형상의 주입 ― 관계의 흐름 ― 메시지의 소통. 아리스토텔레스를 비롯한 철학자들과 톰프슨을 비롯한 과학자들과 영과 라이트를 비롯한 작가들의 불완전한 설명은 우리 자신이 이미 가지고 있는 지식에 더해져서 '정보'라는 단어에 의미를 부여하는 데 기여한다. 분명하고 확실한 정의는 등장하지 않았다. 그러나 모든 해석들은 우리를 그 난해한 개념의 이해에 더 가깝게 데려간다. 또한 우리가 풍부하고 다면적이며 인간적인 이해를 떠나 골격만 있는 전문적인 정의로 옮겨갈 때에도, 결국에는 그 둘이 조화되어야 한다는 것을 염두에 두어야 한다.

4 비트 세기
정보의 과학적 측정

　　　　　모호한 언어적인 정의와 대조적으로 정보의 전문적인 정의는 너무 단순하긴 해도 정확하고 간결하다. 정보이론의 창시자인 섀넌Claude Shannon은 '정보' 자체를 정의하지 않고, 심지어 메시지의 의미에 대한 질문을 던지지도 않고, 메시지 속에 들어 있는 '정보의 양'을 측정하는 방법을 발명했다. 그러니까 그는 온도의 정의와 유사한 조작적인 정의를 만들어 낸 것이다. 그러나 그의 측정장치 — 실은 간단한 방법 — 는 온도계와 같은 물리적인 장치가 아니라 개념적인 도구이다. 우리는 온도계가 발명되고 250년 후에 온도계가 측정하는 것의 정체가 밝혀졌듯이, 섀넌의 정의가 앞으로 250년 안에 정보의 의미와 관련 맺기를 희망한다.

　　섀넌의 정보 측정은 2진법적인 항목들 — 예/아니오, 앞/뒤, 0/1 —로 이루어진 계열string에 가장 쉽게 적용된다. 각각의 항목은 계열 상의 각 위치에 동일한 확률로 등장한다. 섀넌에 따르면, 선택된 각각의 항목은

배경 **53**

1비트('binary digit' 이진법 숫자의 약자이다)의 정보에 해당된다. 예를 들어 동전을 세 번 연속해서 던진 결과를 친구에게 전달하려면, 3비트의 정보가 필요하다. 가능한 결과들은 앞과 뒤로 이루어진 8개의 계열일 것이다. 일반적으로 말하면 섀넌의 방법은 다음과 같이 간단히 정리된다. ― 메시지의 정보 내용을 찾아서, 그것을 컴퓨터의 2진법 코드로 번역한 다음, 산출된 0과 1로 된 계열의 숫자들을 센다. 얻어지는 수는 '섀넌 정보'라 불리며, 이 작업은 약간의 오해의 소지가 있지만 '비트 세기bit-counting'라고 불린다.

섀넌은 스무고개 게임이 어마어마한 양의 정보를 다룰 수 있음을 설명함으로써 비트의 위력을 보여 주기를 즐겼다. 핵심적인 기술은 질문에 대해 나올 수 있는 두 대답이 대략 동일한 확률을 가지도록 질문을 짜는 것이다. 각각의 질문이 확률이 거의 비슷한 선택지들 중에 하나를 선별하도록 되어 있다면, 각각의 대답은 1비트에 해당한다. 미국에 있는 미지의 도시를 맞추는 게임에서 당신은 다음과 같은 두 질문 중 하나를 어떤 것이든 던질 수 있다. "그 도시는 미시시피 강 동쪽에 있습니까?" 혹은 "그 도시는 미시시피 강 서쪽에 있습니까?" 왜냐하면 두 질문은 모두 미국을 두 개의 대등한 영역으로 구분하기 때문이다. 그러고 나서 다음과 같이 물을 수 있다. "그 도시는 메이슨과 딕슨을 잇는 선 북쪽에 있습니까?" 왜냐하면 메릴랜드 주와 펜실베이니아 주를 가르는 그 경계선도 미국을 둘로(남북으로) 나누기 때문이다. 반면에 "그 도시는 뉴저지 주 캠든입니까?"라는 질문은 나쁜 질문이다. 왜냐하면 '아니오'라는 대답이 나올 경우, 미국의 대부분이 제외되지 않고 따라서 추가되는 새로운 정보가 매우 적을 것이기 때문이다. 물론 '예'라는 대답이 나오면 완벽한 정보에 즉각적으로 도달할 것이다. 그러나 당신은 확률을 생각해야 한다. 포커 게임에서 로열플러시를 잡는 것과 같은 행운을 기대할 수는 없다. 당신은 모든 가능성을 고려하면서 그것들을 체계적으로 제거해나가야 한다. 좋은 전략을 따르면 20개의 대답은 20비트의 정보를 제공한다. 그 정보는 확률이 같은 1,048,576 (2를 20번 곱한 결과이다)개의 선택지 중 하나를 고를 수 있게 해 준다. 그 정도면 문제의 도시를 충분히 맞출 수 있을 것이다.

섀넌의 조작적인 정의는 충분히 훌륭하지만, 그것의 문제점은, 메시지의 의미에 대해서는 아무 말도 하지 않는다는 점이다. 40개의 점과 선으로 이루어진 모스부호로 된 전보는 정확히 40비트의 정보 내용을 포함한다. 그 전보가 'happy birthday'이든 'wjirdkuierntuc'이든 마찬가지이다. 더 큰 문제는, 동일한 정보를 복사하면 새로운 지식은 산출되지 않지만 섀넌 정보는 두 배로 늘어난다는 점이다. 섀넌의 정의는 명확한 대신에 의미를 무시하는 결함이 있다. 휠러의 정말로 큰 질문 〈의미는 무엇인가?〉는 비트를 세는 과정에서 전혀 고려되지 않는다. 섀넌이 내린 정의의 이 명백한 결함은 '두 문화 간의 논쟁'에서 인문학의 편에 서는 사람들을 옹호하는 듯이 보인다. 과학자들은 정보문제의 정량(定量)적이고 피상적인 측면만을 다루고 더 중요한 정성(定性)적인 측면을 무시하는 듯이 보일 수 있다.

그러나 이러한 비판은 역사의 가르침을 간과한 것이다. RNA가 유전 정보를 전달하는 역할을 한다는 것을 발견하는 데 기여한 공로로 노벨상을 수상한 프랑스의 생물학자 자코브 François Jacob 는 다음과 같이 말했다. "현대 과학의 출발점은 '우주는 어떻게 창조되었을까?…… 생명의 본질은 무엇일까?' 등의 일반적인 질문이 '돌은 어떻게 낙하할까? 물은 관 속에서 어떻게 흐를까?' 등의 더 겸손한 질문으로 대체된 시점과 일치한다…… 일반적인 질문은 매우 제한된 답을 산출하는 반면에 제한된 질문은 더 일반적인 답을 산출한다는 사실이 밝혀졌다." 우리를 보편적인 통찰로 이끄는 것은 심오한 문제에 대한 사변이 아니라 특수한 수수께끼를 푸는 노력이다. 물리학의 역사는 정보를 수량화하는 섀넌의 단순한 기법이 ─ 그 기법은 정보이론이라는 매우 성공적인 과학의 기반을 이룬다 ─ 언젠가 "정보는 무엇인가?"라는 심오한 질문에 빛을 비출 것이라는 희망을 품게 한다.

자코브의 조언을 따라서 이 책의 대부분은 정보의 전문적이고 조작적인 정의 ─ 메시지 속에 있는 비트의 수 ─ 와 그 정의의 양자 정보로의 확장을 다루고, 우리가 그로부터 실재에 관해 얻을 수 있는 가르침을 살펴볼 것이다. 우리가 다루는 것은 겸손한 질문들이다. 그러나 그 질문들을 과학적인 방법으로 한계까지 밀고가면, 결국 참된 지식을 얻을 수 있을 것이다.

섀넌의 정의는 비트를 세기 위해 2진법 코드를 선택한다. 왜일까? 왜 모든 초등학생들이 배우는 통상적인 십진법 체계를 선택하지 않는 것일까? 모든 기호에 십진수를 부여한 다음에 숫자를 세도 마찬가지로 편리하고 더 익숙하지 않을까?

섀넌은 임의로 2진법 코드를 선택했거나, 2진법 코드가 가장 단순하리라고 추측한 것이 아니다. 그는 2진법 코드가 정보를 다루는 가장 경제적인 방법임을 증명했다. 2진법 코드는 전자 메모리 형태의 자원이나 통신

채널의 띠너비bandwidth(주파수 대역폭) 형태의 자원을 가장 적게 사용한다. 자연도 흔히 가장 저렴하고 에너지 효율이 높은 해법을 선택하여 공학을 모방한다. 벌들을 생각해 보라(다윈Darwin은 벌집의 육각형 배열이 최소의 건축 재료로 최대의 주거공간을 제공한다는 것을 알았다). 그러므로 2진법 코드는 자연과 공학 모두에서 정보 측정을 위한 이상적인 도구이다.

섀넌의 증명을 간단히 알아보기 위해서 0에서 127까지의 수를 깃발로 표시하는 선원을 생각해보자. 그가 깃발 하나를 흔들어 과제를 해결하려면, 그는 128개의 서로 다른 깃발을 가져야 할 것이다. 더 효율적인 방법은 깃발 세 개를 흔들어 십진법으로 표현한 수를 나타내는 방법일 것이다. 이 방법을 사용한다면, 21개의 깃발이 필요할 것이다 — 1의 자리를 위해 10개, 10의 자리를 위해 10개, 100의 자리를 위해 1개의 깃발이 필요할 것이다. 가장 효율적인 방법은 2진법 체계에 기반을 둔 방법이다. 그 방법을 사용하면 14개의 깃발 — 0을 나타내는 깃발 7개와 1을 나타내는 깃발 7개 — 만으로 127까지의 모든 수를 구성할 수 있다. 이 방법은 128개의 깃발을 사용하는 방법에 비해 비용을 약 89퍼센트 절약한다.

이런 식의 추론을 통해서 섀넌은 2진법 코드가 자료를 저장하는 가장 효율적인 방법임을 증명했을 뿐 아니라, 디지털 자료 처리가 아날로그 기술보다 더 효율적이라는 것도 증명했다. 그 발견을 입증하는 익숙한 예를 음악 재생에서 발견할 수 있다. 레코드판이 30분 분량의 음악을 커다란 접시 크기의 원반에 홈을 새겨 저장하는 것과 대조적으로, CD는 0과 1을 통해서 4시간 분량의 음악을 — 1/25의 공간에 — 저장할 수 있다. 디지털은 우리가 나아가야 할 길이고, 비트 세기는 자료의 크기를 측정하는 자연스러운 방법이다.

한편, 측정되는 정보의 의미는 어떻게 될까? 음악을 저장하는 것과 소음을 저장하는 것에 차이가 있을까? (섀넌이 1948년에 발표한 유명한 논문의 두 번째 단락에서 밝혔듯이) 섀넌의 측정방식은 정보의 의미에 대해서는 아무 말도 하지 않는다. "메시지는 흔히 의미를 가진다"라고 그는 썼다. '의미 있는'을 뜻하는 단어로 그는 형용사 '의미론적인semantic'을 사용했다. 이어서 그는 다음과 같이 분명하게 말했다. "통신의 의미론적인 측면은 공학적인 문제와 무관하다." 즉 그의 말은 의미를 잊어버리라는 것이다.

1년 후에 응용수학자 위버Warren Weaver는 섀넌과 함께 쓴 책에서 위의 말을 더욱 강조했다. 위버는 정보와 정보 교환의 문제를 다루는 것과 관련해서 세 수준의 복잡성을 구분했다. 첫 번째 가장 낮은 수준은 다음과 같은 질문을 출발점으로 삼는다. "정보는 얼마나 정확하게 전달될 수 있을까?" 비트 세기는 간단한 수량적인 대답을 제공한다. 수신자가 받은 정보 중에서 정확한 정보의 양을 기호를 하나씩 세서 측정하고, 그 양을 전송된 정보의 양으로 나누면 대답을 얻을 수 있다. 비율로 표현된 결과는 정보 교환의 신뢰성을 보여 주는 수량적인 척도가 된다.

지난 반세기 동안 정보공학에서 이루어진 많은 노력은 그 신뢰성의 수치를 100퍼센트에 가깝도록 하는 기계를 설계하는 데 투자되었다. 그 노력의 필요성을 이해하기 위해서, 당신이 인터넷으로 전송된 사진 속에 있는 천만 개의 0과 1로 이루어진 수열을 친구에게 불러준다고 상상해 보자. 당신은 얼마나 많은 오류를 범할까? 당신은 얼마나 많은 열을 혼동할까? 얼마나 많은 0과 1이 누락될까? 그러나 월드 와이드 웹은 수조 개의 화소와 수십억 장의 그림과 수백만 개의 영화를 — 매일, 하루 종일 — 놀라운 신뢰성으로 처리한다.

위버의 두 번째 수준과 세 번째 수준은 의미론적인 문제와 관련되며, 따라서 효율성 문제와 관련된다. 의미론적인 문제는 다음과 같다. "기호들이 원하는 의미를 얼마나 정확하게 전달하는가?" 이 질문은 물리학자들이 꺼리는 형이상학적인 문제와 직접적으로 관련된다.(앞 장에서 언급한 '형상을 부여하는 힘informative power'이라는 표현을 만들어 낸 라이트는 다음과 같이 경고한다. "만일 우리가 영리하다면, 우리는 의미에 관해서 상세하게 생각하려는 충동을 단호하게 거부할 것이다. 하지만 우리가 정말로 영리했다면, 우리는 애당초 정보에 대한 숙고에 빠져들지 않았을 것이다.")

세 번째 수준에서 우리는 효율성 문제를 만난다. 통신과 관련해서 다음과 같은 질문을 던질 수 있다. "수신된 메시지가 의도된 대로 효율적으로 행동에 영향을 미치는가?" 내가 메시지를 받고 그것을 정확히 이해하더라도, 그 메시지를 전송자의 의도와 다르게 해석한다면, 그 메시지는 의도된 의미를 효율적으로 전달하지 못한 게 된다. 예를 들어 누군가 "불!"이라고 외쳤을 때, 나는 그 말을 정확하게 듣고(첫 번째 수준에서의 성공), 그 말의 의미를 이해할 수 있다(두 번째 수준에서의 성공). 그러나 나는 건물을 빠져나가는 대신에 라이터를 빌려 주는 행동을 할 수 있다(세 번째 수준에서의 실패).

효율성 문제는 정보의 유용성과 관련된다. 만일 정보가 의미 있는 귀결을 산출하지 못한다면, 그것은 참된 정보가 아니고 따라서 정보로 간주하지 말아야 할지도 모른다. 이와 관련하여 물리학자 겔만은 동료 하틀Jim

Hartle과 함께, 많은 문제를 일으키는 고전적인 양자이론의 '관찰자'를 대체하는 형식적인 개념으로 이른바 이구스$_{IGUS}$ — "정보수집 및 이용 체계 Information Gathering and Utilizing System" — 를 도입했다. 겔만은 이렇게 설명한다. "양자역학에서 관찰자의 역할과 관련해서 수많은 오해가 있었다. 그러나 양자역학에서 관찰자가 해야 할 역할이 있다. 양자역학은 확률을 산출하기 때문이다. 그 확률에 내기를 거는 어떤 존재에 대해서 말할 필요가 있다. 그것이 관찰자의 참된 역할이다." 다시 말해서 근본적인 물리학에서는 정보를 대상에서 주체로 전달하는 것만으로는 불충분하다. 정보수집자의 행동에 관찰 가능한 변화가 일어나지 않는다면, 정보수집 자체는 의미 없는 노력이다. 정보에 반응하는 존재인 이구스는 단순한 기계보다 훨씬 더 복잡하고 정교한 존재이다.

정보와 관련된 문제들이 이루는 위계의 기반에 있는 비트 세기는 여러 가지 결함에도 불구하고 강력한 도구이다. 잘만 이용하면, 비트 세기는 더 높은 수준의 의미로 통하는 길을 여는 열쇠가 될 수 있다. 그러나 정보가 물리학에서 유용할지 여부는 또 다른 문제이다. 정보와 주체의 관련성은 문제가 될 수도 있지만 가장 큰 힘이 될 수도 있다. 더 근본적인 장애물들도 있을 수 있다. 정보는 에너지나 엔트로피와 마찬가지로 발명된 개념이다. 그 개념이 과학적인 목적에 유용하게 이용될 것이라는 보장은 없다. 정보 개념은 어쩌면 너무 광범위하고, 너무 모호하고, 너무 추상적일지도 모른다. 그것은 물질·힘·운동 같은 매우 구체적인 개념들과 비교할 때 너무 추상적이지 않을까?

5 추상
구체적인 실재를 넘어서

스위스의 심리학자 피아제Jean Piaget는 인간 정신의 발달을 4단계로 구분했다. 첫 번째 단계는 자아를 환경의 일부로 발견하는 감각운동 단계sensorimotor(0~2세)이다. 두 번째 단계는 기호와 수가 사용되기 시작하는 선-조작 단계pre-operational(2~6세)이다. 세 번째 단계는 관념의 분류, 시간과 수의 이해에서 논리가 나타나는 구체적인 조작 단계concrete operational(6~12세)이다. 네 번째 단계는 추상적인 개념의 조작에서 절정에 이르는 형식적인 조작 단계formal operational(12세~성인)이다.

이 발달 단계들을 보여 주는 예로 아동이 돈을 어떻게 다루는지를 생각해 보자. 처음에 아동은 상점에서 엄마와 아빠를 바라보고, 계산대에서 이루어지는 일을 관찰할 것이다. 그 후에 아동은 돈이 수와 관련이 있다는 것을 파악하고 여러 종류의 지폐와 동전을 이해하게 될 것이다. 10대 초반의 아동은 돈을 지불하고 거스름돈을 받는 행위를 이해하고, 다양한 상품과 서비스의 상대적인 가치를 이해하고, 노동시간과 소득 사이의 인과관계를 이해한다. 마지막으로 10대 중반 이상의 청소년은 빚, 이자, 담보대출 등의 복잡한 추상개념을 이해할 수 있다.

돈에서부터 고급수학까지, 어떤 것을 배우는 과정에서는 '관찰→측정→모형 혹은 공식→법칙 혹은 추상적인 원리'로 이어지는 동일한 패턴의 발달이 일어난다. 그 패턴은 과학사에서도 반복해서 등장한다.

예를 들어 2장에서 자료 압축의 예로 언급했던 행성 운동 이론을 살펴보자. 고대인들은 단지 태양과 행성들의 운동을 관찰하고, 그 운동을 개인과 집단의 생활에 리듬을 주는 하루와 계절과 한 해의 순환과 연결시켰다(그것은 감각운동 단계이다). 수가 발명되고 세심한 측정이 수행되면서 천체의 운동은 천문학적인 위치들의 상세한 목록으로 번역되었다.(선-조작 단계) 그 후에 수정구와 같은 구체적인 모형을 이용한 태양계 이론들이 등장하여 반복되는 규칙성들을 설명했고, 구체적인 모형은 기하학적인 도형 — 처음에는 원, 그리고 그 후에 타원 — 으로 대체되었다. 그 도형들은 비록 관념적인 것이었지만, 여전히 감각을 통해 직접적으로 파악할 수 있었다(구체적인 조작 단계). 그리고 최근에 이르러서야 — 뉴턴과 아인슈타인 이후에 — 행성 운동 자료들은 중력과 중력장 같은 완전히 추상적이고 궁극적으로 상상 불가능한 개념을 통해 압축되었다(형식적인 조작 단계). 각 단계에서 추상성이 증가하면 구체성이 감소하는 대신에 일반성이 증가한다. 나의 손자 테오가 바구니에 떨어지는 공에 관심을 가지는 것에서 시작해서 중력을 이해하기까지 거치는 과정은, 원시인류가 절벽에서 떨어지는 바위를 관찰하는 것에서 시작해서 뉴턴이 보편적인 중력법칙을 발견하기까지 인류가 거친 과정과 동일하다. 추상성의 증가는 성숙도의 향상을 보여 주는 지표이다.

대략적으로 말한다면 모든 고전물리학은 동일한 발달 과정을 거쳤다. 고전물리학은 고대의 관찰에서 시작해서 그리스의 천문학으로 발전했고 17세기 뉴턴의 종합에 의해 번창하였으며 19세기에 역학·열·전기·자기의 법칙들이 간결한 수학적인 방정식의 형태로 확립되면서 절정에 도달했다. 철학자 카시러Ernst Cassirer는 추상을 향한 경향성과 관련해서 다음과 같이 말했다. "그것의 일반적인 구조로 볼 때 19세기 물리학은 이미지와 모형의 물리학이 아니라 원리의 물리학이라고 할 수 있다."

현대에도 그 경향성은 계속해서 더 강하게 나타나고 있다. 일반인들은 고도의 추상성 때문에 물리학이 난해하다고 생각한다. 미술, 건축, 음악, 문학은 모든 사람의 관심사처럼 여겨지는데 그 이유는 그것들이 감각에 직접 호소하기 때문이다. 반면에 이론물리학과 수학은 일상 경험에서 점점 더 멀어지는 듯이 보인다 — 정보를 물리학의 도구 상자에 포함시키고 결국 대중적인 과학 언어에 포함시키는 것은 현대 과학의 진화에서 뿐 아니라 아동의 사고 발달에서도 나타나는 추상을 향한 경향성의 일부이다.

물리학이 추상화를 추구한다는 것을 보여 주는 가장 좋은 예는 물질 이론의 역사이다. 2,500년 전에 만들어진 원자 가설은 일상적이고 감각적인 경험으로부터 접근할 수 없는 관념의 세계로 나아가는 과감한 걸음이었다. 그때 이후 원자는 형이상학의 구덩이에서 나와 우리 지식의 범위에 들어올 수 있었고, 오늘날에는 원자를 보고 만지고 조작하는 것이 가능해졌다. 원자는 철학적인 사변의 산물에서 우주의 구체적인 구성요소가 되었다. 피아제의 이론에서 보면 이 발전은 — 비가시적이고 추상적인 개념에서 구체적인 대상으로의 — 퇴보처럼 보인다. 그러나 그 외관은 착각이다. 왜냐하면 원자는 더 실재적이 되었지만 동시에 해체되었기 때문이다. 노벨상 수상자 앤더슨 Philip Anderson 은 원자가 해체되는 참사를 '상식으로부터의 이탈'이라고 불렀다. 전환점은 1913년에 러더퍼드 Ernst Rutherford 가 원자핵을 발견하면서 찾아왔다. 원자핵의 발견에 의해, 고대 그리스인들이 작은 조약돌과 같다고 생각했던 원자는 속이 대부분 비어 있다는 것이 밝혀졌다. 그러나 더 심각한 발견은 그 후에 이루어졌다. 현대적인 원자를 구성하는 요소들인 전자와 양성자와 중성자는 원래 모래사장의 모래알과 같은 입자라고 생각되었다. 그러나 그 요소들 역시 실체성을 잃었다. 과학은 우리가 보고 만지는 것이 실재하는 것이 아님을 가르쳐 주었다.

오늘날에는 입자가 파동과 많은 성질을 공유한다는 것이 밝혀졌다. 따라서 물질파 matter wave 라는 합성개념이 도입되었다. 전자의 발견자가 말했듯이 이는 마치 호랑이와 상어의 잡종과도 같다. 입자와 파동은 모두 익숙한 대상이기 때문에, 조화될 수 없는 두 요소로 만들어진 물질파 개념은 최소한 호랑이와 상어의 잡종처럼 특이한 어떤 것이라고 상상할 수 있다. 그러나 불행하게도 이조차 충분히 기괴하지 않았다. 물질파조차도 원자의 실재를 기술하는 과제를 감당할 수는 없었다.

대신에 원자 속의 전자는 슈뢰딩거 파동함수라고 불리는 수학적인 도구에 의해 기술된다. 그 파동함수는(가장 단순한 원자인 수소 원자의 경우를 제외하면) 익숙한 3차원의 세계에 존재하지 않는다. 그것은 종이와 정신 속에서(혹은 '영혼 속에서'라고 아리스토텔레스는 말했을 것이다) 살며, 엄밀하게 지정된 수학적인 조작을 거친 후에 비로소 현실적으로 측정된다. 그러나 측정이 가능하다고 해도 파동함수는, 슈뢰딩거가 원래 믿었던 바와 달리 원자핵을 실제로 둘러싼 전자구름을 기술하지 않는다. 사실 파동함수는 실재하는 어떤 것을 기술하는 것이 아니라, 존재할 수 있는 것의 확률만을 기술한다. 만일 파동함수가 매우 훌륭하게 작동한다는 것과 아무도 더 나은 대안을 발견하지 못했다는 것이 확고한 사실이 아니었다면, 파동함수는 우리 세계상의 근본요소가 되기에는 너무 추상적이라고 쉽게 거부되었을지도 모른다.

파동함수가 원자를 나타내는 그림이 아니라면, 그것은 정확히 무엇일까? 다양한 실험을 통해 전자의 위치, 속도, 에너지 준위, 자기 효과 등을 측정할 수 있는데, 이 모든 성질들은 파동함수로부터 예측될 수 있다. 그러므로 파동함수는 가능성들의 지도와 유사하게 정보를 수학적으로 간결하게 코드화한 문서처럼 — 가능성들의 목록처럼 — 작용한다. 파동함수가 올바른 예측을 위해 필요한 정보의 창고에 불과하다면, 바탕에 있는 세계의 재료는 정보이다.

그러나 물질에 관한 이야기는 여기에서 끝나지 않는다. 양자역학에 특수상대성이론의 가르침을 덧붙이면, 입자는 — 그리고 심지어 입자와 관련된 파동함수도 — 물리적인 세계상의 구성요소로서 실재성을 잃는다. 파동함수의 후계자인 양자장 quantum field 은 과학에서 가장 추상적인 개념이라고 할 수 있다. 양자장은 입자보다 더 근본적이고 힘보다 더 기초적이다. 양자장 개념의 뿌리는 태어날 때부터 우리를 조용히 잡아당기고 마지막에는 우리를 무덤 속으로 떨어뜨리는 지구의 중력장이었다. 중력장은 비록 많은 신비에 싸여 있지만 익숙한 존재이다. 그러나 양자장은 중력장보다 훨씬 더 낯설다. 양자장은 전적으로 상상 불가능하다.

양자장의 탁월한 추상성 — 양자장을 표현하는 시각적인 이미지나 언어적인 이미지는 전혀 없다 — 은 양자장의 유용성을 방해하지 않는다. 만일 반세기 이상 전부터 거론되기 시작한 양자장이 대중의 반발이나 물리학자들의 논쟁을 일으키지 않고 현대물리학에 동화될 수 있다면, 정보 개념도, 그것이 아무리 추상적이라고 할지라도, 물리학 속에 확고히 자리잡을 가능성이 있다.

현대적인 관점에서 본 우주는 양자장들로 가득 차 있다. 전자에 대응하는 양자장이 존재하고, 각각의 쿼크에 대응하는 양자장이 존재하고, 모든 종류의 기본 입자에 대응하는 양자장이 존재했다. 그 장들은 물에 섞은 우유처럼 공간 속에서 공존한다. 그러나 분자 수준에서 정체성을 유지하는 물이나 우유와 달리, 양자장들은 시공의 각 점에서 서로 결합하여 에너지를 교환할 수 있고 심지어 다른 장으로 변환될 수 있다. 입자 — 예를 들어 전자 — 는 전자장의 주름이다. 다른 위치에 있고 다른 양의 에너지를 가지고 있는 양성자는 양성자장에 있는 주름이다. 주름들은 물결처럼 부딪히고 분산될 수 있고, 결합하여 새로운 중성자장의 주름이나 중성미자장의 주름을 형성할 수 있고, 그 과정에서 사라질 수도 있다.

양자장은 일종의 아리스토텔레스적인 형상이다. 양자장의 수학적 공식 속에는 한 입자와 우주 속에 있는 그 입자의 모든 복제본이 공유하는 질량, 전하량, 자기적인 성질 등의 모든 본질적인 속성들이 들어 있다. 반면에 위치나 속도나 운동 방향 같은 부수적인 속성들은 개별입자마다 다르다. 그 부수적인 속성들은 장 자체가 아니라 장의 주름들을 특징짓는다. 장이 형상이라면, 입자는 실제 세계 속에서의 형상의 발현이다.

노벨상 수상자이며 기본입자 표준모형의 주요 발명자인 와인버그Steven Weinberg는 세계가 장들로만 이루어졌다고 믿었다. 그는 이렇게 썼다. "본질적인 실재는 특수상대성이론과 양자역학의 지배를 받는 장들의 집합이다. 다른 모든 것들은 그 장들로부터 양자동역학quantum dynamics에 의해 도출된다." 과거에 데모크리토스는 원자와 진공만 실재한다고 선언했지만, 와인버그는 궁극적인 실재(휠러의 생일을 기념한 심포지엄의 주제)가 양자장이라고 선언했다. 그러나 더 최근에 그는 표준모형을 개량하기 위해 다양한 종류의 장들이 필요하다는 것을 인정했다. 현재 그는 장보다 더 근본적인 개념들이 물리학적인 세계관을 마침내 통일하고 단순화할 것을 희망한다. 그러나 그 개념이 무엇인지는 아직 불분명하다. 그는 오캄의 면도날이 복잡해진 원초적인 존재들의 집합을 다시 한 번 정리하고 이론의 선험적 전제들의 수를 줄일 것이라고 믿는다. 그러나 현재 실험실에서 실제로 이루어지는 측정에 기반을 둔 계산들은 언제나 장의 언어를 사용한다.

입자물리학의 수학적인 기본틀을 이루는 양자장이론은 물질 세계의 기반에 있는 현상들의 혼돈에 질서를 부여하는 데 뿐만 아니라 양적인 측정들을 놀라운 정확도로 재현하는 데 있어서도 커다란 성공을 이루었다. 파인만은 그가 기여하여 발전한 양자장이론이 전자의 자기적 성질을 10억분의 1의 정확도로 예측할 수 있다고 즐겨 말했다. 그는 그 정확도를 뉴욕과 로스앤젤레스 사이의 거리를 머리카락 굵기 수준까지 정확하게 측정하는 것에 비유했다. 옥스퍼드 대학의 이론가 펜로즈Roger Penrose는 일반 상대성이론(고전적인 장이론)이 이중중성자성계 PSR1913+16의 운동을 파인만이 자랑하는 양자장이론보다도 십만 배는 더 정확하게 예측할 수 있다는 사실을 즐겨 언급한다.

"장이론에서 말하는 장이 도대체 무엇인가?"라는 질문에 대답할 것을 요구받지 않고 장이론이 그 모든 것을 성취했다는 사실은 추상성이 이론물리학에서 유용성을 방해하지 않는다는 사실을 잘 보여 준다. 물론 물리학자들은 그들의 이론이 접근 불가능한 양자 세계를 이해하는 데 도움이 되는 간단하고 직관적인 상을 제시할 수 있기를 원할 것이다. 가시화할 수 있다는 것은 이론이 가질 수 있는 미덕이다. 그러나 이론이 가시화될 수 없다 해도 양자장이론처럼 고도의 추상성을 유지하면서 과학적 방법의 일반적인 요구들을 만족시킨다면 — 실험의 측정치들을 예측하고, 겉보기에 구별되는 현상들을 통일하고, 다른 이론들과 연결된다면 — 우리는 그 이론을 수용해야 한다. 이미지와 모형이 없다 할지라도 추상적인 원리만으로 충분하다는 것을 우리는 인정해야 한다.

양자이론의 생혈(生血) — 양자이론에 생명을 주는 재료 — 은 에너지이다. 자연이 어떻게 작동하는지 알려면 에너지의 궤적만 추적하면 된다. 그러나 에너지는 피처럼 형상이 없고 세분화되어 있지 않다. 에너지는 연료를 운반하지만 메시지는 운반하지 않는다. 이론물리학의 새로운 근본 개념이 될 준비를 하고 있는 정보는 어쩌면 훌륭하게 그 역할을 만족시킬지도 모른다. 양자장과 마찬가지로 정보도 원형(原型)에 대한 고대의 이론에 뿌리를 두고 있다. 정보 또한 일차적으로 사물이 아니라 관계를 다루며, 양자장만큼이나 추상적임이 분명하다.

    그러나 모든 정의상의 문제점에도 불구하고 정보는 세계를 구성하는 원초적인 개념으로서 양자장을 능가하는 결정적인 장점을 가지고 있다. 상상 불가능한 장과 달리 정보는 즉각적인 직관적 호소력을 가지고 있는 평범한 일상 개념이다. 과학자들이 정보 개념을 치장하고 정교화한다고 할지라도, 핵심은 변함없이 유지될 것이다. 10세 소년에게 양자장을 설명하라고 요구하면, 소년은 아무 말도 하지 못할 것이다. 그러나 당신이 정보가 필요하다고 말하면, 소년은 곧바로 무엇에 관한 정보가 필요하냐고 물을 것이다. 우리는 정보를 정의하는 방법을 모를 수도 있다. 그러나 정보를 보면 그것이 정보라는 것을 확실하게 알 수 있다. 물질적인 세계를 일관되게 설명하는 데 기반이 되는 개념이 모든 아이들에게 완벽하게 친숙한 개념이라는 것은 더할 나위 없이 좋은 일일 것이다.

    정보의 중요성은 물리적인 세계에만 국한되지 않는다. 생명에 대한 연구는 해부학을 넘어 더 작은 규모의 영역과 더 추상적인 영역으로 나아가면서 유전학을 만났다. 놀랍게도 유전학 역시 일차적으로 정보를 다룬다. 그 사실은 정보가 모든 과학의 공통적인 근본개념일 것이라는 추측을 훌륭하게 지지한다.

6 생명의 책
유전 정보

　　　　　20세기 과학의 두 가지 탁월한 성취라고 할 수 있는 양자 역학과 분자생물학은 공교롭게도 모두 1900년에 탄생했다. 한 세기 후 2000년 6월 6일 월요일 백악관 행사에서, 인간의 유전 정보 전체인 인간 게놈이 네 개의 화학적인 철자만으로 씌어진 방대한 책처럼 세상에 공개되었다. 인간 게놈은 엄청난 자료를 포함하고 있다. 앞으로 수십 년 동안 그 자료를 해석하는 일은 유전학의 문제일 뿐 아니라 정보처리의 문제이기도 할 것이다. 서로 다른 목표와 방법을 가진 생물학과 물리학이 지난 100년 동안의 노력 속에서 서로 수렴한 것은 과학의 통일성을 입증하는 증거이다. 처음부터 핵심적인 주제는 정보였다. 가장 근본적인 수준에서 물질에 대한 정보와 생명 그 자체에 대한 정보가 핵심적인 주제였다.

　　양자 혁명은 1900년 12월 14일 전혀 혁명적이지 않은 이론물리학 교수

막스 플랑크Max Planck가 베를린 과학 아카데미에 이상한 가설을 발표하면서 시작되었다. 그가 6년 동안 탐구해 온 문제는 독일의 가스 조명과 전기 조명 사업의 이익을 위해 수행된 실험들을 해석하는 것과 관련되어 있었다. 그 문제는 물리학과 관련해서 근본적인 중요성을 가지고 있지 않은 것처럼 보였다. 플랑크 자신을 비롯해서 어느 누구도 그 문제가 고전물리학이라는 이름으로 고대 그리스 철학자들의 시대 이래로 중단 없이 발전해 온 세계관을 무너뜨릴 것이라는 사실을 눈치 채지 못했다.

문제의 실험들은 전구의 필라멘트 같은 빛나는 물체가 방출하는 다양한 색깔의 빛을 정밀하게 관찰하는 것이었다. 금속이 비교적 차가우면 붉게 보인다. 왜냐하면 그 금속이 방출하는 무지개색의 빛 중에서 붉은색의 빛이 가장 강하기 때문이다. 금속을 더 가열하면 파란색의 강도가 증가하면서 흰색으로 보이기 시작한다. 1900년 가을까지 독일의 물리학자들은 다양한 온도의 물체들이 방출하는 빛의 강도와 파장, 혹은 색깔을 나타내는 정확한 곡선들을 그려 놓았다. 실험실에서의 작업은 완수되었고, 이제 그래프들은 이론가들에게 전달되었다. 그 그래프들을 설명하는 일이 이론가들에게 과제로 주어졌다. 플랑크는 그 과제가 예상보다 어렵다는 것을 발견했다.

열의 과학인 열역학, 그리고 빛과 열복사의 전자기 이론을 결합한 연구 속에서 플랑크는 물리적으로 타당하지 않아 보이는 가정 — 양자 가설 — 을 하지 않고는 전진할 수 없음을 발견했다. 그는 그 가정을 단지 임시방편으로 간주했다. 열역학은 분절적인 알갱이로 간주되는 원자의 언어로 씌어 있었고 반면에 복사는 부드러운 물결이나 멀리서 바라본 해안의 파도처럼 연속적인 존재로 기술되었다. 근본적으로 다른 두 관점을 조화시키기 위해서 플랑크는 물질이 에너지를 연속적으로 방출하는 것이 아니라 미세하고 분절적인 덩어리로 방출한다고 가정했다. 그는 그 복사의 원자를 양자quantum라고 명명했다. 전자기학과 열역학이 모두 입자를 다룬다고 간주함으로써 플랑크는 성공적인 계산 결과를 얻을 수 있었다. 그가 도출한 공식은 실험자료와 정확하게 일치했고, 그는 그 업적으로 1918년에 노벨상을 수상했다.

그러나 플랑크의 업적의 기반은 의심스러웠다. 플랑크를 포함한 모든 사람들은 복사가 실제로 완벽하게 연속적이라고 믿었다. 그들은 양자가 결국은, 화가가 밑그림으로 그렸다가 마지막에 지우는 연필 선과 같은 인위적인 존재로 판명될 것이라고 믿었다.

오직 아인슈타인만 예외였다. 놀라운 물리학적 직관력을 가지고 있었던 26세의 아인슈타인은 1905년에 양자 가설이 단지 편리한 가정이 아니라 근본적인 사실이라고 과감하게 주장했다. 빛과 복사열은 실제로 에너지의 다발들(그 다발은 훗날 광자photon라고 명명되었다)로 구성되어 있다고 그는 주장했다. 그 후 5년 동안 플랑크-아인슈타인 가설은 물리학계에서 큰 관심을 받지 못했다. 그러나 1910년경부터 그 가설은 세계에 대한 새로운 사고방식의 기초가 되었다. 연속성은 착각으로 판명되고 분절성이 진실로 밝혀졌다. 최소한 원자 영역에서 고전물리학은 사망했다. 그것은 커다란 격동이었다. 그러나 생물학을 뒤흔든 격동은 더 강력했다.

아우구스티누스회 대수도원장인 멘델Gregor Mendel의 관찰들은 세기말의 시점에서 볼 때 이미 한 세대 전에 이루어졌지만, 그가 그 관찰들을 세상에 알리기 위해 1866년에 선택한 매체인 오스트리아 브륀(현재 체코 공화국의 브르노) 자연과학회 보고서는 그의 메시지를 더 큰 과학계에 전달하기에는 너무 초라한 매체였다. 그 결과 유전법칙은 1900년까지 인정을 받지 못하고 묻혀 있었다. 1900년 암스테르담과 베를린과 빈에서 독자적으로 연구하던 세 명의 생물학자가 유전법칙을 재발견했고, 고인이 된 멘델에게 합당한 명예를 안겨 주었다.

1822년 농부의 아들로 태어난 멘델은 수도원에서 교육을 받은 후 빈 대학에서 수학과 과학을 공부했다. 그의 스승이 실시한 시험에서 낙방한 멘델은 수도원으로 돌아와 유전 연구에 정량적인 기법을 도입하기 위해 계획한 일련의 지루한 실험들을 끈기 있게 수행하기 시작했다. 과거의 연구들 중 많은 수가 빨리 번식하고 조작하기 쉬운 완두를 대상으로 삼았다. 따라서 멘델 역시 완두를 실험 대상으로 삼았다. 그는 완두를 32종으로 구분했는데, 크기나 각 부분의 모양 등 7가지 형질에 따라 분류했다. 멘델은 규칙성들을 발견하기 위해 수천 개의 개체들을 키우고 교배했다.

그의 가장 유명한 발견은 꽃의 색깔에 관한 것이다. 그가 흰색 꽃 완두와 자주색 꽃 완두를 교배하여 얻은 자손들은 흐릿한 자주색 꽃을 피울 것이라는 예상과 달리 전부 자주색 꽃을 피웠다. 다음 세대에서는 더 놀라운 일이 벌어졌다. 3/4의 꽃들은 자주색이었고, 1/4의 꽃들은 완벽한 흰색이었다. 멘델이 발견한, 재현가능하고 정확하고 신뢰할 수 있는 그 3:1의 비율은 오늘날 '멘델의 비율'이라고 불린다. 그가 발견한 다른 많은 수학적인 규칙성들도 재현가능하고 정확하고 신뢰할 수 있었다.

그 법칙들이 함축하는 바는 두 가지였다. 첫째로 그것들은 유전 연구를 수학적인 과학의 영역으로 옮겨 놓았다. 수학적인 과학은 멘델에게 익숙한 분야일 뿐 아니라, 모든 학문적인 분과들이 소속되기를 열망하는 분야이기도 했다. 둘째로 거시적 차원의 규칙성들은 미시적인 알갱이의 존재를 드러냈다. 군집이 나타내는 형질들의 고정불변의 비율은 개체들에게 유효한 고정된 비율에서 나온다. 예컨대 결혼한 사람들 사이에서 남성과 여성이 거의 정확히 1:1의 비율을 이루는 것은, 각각의 커플이 그 비율로 구성되며 그 비율이 자동적으로 집단 전체로 확산된다는 사실에 의해 쉽게 설명된다. 덜 명백한 예로 물을 구성하는 수소와 산소의 2:1 비율을 들 수 있다. 19세기의 화학자들은 그 고정된 비율을 근거로 원자가설을 주장했다. 즉 그들은 모든 각각의 물 분자가 수소 원자 두 개와 산소 원자 한 개가 결합하여 만들어진다고 주장했다. 당대에 이것은 특이한 설명이었다. 원자의 실재성이 일반적으로 인정된 것은 한 세기 후였고, 개별 원자를 볼 수 있게 된 것은 180년 후였다. 유전처럼 복잡하고 신비로운 현상 역시 양자화된 단위로 전달된다는 사실은 멘델과 그의 제자들에게 커다란 지적인 충격이었을 것이 분명하다. 물리학에서와 마찬가지로 유전학에서도 아무도 예상하지 못한 곳에서 분절성이 등장한 것이었다.

유전의 가설적인 단위는 1911년에 '유전자'라는 명칭을 얻었다. 원자(물질의 단위)나 양자(에너지의 단위)와 마찬가지로 유전자도 그것의 물리적인 본성이 신비에 싸여 있던 시점에 추론에 의해 발견되었다. 실제로 유전자가 조작적인 존재인지 혹은 물리적인 존재인지에 대한 논쟁은 수십 년 동안 계속되었다. 그럼에도 불구하고 생명체 속에서 유전자의 위치는 신속하게 확인되었다. 1900년에 멘델의 업적을 재발견한 세 명의 생물학자 중 하나인 독일의 코렌스Karl Correns는 유전의 물리적인 운반자가 살아 있는 세포의 핵 속에 있는 작은 실처럼 생긴 염색체임이 분명하다고 단번에 추측했다. 그리고 그것이 전부가 아니었다. 염색체 속에서 유전자의 위치도 곧 발견되었다.

"신은 미묘하지만 악의적이지는 않다"라고 아인슈타인은 말했다. 자연은 흔히 우리에게 해결할 수 없어 보이는 수수께끼를 제시하지만, 곧이어 멋진 해결의 단서를 제공한다. 유전자의 경우에 힌트는 염색체가 팬케이크처럼 납작하거나 감자처럼 덩어리가 아니라 작은 막대기처럼 선형이라는 사실에 있었다. 만일 자연이 다른 선택을 했다면 유전이 어떻게 작동할지, 혹은 유전학이 어떻게 발전했을지 아무도 모른다. 염색체의 1차원적인 선형 구조는 유전자가 그 속에 배열되는 방식을 발견하는데 결정적인 단서를 제공했다.

발상은 단순하다. 만일 당신이 막대기에 붉은 점과 푸른 점을 찍고 막대기를 둘로 자르면, 두 점은 동일한 부분에 들어가거나, 두 부분에 나뉘어 들어갈 것이다. 여기까지는 자명하다. 더 나아가 조금만 생각해보면 두 점 사이의 거리가 가까우면 두 점이 한 부분에 들어갈 가능성이 높고, 반대로 두 점 사이의 거리가 멀면 두 점이 서로 분리된 두 부분에 들어갈 가능성이 높다는 것을 알 수 있다. 만일 두 점을 막대기의 양 끝에 그린다면, 막대기를 어떻게 자르든 두 점은 서로 분리될 것이다. 막대기에 있는 점들의 물리적인 위치와 그들이 함께 머물 확률을 연결하는 이 논증은 유전의 과학을 위한 열쇠이다.

붉은 점과 푸른 점을 상이한 형질과 관련된 유전자로, 막대기는 염색체로, 막대기를 자르는 것은 다양한 세포분열과 재결합과 자연적 인공적 돌연변이로 대체하면, 염색체 유전학의 기초적인 논리를 얻을 수 있다. 한 개체가 두 가지 형질을 물려받는다는 것은, 두 유전자가 함께 머문다는 것을 의미한다. 반대로 두 형질이 두 집단에 분리되어 나타난다면, 우리는 유전자들이 분리의 과정을 거쳐 서로 다른 염색체 속에 들어갔다고 추론할 수 있다. 1913년에 콜럼비아 대학의 스터트번트 Alfred Henry Sturtevant 라는 학생은 그의 스승인 저명한 유전학자 모건 Thomas Hunt Morgan 과의 대화 중 갑자기 위의 논증을 통해서 유전자의 물리적인 위치를 수량화할 수 있음을 깨달았다. 그날 밤에 그는 최초의 원시적인 유전자 지도를 그렸다. 그가 상대적인 위치를 발견한 세 가지 형질은 초파리의 변이된 특성들이었다. 정상적인 회색이 아닌 노란색 몸 색깔, 정상적인 붉은색이 아닌 흰 눈 색깔과 정상보다 짧은 날개가 그 변이된 특성들이었다. 스터트번트가 그린 원시적인 도표로부터 거대한 인간 게놈 지도 프로젝트가 발전되었다.

   1930년대에 생물학자들은 유전자의 기능과 위치에 대해서 많은 것을 알고 있었지만, 유전자가 무엇으로 이루어져 있는지에 대해서는 전혀 모르고 있었다. 유전자는 엄청난 양의 정보를 한 세대에서 다음 세대로 전달하는 것이 분명하다. 그러나 유전자가 어떻게 그런 일을 할 수 있을까? 혹시 유전자는 소형 메모리 역할을 하는 복잡한 생물학적 구조물이 아닐까? 그 구조물은 너무 작아서 보이지 않지만, 인간의 성장과 발달을 제어할 만큼 충분히 강력할 것이다.

   유전자 전달 메커니즘를 연구한 초기의 유전학자들에게 유전자의 물리적 구조는 일차적인 관심사가 아니었다. 1933년에 노벨상 수상 기념 강연에서 모건은 이렇게 말했다. "유전자가 가설적인 단위이든 혹은 물리적인 단위이든 전혀 차이가 없다." 그러나 더 젊은 세대의 유전학자들이 가진 생각은 달랐다. 모건의 제자인 뮬러Hermann Muller는 ― 그도 훗날 노벨상을 받았다 ― 유전학이 나아갈 방향을 10년 먼저 정확히 예측했다. "우리 유전학자들은 세균학자이면서 생리화학자이면서 물리학자이면서 동시에 동물학자이면서 식물학자이어야 할까? 그렇게 될 수 있다고 희망해 보자."

그의 희망은 20세기 중반에 유전학이 생물학에서 물리학으로 변하면서 실현되었다. 만일 유전자가 실재하는 물리적인 구조물이라면, 당연히 유전자의 구조와 기능을 탐구해야 한다. 유전자는 인간의 신체적 특성을 결정할 뿐 아니라, 유전되는 행동과 감정도 결정한다. 유전자에 대한 지식은 생명 그 자체에 대한 지식에 크게 기여할 것이다. 양자역학의 공동 발견자인 슈뢰딩거가 쓴 『생명이란 무엇인가(What is Life?)』만큼 웅변적으로 물리학과 생물학의 얽힘을 기술한 책은 없다. 2차 세계대전이 한창이던 1943년 2월에 더블린에서 행한 강의를 토대로 해서 씌어진 100쪽도 안 되는 그 작은 책은, 단순하고 일상적인 언어로 현대적인 분자생물학의 토대를 확립한 것으로 유명한 고전이 되었다. 그 책은 그 후 두 세대의 연구자들에게 영감을 준 지적인 촉매 역할을 했다.

슈뢰딩거는 물리학자들이 새로운 주제에 접근할 때 일반적으로 사용하는 방법으로 유전의 물질적인 측면들을 탐구하기 시작한다. 즉 그는 수를 추정한다. 수는 탐구하는 대상의 전체적인 윤곽에 대한 느낌을 주고, 물리학의 주요 도구인 수학이 다룰 재료를 제공한다. 서로 다른 과학 분야에서 얻은 증거가 공통된 설명으로 수렴하는 것을 보여 주는 교과서적인 실례인 그의 책에서 슈뢰딩거는 생물학적으로 추정된 유전자의 대략적인 크기가 물리학에 기반을 둔 증거와 일치한다는 것을 지적했다. 식물과 동물의 번식 실험들을 통해서 세부적인 염색체 지도들이 만들어졌다. 그 지도들의 크기를 근거로 해서 유전자가 100만 개 이상의 원자를 포함하지 않는다는 추정이 이루어졌다. 전자현미경을 통해서 이루어진 염색체 구조의 직접적인 관찰은 그 추정을 입증했다. 100만은 거대한 수처럼 여겨지지만 원자 규모에서는 매우 작은 수이다. 100만 개의 원자를 정육면체 모양으로 쌓으면 각각의 변에 100개의 원자가 놓인다. 광학현미경이나 전자현미경보다 더 작은 세부를 식별할 수 있는 X선을 이용한 추가적인 탐구에 의해 추정값은 약 1000개로 낮아졌다. 즉 원자들을 쌓아 만든 정육면체의 한 변에 10개의 원자가 놓인다는 것이다. 이것은 정말로 작은 수이다. 한 가지 알아야 할 것은 당시에는 원자의 특성이나 원자들이 결합된 구조에 대해서는 아무 언급도 이루어지지 않았다는 점이다.

다음으로 슈뢰딩거는 유전자는 얼마나 오랫동안 동일성을 유지하는가, 라는 질문을 던진다. 대답은 간단하다. 유전자는 실질적으로 영원히 동일성을 유지한다. 수십만 년 동안 인간은 10개의 손가락과 2개의 눈과 수많은 다른 형질들을 가지고 있었다. 그 모든 정보는 유전자에 의해 한 세대에서 다음 세대로 정확하게 전달되었다. 드물고 갑작스럽고 극적인 돌연변이를 제외하면, 유전자는 영구적이고 안정적인 구조물이다. 만일 그렇지 않다면, 생물학은 혼란스럽고 예측할 수 없고 법칙이 없는 과학이 될 것이고, 세계는 지금과 매우 다른 곳이 될 것이다.

고전물리학의 법칙에 따르면 작은 수와 영구성은 양립할 수 없다. 평탄함smoothness이나 영구성, 규칙성은 큰 수의 통계적인 결과로만 발생할 수 있다. 즉 금화의 안정성은 금화 속에 있는 천문학적인 개수의 금 원자들에 의해 가능하고, 태양 온도의 예측가능성은 그 온도에 기여하는 무수한 수소 원자들에 의해 가능하다. 고전적인 열역학에 따르면, 소규모의 원자들이 모인 집단은 끊임없는 통계적 요동을 겪는다. 즉 원자들이 끊임없이 불규칙적으로 돌아다녀, 기존의 패턴은 곧 파괴될 것이다. 비유를 들어 설명해 보자. 만일 당신이 드럼통에 물을 반만 트럭에 싣고 운반한다면, 길이 평탄할 경우 통 속의 물은 거의 그대로 유지될 것이다. 그러나 당신이 반 컵의 물을 운반한다면, 컵 속에 남은 물은 예측할 수 없게 된다. 두 그릇 속에 있는 물의 표면은 거의 같은 진동을 겪는다. 그러나 더 큰 그릇에서는 그 진동이 비교적 작은 문제를 일으킨다.

천 개 혹은 백만 개의 원자로 이루어진 고체 덩어리가 인체의 온도에서 일정 시간 동안 메시지를 코드화하여 유지하는 것은 고전적으로 볼 때 전혀 불가능하다는 것을 슈뢰딩거는 강조했다. 유전을 위해 필요한 영구적인 메시지 보존은 더욱 확실하게 불가능하다. 만일 그 고체를 절대온도 0도 근처로 냉각하면, 원자들의 운동이 둔해져 영구적인 패턴들이 유지될 가능성이 있다. 그러나 인체 온도에서는 그런 일이 발생할 수 없다. 슈뢰딩거는 유전자의 영구성이 '고전물리학으로 설명되지 않는 영구성'이라는 간결한 결론을 내렸다. 그러므로 가능한 설명은 하나뿐이다. 적은 수의 원자로 이루어졌지만 고도의 영구성을 가지고 있는 구조는 분자뿐이므로, 유전자는 분자일 것이라고 슈뢰딩거는 자신 있게 예측했다. 그러나 '이 결론에 도달하기 위해 양자역학의 기초를 언급하는 것이 정말 절대적으로 필요했을까'라고 그는 조심스럽게 물었다. 분자가 지질학적인 시간 동안 지속된다는 사실을 이미 경험적으로 알고 있었으며, 멘델의 유전법칙을 알고 있었던 19세기의 과학자들도 동일한 결론에 도달하지 않았던가? 그러나 19세기의 물리학자들은 분자를 유지시키는 것이 무엇인지 몰랐으므로 그들의 대답은 "수수께끼인 생물학적인 안정성을 마찬가지로 수수께끼인 화학적 안정성으로 환원시킨다는 점에서 제한된 가치"를 가질 것이라고 슈뢰딩거는 생각했다. 슈뢰딩거가 예리하게 지적한 철학적인 핵심은, 분자를 이해하지 못하는 한 유전자를 이해했다고 말할 수 없다는 것이다. 자신들의 목적과 무관하다는 이유로, 원자적인 구조의 세부를 정당하게 무시하는 생물학자들과 화학자들은 슈뢰딩거에게 동의하지 않을지도 모른다. 실제로 먼저 물리학을 정복하지 않아도 대부분의 생물학적인 과정과 화학적인 과정을 설명할 수 있다. 그러나 유전의 경우에는 더 엄밀한 설명이 필요하다. 만일 생명을 물리적인 언어로 이해할 수 있을지 여부를 알아내는 것이 목표라면, 추론은 화학의 수준을 넘어서야만 한다. 당신이 생명의 비밀을 이해하려고 한다면, 당신은 최후의 바닥까지 내려가야 할 것이다.

'분자를 이해하려면 확실히 양자역학이 필요하다'라고 슈뢰딩거는 주장한다. 산소 원자 한 개와 그것에 미키 마우스의 귀처럼 붙은 두 개의 수소 원자로 이루어진 물 분자는 주위의 물 분자들과 치명적인 속도로 끊임없이 충돌함에도 불구하고 왜 파괴되지 않는 것일까? 대답은 플랑크의 양자가설의 변형에 근거를 둔다. 물 분자가 가질 수 있는 에너지는 연속적이지 않고, 마치 불규칙적인 계단처럼 분절적인 단계들로 구분되어 있다. 각각의 단계에서 다음 단계로 이행하는 것은 분자의 회전과 진동 운동이 더 높은 흥분상태로 이행하는 것을 의미한다. 물 분자가 지닌 안정성의 비밀은, 외부의 충격이 분자 에너지 계단의 가장 작은 높이 차이보다 더 낮은 에너지를 가지고 있을 경우 분자에게 아무 영향도 미치지 못한다는 사실에 있다. 분자는 과자처럼 조금씩 부스러지지 않는다. 분자는 완벽하게 파괴되거나, 아니면 전혀 파괴되지 않는다. 그리고 대부분의 경우 분자는 전혀 파괴되지 않는다. 양자가설에 의해 밝혀진 이 방어 메커니즘은 분자를 이해하는 데 꼭 필요한 요소였다.

　슈뢰딩거의 주장을 다음과 같이 요약할 수 있다. 유전자는 작고 안정적이며, 그 안정성은 고전역학이 지배하는 작은 원자들의 계에서는 보장될 수 없다. 분자도 작고 안정적이다. 그러므로 유전정보는 분자 속에 코드화되어 있어야 한다. 그리고 마지막으로 분자의 안정성에 대한 완벽한 설명은 양자역학에 의해 주어진다. 양자역학에 따라서 갑작스러운 도약처럼 일어나는 분자 구조의 변화는 돌연변이에서 관찰되는 갑작스러운 도약과 같은 유전적인 변화에 완벽하게 대응한다.

　슈뢰딩거가 제시한 그림은 매우 일관적이다. 그러나 슈뢰딩거는 그 그림을 더 보충하려 하지 않았다. 물리학은 최선을 다해 생명의 수수께끼를 풀었다. 그리고 이제는 문제를 생물학자들에게 돌려줄 때라고 그는 말했다.

일반적으로 분자 모형은 유전 물질의 작동 방식에 대해서 아무 힌트도 주지 않는 것 같다. 사실 나는 이 문제에 대한 어떤 세부적인 정보가 가까운 미래에 물리학으로부터 나올 것이라고 기대하진 않는다. 진보는 생리학과 유전학의 지휘하에 있는 생화학에서 일어났고 미래에도 그 분야에서 일어날 것이라고 나는 확신한다.

불과 10년 후에 동물학자이며 유전학자인 왓슨James D. Watson은 전직 물리학자인 크릭Francis Crick과의 공동 연구를 통해서 유전 물질이 DNA라는 것을 밝혀냈고, 이것의 분자 구조가 이중나선이라는 것을 발견했다. 그들의 가장 강력한 경쟁자가 노벨상을 2회 수상한 폴링Linus Pauling이었다는 것은 우연이 아니다. 폴링은 양자역학 교과서를 썼고, 화학자 중에서는 분자의 안정성에 관한 지식에 가장 많이 기여했다.

이제 생물학자들은 — 근본적인 물질 이론과 물리학이 제공한 분석장치들의 도움을 받고, 화학이 축적한 분자의 특수한 성질들에 대한 방대한 지식의 도움을 받아 — 유전정보가 염색체에 의해 운반되고, 염색체는 대부분 DNA로 이루어졌다는 것을 알게 되었다. 그러나 염색체의 세부 구조는 어떨까? 인간의 염색체는 원자 규모에서 볼 때 거대하다. 염색체 한 벌 속에는 DNA를 구성하는 염기가 수십억 개 들어 있다. 그 무수히 많은 기초 단위들로부터 인간의 성장과 발달을 지휘하는 사령실을 어떻게 지을 수 있을까? 유전의 건축학은 무엇일까?

자연은 친절하게도 남아 있는 수수께끼를 풀기 위한 또 하나의 단서를 제공한다. 그리고 그 단서는 놀랍게도 규모만 더 작을 뿐 앞에서 논의한 단서와 동일하다. 염색체는 유전자들의 선형 배열일 뿐 아니라, 분자 수준에서 선형 배열이다. 두 개의 가닥으로 이루어진 엄청나게 긴 DNA는 염색체의 길이 전체에 중단 없이 뻗어있다. DNA를 길게 풀어놓는다면 길이가 당신의 손만큼 길 것이다. 물론 그 긴 실은 염색체의 한정된 공간 속에 들어가기 위해 3차원적으로 탄탄하게 감겨 있어야 한다. 그러나 그렇게 감겨 있다 할지라도 DNA는 선형이다. 문장을 이루는 철자들의 배열처럼 간단한 그 구조가 유전공학과 인간 게놈지도 제작을 가능하게 한 분자생물학의 현대적이고 정교한 기법들의 기반을 이룬다. DNA 구성요소들의 위치에 관한 정보는 더 큰 규모에서 염색체의 구조가 발견된 것과 동일한 방식으로 발견되었다. 교차, 재조합, 절단, 이어붙이기, 돌연변이 등의 모든 활동이 더 작은 규모에서 동일한 작용을 한다.

염색체와 DNA의 단순한 선형 구조는 불과 한 세기만에 멘델의 법칙으로부터 인간 게놈에 이르는 발전을 가능하게 했다. 대조적으로 시각 장치나 뇌 등 2차원이나 3차원 구조를 가진 인간의 다른 정보 처리 체계들은 훨씬 더 해명하기 어려울 것이다.

슈뢰딩거가 『생명이란 무엇인가?』에서 제시한 추측은 옳았다. 유전 정보는 분자 속에 코드화되어 있다. 그러나 1943년 당시에는 그 생각이 너무 새로웠고, 슈뢰딩거는 조심스러운 태도를 취했다. 논의에 필요한 생물학을 간단히 검토한 후, 그는 유전자의 크기와 안정성에 관한 획기적인 주장을 내놓기 전에 다음과 같은 간략한 언급을 삽입했다.

물론 여기에서 설명한 유전 메커니즘hereditary mechanism의 윤곽은 아직 공허하고 단조로우며 심지어 약간 유치하기까지 하다. 왜냐하면 우리는 특징이 정확히 무엇인지 말하지 않았기 때문이다. 본질적으로 통일체, 즉 '전체'인 유기체의 패턴을 분절적인 '특징들'로 분해하는 것은 부적절하고 또한 불가능해 보인다.

슈뢰딩거는 예를 들어 눈의 엄청나게 복잡한 구조를 양자화하고 분자적인 코드를 통해 표현할 수 있다는 환원주의자들의 주장에 동조할 수 없었다. 자신의 주장을 방어하기 위해 그는 교묘한 단서를 달았다. 멘델과 모건을 비롯한 모든 유전학자들이 돌연변이를, 즉 잘 정의된 특징의 변화를 연구했다는 사실에 주목하면서, 슈뢰딩거는 유전자의 기능을 특징 자체의 저장이 아니라 특징들의 차이의 저장으로 한정했다. 즉 그에 따르면 유전자 속에 기록되어 있는 것은 꽃 자체가 아니라 흰색 꽃에서 자주색 꽃으로의 변환이며, 눈 전체의 구조가 아니라 파란색 눈에서 갈색 눈으로의 변환이다.

슈뢰딩거는 이 언급을 곧바로 보편적인 원리로 격상시킴으로써 철학적인 사고 전환을 요구한다. "이 주장은 언어적으로 또한 논리적으로 모순되어 보인다. 그럼에도 불구하고 내가 보기에 참으로 근본적인 개념은 특징 자체가 아니라 특징의 차이이다. 특징들의 차이는 실제로 분절적이다." 훗날의 연구에 의해 슈뢰딩거의 조심성이 과도했다는 것이 밝혀졌다. 유전 암호가 분자 속에 들어 있다는 그의 주장은 전적으로 옳음이 판명되었다. 또한 유전 암호는 엄청난 양의 정보를 보유할 수 있어서 특징들의 차이뿐만 아니라 특징들 자체도 저장할 수 있다.

생명을 유지하고 발생시키기 위한 복잡한 명령들이, 즉 '유전 정보'라는 총칭으로 불리는 자료들이 어떻게 저장되고 전달되는지를 발견한 것은 20세기 과학을 대표하는 성취이다. 그 성취는 놀라운 우연의 일치(자연이 공학처럼 정보를 선형으로 배열한다는 사실)와 이미 그 위력이 검증된 방법(전체를 이해하기 위해 부분들을 탐구하는 환원주의적 기법)에 의해 가능했다. 일부 과학자들은 환원주의에 반발한다. 그러므로 우리는 이 시점에서 잠시 걸음을 멈추고 우리의 탐구가 옳은 방향을 향해 있는지 확인하기로 하자.

7 거인들의 싸움
환원주의와 출현 emergence

　　이탈로 칼비노의 소설 『팔로마 씨 Mr Paloma』의 주인공은 그를 둘러싼 세계에 대해서 깊이 숙고한다. 밤하늘의 별이나 파리의 식품점에 있는 치즈에서부터 해변에 누운 젊은 여자의 벗은 가슴까지 그가 보는 모든 것이 그의 정신을 심오한 형이상학적 명상으로 채운다. 어느 날 그는 잔디밭을 응시한다. 무성한 잔디로 덮인 땅을 자세히 바라보는 동안 그는 잔디밭의 개념조차도 불확실하다는 생각을 한다. "우리가 보는 것은 '잔디밭'일까? 혹은 수많은 풀잎들일까? 풀잎들을 세는 것은 무의미한 짓이다. 중요한 것은 수가 아니다. 중요한 것은 개별성과 차이를 가진 그 작은 식물들을 한눈에 하나씩 하나씩 보는 것이다. 그리고 바라볼 뿐만 아니라 생각하는 것이다." 문제는 전체를 부분들의 합으로 파악하는 것이라고 그는 결론 짓는다. 잔디밭을 완전하게 이해하려면 풀잎들의 집합으로 이해해야 한다고 그는 생각한다.

팔로마 씨는 환원주의라고 불리는 철학적 입장의 유혹을 받고 있다. 그 입장은 확실히 매력적인 프로그램이다. 어떤 것을 이해할 수 없다면, 그것을 분해하라. 요소들로 환원하라. 요소들은 전체보다 단순하므로 이해할 수 있을 가능성이 더 높다. 그리고 그렇게 해서 성공했다면, 전체를 다시 복원하라.

환원주의가 정보를 이해하는 데 도움을 줄까? 비트에 대한 탐구가, 혹은 다른 기초단위에 대한 탐구가 정보 개념의 본성을 드러낼까? 우리는 섀넌에게서 무언가 배울 수 있을까? 아니면 섀넌이 회피한 의미의 문제로 곧장 나아가야 할까?

이번에도 단서는 물리학에 있다. 왜냐하면 환원주의가 가장 찬란한 성공을 거둔 분야가 바로 물질에 대한 연구이기 때문이다. 물리학은 점점 더 추상화되면서 더 작고 원초적인 부분들로 파고들었다. 세계가 원자와 진공으로 이루어졌다고 선언한 데모크리토스에서부터 환원주의는 물리학을 지배했다. 고체와 액체와 기체는 분자로 이루어졌고, 분자는 원자로, 원자는 원자구성입자로, 원자구성입자는 쿼크와 경입자로 이루어졌으며, 쿼크와 경입자 역시 아마도 끈처럼 생긴 어떤 원초적인 존재로 이루어졌을 것이다. 이중나선의 발견과 더불어 살아 있는 물질도 환원주의적으로 설명되기 시작했다. 현대 과학자들은 물질을 생각할 때 팔로마 씨와 같은 입장을 취한다. 그들은 감각이 지각하는 복잡한 현상 밑에서 항상 세계의 알갱이 구조를 의식한다.

그러나 환원주의는 강력한 설명력을 가지고 있는 반면, 한계도 가지고 있다. 자동차가 어떻게 작동하는지 이해하기 위해서 자동차에 칠해진 페

인트의 화학 성분을 분석하는 것은 무의미한 짓이다. 인간의 행동을 이해하기 위해서 원자물리학을 연구하는 사람은 없다. 실제로 학문분야들의 논리적인 연결을 사슬에 비유하는 것은 매우 적절하다. 각각의 고리는 인접한 고리와 영향을 주고받는다. 그러나 두 고리 사이의 거리가 멀어지면 관계는 덜 명확해진다. 그리고 두 고리 사이의 거리가 너무 멀면 관계는 보이지 않는다.

로마의 시인 루크레티우스Lucretius는 그 사실을 눈여겨보지 않았다. 그의 장시 「사물의 본성에 관하여」는 천오백여 년 동안 원자론을 방어하는 영감을 주었다. 물고기의 운동에서부터 보이지 않는 바람의 신비로운 본성까지 수많은 수수께끼들이 원자의 실재성이 일반적으로 설명되기 훨씬 전에 놀라운 통찰력으로 다루어졌다. 그러나 루크레티우스는 너무 많이 나아갔다. 물질적인 세계에 대한 합리적인 그림을 그린 것에 만족하지 않은 그는 한 걸음 더 나아가 그의 모범인 데모크리토스를 본받아 영혼도 원자로 이루어졌다고 설명했다. 그의 지나친 환원주의는 수백 년 동안 원자론에 대한 불신을 일으키는 데 크게 기여했고, 그는 교회로부터 파문당했다. 교회는 전갈을 경계하듯이 환원주의를 경계했다. 환원주의가 명예를 회복하기까지는 오랜 세월이 걸렸다. 심지어 20세기 초에도 일부 진지한 과학자들은 원자의 실재성을 의심하고, 원자를 이론적인 허구로 간주했다. 그러나 마침내 모든 의심은 사라졌다. 적어도 물질 — 살아 있는 물질도 마찬가지로 — 과 관련해서는 데모크리토스와 그의 대변자 루크레티우스가 승리했다.

그러나 과학에서 환원주의의 역할에 대한 논쟁은 20세기 후반에 다시 불붙었다. 그 논쟁에 불을 댕긴 것은 와인버그가 1974년에 《사이언티픽 아메리칸》에 발표한 논문인 것으로 보인다. 와인버그는 기본입자 표준모형 확립에 기여한 공로로 노벨상을 받은 물리학자이다. 그는 이렇게 썼다. "인간의 오랜 희망 중 하나는 복잡하고 다양한 자연이 왜 그러한가를 설명하는 단순하고 일반적인 법칙을 발견하는 것이었다. 현재 우리가 도달한 가장 통일적인 자연관은 기본입자들과 그것들의 상호작용을 통해 자연을 기술하는 것이다." 세계 최고의 진화생물학자 중 하나인 마이어Ernst Mayr는 이 언급이 "물리학자들의 무서운 사고방식을 보여 주는 실례"라고 논평했다. 그는 와인버그가 "타협을 모르는 환원주의자"라고 비난했다. 와인버그는 응수했고, 많은 사람들이 전투에 가담했다.

와인버그는 설득력이 있었을 뿐 아니라 단호했다. 여러 책과 에세이를 통해 그는 30년 동안 싸웠다. 거인들이 학문적인 논쟁을 벌이면 때때로 지혜의 보석들이 쏟아진다. 아마도 와인버그의 가장 유용한 기여는 용어들을 명료화한 것에 있을 것이다. 그는 환원주의를 전혀 다른 두 유형으로 구별하고, 각각을 '소petty' 환원주의와 '대grand' 환원주의로 명명했다.(그는 형법에서 많이 사용되는 구별법을 빌려 왔지만, 그 구별법은 간질 발작의 두 유형 — 대발작grand mal과 소발작petit mal — 에서도 적용된다.) 와인버그에 따르면, 소환원주의는 "사물이 특정한 방식으로 행동하는 것은 구성요소들의 특징 때문이라는 주장"이다. 루크레티우스의 장시의 전반과 팔로마 씨의 환원주의가 소환원주의이다. 그러나 영혼의 본성이나 인간의 행동 등과 같은 많은 문제와 관련해서는 소환원주의는 큰 가치를 가지지 못한다. 간단히 말해서, 적은 수의 문제들에만 적용 가능한 소환원주의는 사소한 주장이다. 거인들은 소환원주의를 놓고 싸움을 벌이는 것이 아니다.

대환원주의는 훨씬 더 흥미롭다. 대환원주의는 "자연 전체가 이러이러한 것은 모든 과학법칙들이 환원되는 귀결점인 단순한 보편법칙들이 있기 때문이라는 주장"이다. 다시 말해서, 단순한 요소로 환원될 수 있는 것은 팔로마 씨의 잔디밭과 같은 사물이 아니라 법칙이다. 예를 들어 갈릴레이의 낙하법칙은 뉴턴의 보편적인 중력법칙으로 환원될 수 있다. 와인버그는 이 신념을 출발점으로 삼아 그의 입자이론을 방어한다. 와인버그의 주요 적수인 90대의 마이어는 노벨상 수상자인 프린스턴 대학의 앤더슨Philip Anderson의 지원을 받았다. 내가 이 글을 쓰고 있는 2002년 7월 현재, 가장 최근에 이루어진 논쟁은, 와인버그의 근간 에세이집에 대해 앤더슨이 《피직스 투데이》에다 서평을 쓴 것이다.

앤더슨은 입자물리학자가 아니라 물질의 응집상태에 대한 전문가이다. 물질의 응집상태란 수십억 개의 원자가 엄청나게 복잡하게 서로 밀쳐내는 액체와 고체 상태를 의미한다. 앤더슨은 팔로마 씨의 단순한 환원주의에 동의하지 않는다 — 잔디밭은 풀잎들의 합 이상이라고 그는 주장할 것이다. 생태학자들은 앤더슨에게 동의할 것이다. 앤더슨이 생각하기에, 열쇠를 쥐고 있는 것은 출현emergence의 원리이다. 그는 자신의 입장을 간략하게 표현하기 위해 휠러에 버금가는 솜씨로 다음과 같은 멋진 경구를 만들어 냈다. "많아지면 달라진다."

앤더슨은 자기 자신도 보편 법칙의 탐구에 관여하고 있음에도 불구하고, 복잡한 계에서는 전혀 예상하지 못한 새로운 법칙들이 출현할 수 있다고 주장한다. 예를 들어 동전던지기를 생각해 보자. 동전을 던졌을 때 앞면이 나올지 혹은 뒷면이 나올지에 대해서는 아무도 알 수 없다. 우리는 그 실험을 이해하고, 결과가 예측불가능하다는 것을 이해한다. 더 이상 얘기할 것은 없다. 그러나 동전을 100번 던지면 놀라운 규칙이 나타나기 시작한다. 던지는 횟수가 더 많을수록 더 높은 정확도로 결과의 반은 앞면이 된다. 큰 수의 법칙이라는 새로운 법칙이 출현한 것이다. 많아지면 달라진다. 좀 더 물리학적인 출현의 예는 열에 관한 과학의 기반을 이루는 온도 개념이 제공한다. 한 개 혹은 몇 개의 원자에 대해서 '온도'는 아무 의미가 없다. 온도는 오직 엄청난 개수의 입자들이 떼 지어 있을 때만 정의된다. 열역학의 법칙들은 과학 전체에서 가장 아름답고 일반적인 법칙에 속한다. 그러나 그 법칙들은 아직까지 개별 입자들을 지배하는 법칙들로부터 만족스럽게 도출되지 않았다고 말하는 것이 정당하다. 물론 와인버그는 이 사실을 잘 안다. 그러나 그는 열역학이 '단지' 통계역학에 불과하다고, 그리고 (앤더슨의 전공분야인) 통계역학은 수학적인 통계학 법칙들과 결합한 입자물리학에 '불과하다'고 믿는다.

그러나 앤더슨은 우리가 지각하는 세계가, 즉 온도계와 자동차와 인간의 행동과 영혼이 있는 세계는 와인버그가 바라보는 쿼크와 경입자의 세계와 전혀 유사하지 않다고 차분하게 지적한다. 그러므로 표준 입자 모형으로 설명되지 않는 그 거시적이고 복잡한 사물들의 새로운 특징들이 여러 층위에서 출현해야 한다. 앤더슨은 이 생각 — 법칙들의 출현 — 을 표준 모형에 관한 어느 책의 제목인 『신 입자(The God Particle)』에 빗대어 '신 원리The God Principle'라고 부른다.

이처럼 대립하는 두 입장 사이의 타협점을 제시한 사람은 또 다른 과학계의 거장이자 하버드의 생물학자인 윌슨Edward O. Wilson이다. 그는 현대 판 루크레티우스이다. 로마의 루크레티우스가 6음보 운율의 시를 통해 뛰어난 웅변을 보여 줬다면, 현대의 윌슨은 산문을 통해 사람들을 설득하지만, 이 둘은 확고한 유물론자라는 공통점이 있다. 루크레티우스와 윌슨은 거의 신앙에 가까운 열정으로 세계를 그들의 극단적인 관점에 맞게 변환하려고 노력한다. 모든 지식의 근본적인 통일에 대한 찬양인 윌슨의 책 『통섭(Consilience)』은 21세기판 『사물의 본성에 관하여(De Rerum Natura)』이다. 윌슨은 환원주의가 '과학의 최첨단'이며 심지어 '과학의 일차적이고 본질적인 활동'이라는 것을 인정하지만, 환원주의는 더 높은 목표를 위한 수단에 불과하다고 간주한다. 최고의 목표는 단순성이 아니라 세계의 복잡성을 이해하는 것이다. 윌슨은 이렇게 선언한다. "복잡성에 대한 환원주의를 동반하지 않은 사랑은 예술을 낳고, 복잡성에 대한 환원주의를 동반한 사랑은 과학을 낳는다."(묘하게도 이 경구의 리듬은 윌슨은 별로 감동하지 않을, 아인슈타인이 남긴 다음과 같은 말의 리듬과 유사하다. "종교 없는 과학은 절름발이이고, 과학 없는 종교는 장님이다.")

 이어서 윌슨은 자신의 세계관을 설명하는데, 그것은 와인버그와 앤더슨을 잇는 화해의 길을 놓을 수 있을지도 모른다. 먼저 그는 소환원주의와 대환원주의를 연결시킨다. "단순히 어떤 집합체를 더 작은 부분들로 부수는 행위 속에도 환원주의라고 불리는 더 심오한 활동이 들어 있다. 그것은 각각의 층위에 있는 법칙과 원리를 접어 간추려서 더 일반적인, 따라서 더 근본적인 원리로 만드는 작업이다." 이미 1974년에 와인버그가 주장했듯이 성배는 여전히 우리 눈앞에 있지만, 윌슨은 — 앤더슨과 마찬가지로 — 그 원대한 목표가 성취될 수 없는 것일 수도 있다고 생각한다. 복잡한 조직 내의 각 층마다, 특히 생명체의 세포 단위부터는 아직까지 더 일반적인 법칙들로부터 도출되지 않았고 어쩌면 영원히 도출되지 않을지도 모르는 법칙들과 원리들이 남아 있다. 그러나 실패에 대한 전망은 윌슨을 위축시키지 않았다. 오히려 그는 쿼크와 잔디밭과 인간의 영혼을 연결하는 설명적인 추론의 사슬에 있는 틈들이 그의 호기심을 자극한다고 고백했다. "위태로운 살얼음 위를 걷는 모험은 과학에게 형이상학적인 흥분을 준다."

소환원주의를 정보에 적용하려면 먼저 최소단위 혹은 성분을 확정해야 한다. 컴퓨터 시대에 정보의 원자가 될 수 있는 가장 강력한 후보는 단연 비트이다. 그러나 팔로마 씨가 깨달았듯이 단순히 비트를 세는 일은 무의미할 수 있다. 또한 비트는 유일한 후보가 아니다. 계산과 통신 이외의 다른 맥락에서도 다양한 정보 측정 방식이 제안되고 시도되었다. 쉽게 예상할 수 있듯이 경제학자는 정보를 달러 단위로 측정한다. 정확성이 관건인 패턴 인식 분야에서는 정보를 히트hit — '옳게' 인식한 비트 — 단위로 측정한다. 비트를 대신할 것들 중에서 가장 낯선 대안은 양자역학에서 나왔다. 양자역학에서는 10년 전에 새로운 정보의 단위로 큐비트qubit가 도입되었다. 이 책의 후반부에서 나는 그 작고 이상한 괴물을 다룰 것이다.

그러나 이 모든 대안은 자연의 근본적인 원리를 추구하는 대환원주의에 봉사한다. 마지막 장에서 나는 환원법칙의 후보 하나를 기술할 것이다. 그것은 우리가 아는 고전적이고 거시적인 세계가 어떻게 그 기반에 있는 양자역학적 바탕에서 출현하는지에 대한 안톤 차일링거의 이론이다. 차일링거의 원리를 정보의 언어로 표현하면 다음과 같은 정말로 큰 질문이 된다. 큐비트에서 존재로?

8 코펜하겐의 신탁
과학이 다루는 것은 정보이다

　　　　　　라파엘이 바티칸에 있는 기념비적인 프레스코화 〈아테네 학파〉와 유사하게 〈20세기 물리학 학파〉를 그릴 것을 의뢰받았다면, 플라톤과 아리스토텔레스 대신 그림의 중심에 놓일 인물은 아인슈타인과 보어일 것이다. 이들의 이름이 연상시키는 이론들 — 상대성이론과 양자역학 — 은 현대물리학의 두 기둥을 이룬다. 라파엘의 회화에 영감을 준 것은 그리스 철학의 대립하는 두 진영을 화해시키려는 르네상스 시대의 노력이었다. 상대성이론과 양자역학의 조화를 위한 오늘날의 노력은 그 시대의 노력을 상기시킨다. 앞으로 10년 내에 이루어질지도 모르는 그 노력의 성공 여부와 상관없이 물리적인 실재의 본성에 대한 아인슈타인과 보어의 입장 차이는 계속해서 유효할 것이다. 물리학의 세계에 우뚝 솟은 두 거인은 우연히도 동시에 노벨상을 수상했다. 1921년 노벨상 시상은 1년 연기되었다가 1922년 시상식에서 아인슈타인에게 수여되었다. 같은 시상식에서 1922년 노벨상을 받은 인물은 보어였다. 아인슈타인과 보어의 활동과 업적은 분리할 수 없이 얽혀 있지만, 두 사람의 성격은 분명한 대조를 이룬다. 아인슈타인은 동료들에 의해 우상화되고 대중에 의해 영웅이 되었지만 항상 외톨이였다. 그의 곁에는 그가 주도하는 연구 프로그램들을 함께 수행하는 동료나 제자가 거의 없었다. 반면에 보어는 코펜하겐 대학에 이론물리학연구소를 세웠다. 두 세대의 물리학자들이 그 연구소에서 원자에 관한 양자이론을 발전시켰고 나중에는 핵물리학의 기초를 연구했다. 보어 학파의 영향은 물리학자들이 양자역학의 지배적인 해석에 붙인 이름, 즉 '코펜하겐 해석'과 함께 기억되고 있다. 코펜하겐 해석은 코펜하겐 이론물리학연구소를 거쳐 간 이론가들이 보어의 지휘하에 구성한 절충안이다.

그러나 보어와 아인슈타인 사이에는 성격상의 차이보다 훨씬 더 큰 차이가 있다. 사실 그 차이는 대중들이 그들의 이름에서 연상하는 상징물에서도 드러난다. 라파엘의 그림 속에서 유클리드가 컴퍼스를 들고 있고 피타고라스가 직각삼각형을 응시하고 있는 것처럼, 일반적으로 아인슈타인과 함께 연상되는 것은 $E=mc^2$이라는 공식인 반면에 보어라는 이름이 연상시키는 것은 전자궤도를 나타내는 세 개의 중첩된 타원과 중심에 있는 점으로 이루어진 원자 도안이다. 지금은 쓰이지 않는 10드라크마짜리 그리스 동전에도 새겨져 있고, 첨단기술을 연구하는 어느 작은 회사의 편지지에도 인쇄되어 있고, 내가 근무하는 윌리엄 앤드 매리 칼리지 건물 벽에 알루미늄 조각품으로 전시되어 있기도 한 그 도안이 나타내는 것은 누구나 알고 있듯, 보어의 태양계 원자 모형이다.

이 유명한 두 과학적 상징물 사이의 차이는 아무리 강조해도 지나치지 않다. 아인슈타인의 방정식은 그의 주장들이 지닌 보석 같은 간결함을 대변하며, 그 방정식이 표현하는 에너지와 질량의 등가성은 상대성이론의 확고한 주춧돌이다. 반면에 원자 도안이 표현하는 이론은 완전히 틀린 이론이다. 그 이론은 이미 80여 년 전에 과학적 타당성을 잃었다. 보어가 발명한 그 이론은 발명 직후에 보어 자신에 의해 반박되었다. 그러나 그 이론은 여전히 대중적으로 잘 알려져 있다. 보어가 그 원자 이론을 채택하고 폐기한 정황은 그가 자연의 본성에 관하여 아인슈타인과 벌인 철학적 논쟁을 예증한다.

1913년에 젊은 보어는 원자가 — 데모크리토스 이래로 모든 사람들이 믿어온 것처럼 속이 꽉 찬 조약돌을 닮은 것이 아니라 — 속이 허술하게 비어 있다는 것과, 원자의 무게가 커다랗고 물렁물렁한 전자구름의 중심에 있는 작고 단단한 핵에 거의 모두 집중되어 있다는 것을 러더퍼드로부터 배웠다. 그 구조를 설명하려는 노력의 일환으로 보어는 수소 원자의 전자가 전기적인 인력의 영향하에서 핵을 중심으로 궤도운동을 하는 작은 위성이라고 제안했다. 그것은 과감하고 거의 터무니없는 제안이었다.

보어의 모형은 비록 그럴듯하게 보이지 않을지라도 정확한 양적인 예측들을 제시했고, 원자물리학이라는 새로운 학문 분야를 탄생시켰다. 그러나 그 모형은 태어나자마자 곤경에 빠졌다. 그 모형의 근본적인 전제들은 전기와 자기에 대한 당대의 지식과 일관되지 않았다. 뿐만 아니라 수소를 비롯한 몇 가지 가벼운 원자들과 관련해서 그 이론이 초기에 거둔 성공은 더 복잡한 원자들로 확장될 수 없었다. 더욱 곤란하게도 수소에 대한 근본적인 설명도 크게 잘못되었음이 밝혀졌다. 수소 원자는 전자의 평면적인 궤도가 시사하고 있는 팬케이크처럼 납작한 구조물이 아니라, 둥근 공이다. 여러 비일관성 때문에 보어는 자신의 모형을 발표하고 6년 뒤인 1919년에 그 모형을 폐기할 수밖에 없었다.

그 후 6년 동안 원자물리학계는 혼란에 빠졌다. 명료하고 설득력 있는 유일한 모형은 이미 폐기되었고, 대안은 보이지 않았다. 절망적인 상황이었다.

물리학계에 구원의 안도감을 준 것은 1925년에 갑자기 등장한 양자역학이었다. 새로운 이론은 보어의 원자를 평평한 지구와 지구 중심 태양계가 처박힌 '버려진 모형들의 다락방'에 집어넣고, 원자물리학을 추상적이고 잘 정의되고 점점 더 복잡해지는 계산으로 환원시키는 길을 열었다. 그러나 그와 동시에 굳건한 기반을 이루었던 직관적인 이해는 물거품처럼 사라졌다. 하늘의 달을 가시적인 유사 상관물로 동원할 수 있는 보어 모형은 시각적으로 매력이 있었다. 그러나 그 모형은 새로운 의심과 혼란에게 자리를 내주었다.

양자역학의 탄생과 함께 시작된 양자역학의 의미에 관한 논쟁은 지난 75년 동안 잦아들지 않았고, 종결의 조짐은 보이지 않는다. 양자역학의 전문적인 내용과 실용적인 유용성에 대해서는 누구나 동의하지만, 양자역학의 의미에 대한 견해는 넓은 스펙트럼을 형성한다. 그 스펙트럼의 양 끝에는 다음과 같은 형이상학적인 질문에 대한 대답이 있다. 신뢰하기 어려운 우리의 감각이 포착한 세계의 가변적인 현상 밑에 객관적인 실재의 암반이 있을까?

아인슈타인은 객관적인 실재의 암반이 있고, 더 나아가 그 궁극적인 실재를 발견하는 것이 물리학의 사명이라고 굳게 믿었다. 내재적인 무작위성과 명백한 관찰자 의존성을 가진 양자역학은 불완전함이 분명하고 결국 더 근본적인 지식에게 자리를 내주어야 할 것이라고 그는 믿었다. 양자역학의 계속된 성공에도 불구하고 오늘날에도 일부 물리학자들은 아인슈타인에게 동조하면서 미래에 희망을 건다.

오늘날의 현장 과학자의 다수가 동조하는 더 실용주의적인 태도는 파인만의 태도이다. 파인만은 양자역학을 다루는 완전히 새롭고 독특한 수학적인 형식을 창안함으로써 양자역학에 대한 탁월한 이해를 증명했지만, 양자역학의 해석에 새로운 빛을 던질 수는 없었다. 파인만은 의미에 관한 논쟁에 가담하지 않았다. 그러나 그는 다음과 같은 개인적인 염려를 고백했다. "나는 아직 참된 문제가 존재하지 않는다는 확신에 도달하지 못했다. 나는 참된 문제를 정의할 수 없지만, 참된 문제가 없다고 확신할 수는 없다." 그러나 파인만이 행동을 통해 암묵적으로 제시한 주장은 염려를 제쳐 두고 측정할 수 있는 것들을 계산하는 작업을 계속해야 한다는 것이었다.

보어는 파인만처럼 의심을 그럴 듯하게 무시할 수 없었다. 그는 명확하고 구체적인 그의 원자 그림이 불 속에 던져진 이후, 전혀 다른 실재가 그 자신의 주도하에 등장하기 시작하는 것을 목격해야 했다. 그는 확실성과 명확성을 향한 그 자신의 열망과 양자역학의 새로운 세계관을 어떻게 조화시킬 수 있었을까?

코펜하겐 해석은 세계의 본성에 관한 형이상학적인 질문들에 분명한 부정으로 답한다 — 객관적인 실재는 우리가 편리함을 위해 구성하는 환상이다. 우리가 할 수 있는 최선의 일은 실제로 존재하는 것을 신뢰할 수 있게 기술한다는 주장을 거두고, 세계의 측정된 특성들을 재현하는 일관적인 모형을 창조하는 것이라고 보어는 믿게 되었다. 동료에게 보낸 한 편지에서 그는 자신이 생각하는 과학의 임무를 설명했다. "우리의 임무는 사물의 본질을 꿰뚫는 것이 아니다. 우리는 사물의 본질이 무엇을 의미하는지 전혀 모른다. 우리의 임무는 오히려 자연 현상에 관하여 생산적으로 말할 수 있게 해 주는 개념들을 개발하는 것이다." 다른 곳에서 그는 동일한 생각을 더 강력하게 표현했다. "양자세계는 존재하지 않는다. 추상적인 양자역학적 기술(記述)만이 존재한다. 자연이 어떠한지 밝혀내는 것이 물리학의 과제라는 생각은 옳지 않다. 물리학의 관심사는 자연에 관해서 우리가 말할 수 있는 것이다."

보어의 생각을 선명하게 이해하기 위해 수소 원자를 생각해 보자. 질문은 더 이상 "원자의 실제 구조는 무엇일까?"가 아니다. "이곳 혹은 저곳에서 전자를 발견할 확률은 얼마일까?"가 되어야 한다. 보어에 따르면, 궁극적인 실재는 사물 자체가 아니라, 우리가 사물에 관해 가지고 있는, 확률로 수량화된 정보의 총합이다. 그 정보를 코드화해서 담고 있는 파동함수는 행성처럼 핵 주위를 도는 전자의 그림보다 더 큰 '실재성'을 주장할 수 있다.

바꿔 말하면, 물리학이 다루는 것은 존재론, 본질의 과학이 아니라, 인식론 즉, 우리가 아는 것을 우리가 어떻게 아는지에 대한, 그리고 우리 지식의 한계에 대한 연구라는 것이 보어의 믿음이다. 그리고 인식론은 항상 정보의 흐름과 관계를 맺는다. 아리스토텔레스가 어떻게 돌의 형상이 인간의 영혼 속으로 들어오는지 설명했듯이, 오늘날 우리는 원자에서 정보를 추출하여 뇌 속으로 옮기는 과정을 연구한다. 보어의 철학적 입장은 존 휠러에게 계승되었고, 존 휠러는 안톤 차일링거에게 영감을 주었다. 그 입장은 물리학뿐만 아니라 모든 과학을 포괄하는 다음과 같은 문장으로 일반화될 수 있다. 과학이 다루는 것은 정보이다.

더 믿음직스럽고 훨씬 더 설명하기 쉬운 것은 과학은 궁극적인 실재를 탐구한다는 아인슈타인 견해이기 때문에, 보어는 흔히 코펜하겐에 있는 신전에 앉아 모호한 신탁을 내리는 현대의 마법사라는 비난을 받는다. 노벨상 수상자 디랙은 이렇게 말했다. "나는 그에게서 깊은 인상을 받았지만, 그의 논증은 주로 정성(定性)적이어서 나는 그 논증 뒤에 있는 사태를 정확히 포착할 수 없었다." 보어가 죽고 2년 후에 양자역학의 실험적 탐구 시대를 연 벨은 보어를 '반(反)계몽주의자'(깨어 있는 명철한 이성이 진리를 명확하고 단순한 형태로 파악할 수 있다는 믿음에 반대하는 사람: 옮긴이)라고 불렀다. 보어는 자신과 아인슈타인의 차이를 분명히 하기 위해 약간의 익살을 가미하여 '과학적 지식의 불확정성원리'를 제시했다. 그 원리에 의하면, 명확성Klarheit과 진리성Wahrheit은 상보적이다. 하나가 증가하면 다른 하나는 자동적으로 감소한다. 보어는 자신의 원자 모형의 운명으로부터 명확성이 오류를 범하고 진리가 혼란의 안개 속에 있을 수 있음을 배웠다. 그 원자 모형이 가장 오래 남은 그의 유산이 되었다는 사실은 얄궂은 일이 아닐 수 없다.

결국 현대물리학에서 보어의 역할에 대한 정확한 평가는 그의 친구이며 경쟁자이고 유일하게 지적으로 대등했던 인물인 아인슈타인에게 맡겨졌다. "그는 끊임없이 어둠 속을 더듬는 사람처럼 이야기했다. 그는 한 번도 자신이 결정적인 진리를 확보했다는 듯이 말하지 않았다." 과학은 확실성을 추구해야 하기 때문에 불확실성과 모호성과 의심 위에서 번창한다는 것을 아인슈타인은 알고 있었다. 과학이 목표에 도달한다는 것은 과학의 죽음을 의미할 것이다.

이제 우리는 어둠 속을 더듬어 고전적인 정보의 본성에 대한 이해를 향해 나아갈 것이다.

고전적인 정보

확률론은 17세기에 진지한 과학이 되었지만, 그 뿌리는 고대의 주사위 놀이와 카드놀이로까지 거슬러 올라간다. 수학자들이 확률을 다룰 수 있을 만큼 충분하게 수학적 도구를 발전시키기 훨씬 전에 도박사들은 부분적인 정보를 이용하여 내기에서 이길 가능성을 계산하는 방법을 알고 있었다. 그런 방식으로 그들은 가지고 있는 혹은 필요한 정보에 양적인 가치를 직관적으로 부여했다. 확률과 도박의 이러한 상관성을 생각할 때, 확률이 정보를 반영하는 미묘한 방식을 매우 극적으로 보여 준 것이 TV 속의 한 도박 게임 – 정확히 말하면 그 게임에 관한 글 – 이었다는 것은 어쩌면 놀라운 일이 아닐 것이다.

매릴린 보스 사반트는 『퍼레이드Parade』라는 잡지에 수학적인 게임과 논리적인 수수께끼에 관한 칼럼을 쓴다. 그녀는 자신이 아이큐가 228인 천재라고 허풍을 떠는 인물이지만, 그럼에도 불구하고 많은 독자를 가지고 있다. 1990년 9월 9일에 그녀는 수수께끼 하나를 냈다. 〈거래 합시다〉라는 제목의 TV 쇼 진행자 몬티 홀은 행운의 참가자로 선택된 출연자 앞에 세 개의 방을 보여준다. 방들은 1에서 3까지 번호가 매겨져 있고, 커튼으로 가려져있다. 세 방 중 하나에는 최신형 자동차가 있다. 만일 출연자가 자동차가 있는 방을 맞히면, 자동차는 그의 것이 된다. 출연자는 행운을 바라며 1번 방을 선택한다. 이때 '자동차가 어디에 있는지 아는' 진행자는 2번 방을 열어 방이 비어 있다는 것을 보여주면서 다음과 같이 자상하게 묻는다. "처음에 선택한 대로 1번 방에 거시겠습니까, 아니면 선택을 바꾸어 3번 방에 거시겠습니까?"

생각해 보면 자동차는 두 방 중 하나에 있으므로, 어느 방을 선택하든 자동차를 얻을 확률은 50퍼센트인 것처럼 보인다. 그러므로 선택을 바꾸는 것은 무의미한 일인 것처럼 보인다. 그러나 그것은 틀린 생각이다. 영리한 방청객들이 '바꿔라, 바꿔라' 하고 외친다고 상상해 보자.

9 가능성 계산
확률은 정보의 수량화이다

확률론은 17세기에 진지한 과학이 되었지만, 그 뿌리는 고대의 주사위놀이와 카드놀이로까지 거슬러 올라간다. 수학자들이 확률을 다룰 수 있을 만큼 충분하게 수학적 도구를 발전시키기 훨씬 전에 도박사들은 부분적인 정보를 이용하여 내기에서 이길 가능성을 계산하는 방법을 알고 있었다. 그런 방식으로 그들은 가지고 있는 혹은 필요한 정보에 양적인 가치를 직관적으로 부여했다. 확률과 도박의 이러한 상관성을 생각할 때, 확률이 정보를 반영하는 미묘한 방식을 매우 극적으로 보여 준 것이 TV 속의 한 도박 게임 — 정확히 말하면 그 게임에 관한 글 — 이었다는 것은 어쩌면 놀라운 일이 아닐 것이다.

매릴린 보스 사반트는 《퍼레이드(Parade)》라는 잡지에 수학적인 게임과 논리적인 수수께끼에 관한 칼럼을 쓴다. 그녀는 자신이 아이큐가 228인 천재라고 허풍을 떠는 인물이지만, 그럼에도 불구하고 많은 독자를 가지고 있다. 1990년 9월 9일에 그녀는 수수께끼 하나를 냈다. 《거래합시다》라는 제목의 TV 쇼 진행자 몬티 홀은 행운에 도전하는 출연자에게 세 개의 방을 보여 준다. 방들은 1에서 3까지 번호가 매겨져 있고, 커튼으로 가려져 있다. 세 방 중 하나에는 최신형 자동차가 있다. 만일 출연자가 자동차가 있는 방을 맞히면, 자동차는 그의 것이 된다. 출연자는 행운을 바라며 1번 방을 선택한다. 이때 '자동차가 어디에 있는지 아는' 진행자는 2번 방을 열어 방이 비어 있다는 것을 보여 주면서 다음과 같이 자상하게 묻는다. "처음에 선택한 대로 1번 방에 거시겠습니까, 아니면 선택을 바꾸어 3번 방에 거시겠습니까?"

생각해 보면 자동차는 두 방 중 하나에 있으므로, 어느 방을 선택하든 자동차를 얻을 확률은 50퍼센트인 것처럼 보인다. 그러므로 선택을 바꾸는 것은 무의미한 일인 것처럼 보인다. 그러나 그것은 틀린 생각이다. 영리한 방청객들이 "바꿔라, 바꿔라" 하고 외친다고 상상해 보자. 만일 출연자가 선택을 바꾸면, 자동차를 얻을 확률은 1/3에서 2/3로 높아진다. 사반트는 한 칼럼에서 이 사실을 설명했다.

그녀의 칼럼은 큰 화제가 되었다. 그녀는 수많은 편지를 받았고, 대학교수들과 기타 확률 전문가들의 조롱을 받았다. 어떤 사람들은 그녀가 수학을 모르는 멍청이이며 대중을 속여 돈을 번다고 맹렬하게 비난했다. 그녀는 이어진 두 편의 칼럼에서 더 자세한 설명을 했다. 그리고 오랜 시간이 지난 후에도 '몬티 홀 문제'는 방송과 잡지와 전문 수학서적뿐만 아니라 술집과 교실과 대학의 복도에서 활발하게 논의되는 고전적인 문제가 되었다. 그 문제는 당연히 인터넷에도 퍼져 지금도 열띤 토론을 불러일으키고 있다. 많은 사람들은 문제를 경험적으로 푸는 시뮬레이션을 공들여 제작하기도 했다.

그 문제의 인기를 이해하는 것은 어려운 일이 아니다. 수학자들과 물리학자들이 확실한 것에서 출발해서 엄격한 논리를 따라 나아가 납득하기 힘든 것을 증명하는 논증을 가치 있게 평가하는 것과 마찬가지로 대중들도 직관에 반하는 단순한 답을 가진 문제에 매력을 느낀다. 그런 문제는 우리의 유한한 지성을 초월하는 어떤 것을, 우리 자신보다 위대한 어떤 것을, 절대자를 느끼게 해 주는 듯하다. 그런 문제들은 플라톤의 수학적 진실을, 인간의 영역을 초월한 어딘가에 있는 참된 '형상'을 경험하는 드문 기회를 준다.

몬티 홀 문제의 핵심은 정보 개념이다. 더 정확하게 말한다면, 추가된 정보와 확률의 관계가 문제의 핵심이다. 당신이 출연자이고 처음에 1번 방을 선택했다고 상상해 보자. 이 단계에서는 일어날 확률이 같은 세 개의 가능성들이 있다.(당신이 행운을 잡을 확률은 1/3이다.)

A. 자동차가 1번 방에 있다.
B. 자동차가 2번 방에 있다.
C. 자동차가 3번 방에 있다.

그러나 진행자가 커튼을 여는 것과 동시에 상황은 달라진다. 문제와 관련된 정보가 추가되고 확률은 달라진다. 첫 번째 경우(A)에는 몬티가 어떤 커튼을 열든 상관없이 처음 선택을 유지하는 것이 유리하다. 그러나 B의 경우에는 몬티는 세 번째 커튼을 열어 빈 방을 보여 줄 것이고, 선택을 유지한다면, 당신은 행운을 놓칠 것이다. 마찬가지로 C의 경우에 몬티는 두 번째 커튼을 열 것이고, 이번에도 선택을 유지한다면 당신은 행운을 놓칠 것이다. 그러므로 세 가지 경우 중에서 두 경우에 당신이 원래 선택을 유지한다면, 당신은 행운을 놓친다.

이 설명은 대략적인 설명에 불과하다. 몬티 홀 문제는 대단히 미묘해서 해답을 듣고 난 후에도 이해가 될 듯 말 듯 혼란스러운 것이 당연하다. 추가된 정보의 효과를 직관적으로 더 선명하게 이해하기 위해서 문제의 상황을 극단화해 보자. 방이 세 개가 아니라 천 개가 있다고 상상해 보자. 처음에 당신이 거의 기대를 가지지 않고 815번 방을 선택한다고 해 보자. 당신은 자동차를 얻을 확률이 1/1000임을 안다. 이제 (자동차가 어느 방에 있는지 아는) 진행자가 998개의 빈 방을 연다. 남은 방은 당신이 선택한 방과 137번 방 둘뿐이다. 이제 진행자는 정중하게 묻는다. "당신은 처음 선택한 815번 방을 그대로 선택하시겠습니까, 아니면 137번 방으로 선택을 바꾸시겠습니까?"

당신의 생각은 어떠한가? 천 개의 방 중에서 진행자의 선택에 의해 홀로 남은 137번 방이 당신의 마음을 끌지 않는가? 정말로 당신은 처음에 아무렇게나 한 선택을 고수하는 것이 현명하다고 느끼는가? 이 경우에는 선택을 바꾸는 것이 현명하다고 느끼는가? 그렇다면 방이 세 개만 있는 원래의 상황에서도 선택을 바꾸는 것이 현명하지 않을까? 두 상황은 정도의 차이만 있을 뿐 본질적으로 동일하다. 원래의 수수께끼에서 당신이 선택을 바꾸면 행운을 잡을 확률은 두 배가 된다. 한편 이 극단화된 상황에서는 당신이 선택을 바꾸면 행운을 잡을 확률이 1/1000에서 999/1000으로 급상승한다.

전설이 된 몬티 홀 문제와 관련된 충격적인 일화가 있다. 그 일화의 주인공은 고인이 된 20세기의 위대한 수학자 에어디쉬Paul Erdós이다. 그는 특별한 직업 없이 동료 수학자들의 도움에 의존하여 그럭저럭 생계를 유지했다. 몬티 홀 문제를 들었을 때 그는 즉각적인 판단 — 1번 방과 3번 방의 당첨 확률이 50대 50이라는 판단 — 을 극복할 수 없었고, 동료들의 설명과 컴퓨터 시뮬레이션의 결과를 완강하게 거부했다. "내가 왜 선택을 바꿔야 하는지 이해할 수가 없어"라고 그는 계속해서 투덜거렸다. 수수께끼풀이보다 우정을 더 소중히 여긴 동료들은 설득을 포기하고 그 문제를 더 이상 논하지 않았다.

이 놀라운 일화의 교훈은 천재도 오류를 범한다는 것이 아니다. 내가 이 일화를 언급하는 목적은 "위대한 호메로스도 실수를 한다"라는 호라티우스의 말을 되새기는 것이 아니다. 내가 말하려는 것은 다음의 두 가지이다. 첫째, 확률은 매우 단순한 상황(TV 쇼의 사소한 게임 같은)에서도 지독하게 까다로울 수 있는 개념이다. 둘째, 확률은 정보를 수량화하는 방식이다.

몬티 홀 문제는 매우 이해하기 어려우므로 요점이 같은 더 간단한 문제들을 살펴보자. 어떤 사람이 이렇게 말한다. "나는 세 살 터울의 자식이 둘 있는데 하나는 아들이야." 이때 다른 자식도 아들일 확률은 얼마일까? 다른 자식은 아들이거나 딸일 것이므로 확률은 1/2이라고 당신은 대답할 것이다. 그것은 틀린 대답이다. 당신이 자동차를 놓치게 만든 경솔한 생각이 이번에도 착각을 유도하고 있는 것이다. 정답은 1/3이다. 두 자식은 (나이 순서대로) 아들과 아들, 아들과 딸, 딸과 아들일 수 있다. 이 세 가능성 중에서 첫 번째 가능성에서만 다른 자식도 아들이다. (나는 버지니아 주 블루리지 마운틴으로 여행을 갔던 어느 날 밤에 내 아이들에게 이 사실을 증명하기 위해서 화톳불 가에 앉아 동전 두 개를 백번 던졌던 일을 생생하게 기억한다.)

더 나아가 그 사람이 다음과 같은 단서를 추가한다고 해 보자. "두 자식 중에서 키가 큰 쪽이 아들이야." 그렇다면 가능성은 {키가 큰 아들과 키가 작은 아들}, 그리고 {키가 큰 아들과 키가 작은 딸}로 줄어든다. 그러므로 다른 자식도 아들일 확률은 1/3에서 1/2로 바뀐다. 한편 똑같은 상황에서 질문만 바꾸어 다른 자식이 딸일 확률을 묻는다고 해 보자. 그 경우에 두 번째 답은 그대로 1/2이지만, 첫 번째 답은 2/3가 된다. 놀랍게도 자식의 성별 문제와 상관이 없어 보이는 키에 관한 정보가 확률을 변화시키는 것이다.

이 예들은 때때로 예상치 못한 방식으로 정보가 확률 계산에 영향을 미친다는 것을 보여준다. 그 역도 참이다 — 확률은 정보 개념의 정의 자체와 관련되어 있다. 과학의 맥락에서 그 관련성을 파악한 최초의 인물은 19세기의 물리학자 볼츠만이다. 그는 우리가 원자들을 다룰 때 확률 논증을 이용해야 하는 이유는 원자들의 수가 엄청나게 많아서 우리에게 정보가 부족하기 때문이라고 주장했다. 볼츠만이 다만 지적한 것에 머문 그 관련성은 20세기에 질문이 '정보란 무엇인가?'에서 '정보를 어떻게 측정할 것인가?'로 바뀌면서, 더 정확히 말하자면 '정보의 가치를 어떻게 측정할 것인가?'로 바뀌면서 명백해졌다.

우리는 메시지 속에 담긴 정보의 중요성이 우리가 기대하는 것이 무엇인가에 따라 결정된다고 직관적으로 느낀다. 실제로 우리 모두는 매일 확률을 계산하는 행위 속에서 정보의 가치를 평가한다. 예를 들어 내 딸이 오늘은 수업이 없는 날이라고 말한다고 해 보자. 나는 오늘이 일요일이라는 것을 확인하고, 내 딸의 말이 참일 확률이 100퍼센트라는 것을 알게 된다. 그러므로 나는 그녀의 말을 대수롭지 않게 여긴다. 또한 오늘이 월요일이라면, 그녀의 말이 참일 확률은 실질적으로 0이므로, 이 경우에도 나는 그녀의 말을 신중하게 고려하지 않는다. 그러나 만일 창 밖에 폭설이 내리고 있다면, 그녀의 말이 옳을 확률은 대략 50퍼센트 정도로 높아지고, 나는 그녀의 말을 진지하게 듣는다. 그녀가 내게 제공한 정보의 가치는 내가 아는 것에 따라 달라지고, 내가 아는 것은 특정한 명제가 참일 확률로 표현된다.

정보와 확률의 관계를 아는 것이 정보 개념의 이해에 도움을 준다면, 먼저 '확률'이 무엇을 의미하는지를 명확하게 알아볼 필요가 있다. 대부분의 과학적이고 전문적인 정의들은 확률을 경우의 수를 통해 정의한다. 그것은 간단하고 매우 합리적인 정의 방법이다. 동전을 100번 던졌을 때, 앞면이 나올 확률은 얼마일까? 앞면이 나온 경우의 수(50)를 전체 경우의 수(100)로 나누면 확률을 얻을 수 있다. 확률은 1/2이다. 주사위 두 개를 던졌을 때 나오는 눈의 합이 7일 확률은 얼마일까? 눈의 합이 7일 경우(1과 6, 2와 5, 3과 4, 4와 3, 5와 2, 6과 1)의 수를 전체 경우의 수(6×6=36)로 나누면 1/6의 확률이 나온다.

경우의 수를 통해서 확률을 이해하는 방법은 상식과 일치하고 대부분의 경우에 부족함이 없다. 몬티 홀 문제나 자식의 성별 맞추기 게임에서도 컴퓨터 시뮬레이션이나 동전던지기를 이용한 타당한 증명 방법으로 경우의 수를 따져볼 수 있다.

그러나 이 방법에는 근본적인 문제가 있다. 우리가 확률을 따지는 대부분의 경우에 우리가 고려하는 상황은 쉽게 반복할 수 있고 따라서 수량화할 수 있는 상황이 아니라, 반복할 수 없는 유일한 상황이다. 다음과 같은 예들을 생각해 보자. 1) 기상통보관이 이렇게 말한다. "오늘 오후에 비가 올 확률은 30퍼센트입니다." 오늘 오후는 단 한 번뿐이다. 우리는 비가 오는 경우의 수를 세기 위해 오늘 오후를 100번 되돌릴 수 없다. 심지어 기상청의 컴퓨터도 오늘 오후의 기상 조건을 정확하게 재현할 수 없다. 2) 내 아내가 부엌에서 말한다. "이 고기는 약간 상한 것 같아. 당신이 보기에는 어때?" 나는 고기를 살펴보고 만져 보고 냄새를 맡아 보고 의견을 말한다. "괜찮은 것 같아. 그냥 먹자." 나는 내 의견을 100퍼센트 확신하지 못하지만, 내가 옳을 가능성을 양적으로 평가했고 그 정도면 충분하다고 판단했다. 그러나 내 의견이 유의미한 것은, 동일한 고기 100개를 구할 수 있어서가 아니다. 3) 한 천문학자 팀이 새로운 행성을 발견했다고 발표하면서 다음과 같이 조심스럽게 단서를 단다. "우리는 우리의 자료 해석이 옳다는 것을 85퍼센트 확신합니다." 천문학자들이 100개의 행성을 관찰하고 그 중에서 85개가 정말로 행성이라는 것을 확인한 것일까? 그렇지 않을 것이다. 4) 어느 경제학자가 이렇게 주장한다. "다음 분기에 경제가 호전될 확률이 높다." 그가 현재 경제 상황을 100개 복사해 놓고 그 중에서 몇 개가 호전되는지 살펴본 것일까? 분명 그렇지 않을 것이다.

단 한 번뿐인 사건에 확률을 부여하는 것은 무엇을 의미할까? 위대한 경제학자 케인즈John Maynard Keynes는 『확률론(A Treatise on Probability)』에서 이렇게 고백했다. "확률의 의미를 합리적으로 설명하는 것은, 혹은 특정 명제가 참일 확률을 어떻게 판단하는지를 합리적으로 설명하는 것은 어려운 일이다." 몇몇 수학자들과 철학자들이 200여 년 동안 그 문제를 탐구해 왔고 많은 발전을 거두었음에도 불구하고, 대부분의 과학자들과 대중들은 그들의 성취에 놀랄 정도로 무관심하다. 예를 들어 물리학자들은 거의 예외 없이 경우의 수를 이용해서 확률을 정의한다. 그들은 한 번뿐인 특수한 실험을 분석할 때 한 통의 가스에 대해 말하고, 한 번 측정한 온도와 압력을 다루며, 한 번 측정한 부피에 의존해야만 한다. 이러한 지적을 무마하기 위해 그들은 동일한 상황의 복사본들로 이루어진 커다란 집합을 상상하고 그 집합을 '앙상블ensemble'이라고 부르면서 그 집합 전체의 성질을 논한다. 그들은 이런 방식으로 경우의 수를 따지는 논증을 단 한 번뿐인 사건에 적용할 수 있다. 이 편법은 대개의 경우에 유효하다. 왜냐하면 우리는 실험실에서 이루어지는 실험을 반복하거나 재현하는 것을, 최소한 상상할 수 있기 때문이다. 그러나 국가 예산을 연구하는 경제학자에게는 이 편법의 유효성이 더 의심스럽다. 케인즈가 지적한 문제의 핵심은 '주어진 가정에 근거한 추론은 타당하다는 믿음이 얼마나 합리적인가'를 나타내는 수치를 설정하는 것에 있다. 그 수치 즉 확률은 기호 'p'로 표시되고, 경우의 수나 통계자료에 대한 언급 없이 정의된다. 확률은 무작위로 부여되는 것이 아니라 합리적인 논증을 통해 부여된다. 그러나 많은 경우에 그 논증은 추측에 불과하다. 나는 앞에서 열거한 네 개의 유일한 사건들에 부여된 수치를 '확률'이라고 불렀다. 나는 그렇게 유일한 사건에 대하여 확률을 정의하는 것을, 경우의 수를 근거로 하여 확률을 정의하는 전통적인 '통계적인 정의'와 구별하여, 편의상 '합리적인 정의'라고 부르겠다 — 물론 '통계적인 정의'가 비합리적이라는 뜻은 아니다. 도박사들은 합리적으로 정의된 확률을 이용한다. 그들은 일어날 사태를 예측하고, 가능한 모든 정보를 종합하고, 자기 믿음의 정도를 수치로 표현한다. p값은 0에서 1까지일 수 있다. p가 0이라는 것은, 그 사건이 일어나지 않을 것이 확실하다는 것을 의미한다. 반대로 p가 1이라는 것은, 그 사건이 일어날 것이 확실하다는 것을 의미한다. 많은 책에서 확인할 수 있듯이 p값은 타이거 우즈가 한쪽 팔을 잃는 것처럼 가능성이 희박한 사건 — 그런 사건은 통계적으로 이해할 수 있는 사건이 전혀 아니다 — 에도 거리낌없이 부여된다.

확률의 합리적인 정의는 두 가지 중요한 이유 때문에 통계에 기초한 정의보다 우수하다. 첫째, 합리적인 정의는 경우의 수를 따지는 기존 방식을 간단히 포괄할 수 (따라서 확장할 수) 있다. 둘째, 합리적인 정의는 전통적인 정의가 개념적인 혹은 현실적인 문제를 일으키는 특수한 상황에서 위력을 발휘한다. 예를 들어 다수의 입자들로 이루어진 계를 다루는 통계역학이라는 물리학 분야는 합리적으로 정의된 확률만을 이용한 해석을 통해 더 확고한 논리적인 기반을 얻게 되었다. 통계역학에서 논의되는 확률은 "주사위놀이에서의 확률처럼 단순하지도 않고, 일기예보에서의 확률처럼 복잡하지도 않다."

합리적인 확률 정의 방법에서 도출되는 가장 유명한 귀결은 베이스의 정리이다. 이 정리의 발견자인 베이스Thomas Bayes는 영국의 비국교도 성직자이며 뛰어난 수학자이기도 했다(합리적으로 정의된 확률은 흔히 그를 기리기 위해 '베이스적인 확률Bayesian Probability' 이라 불린다). 확률에 대한 그의 연구는 그가 죽고 2년 후에 발표된 에세이 한 편이 전부였고, 그의 정리는 여러 해 동안 잊혀졌다. 가끔씩 유명한 학자들이 그 정리를 반박하기 위해 언급하는 일이 있었을 뿐이다. 그 정리는 고등학교나 대학에서 통상적으로 가르치는 '학교 수학'의 일부가 아니며, 많은 과학자들은 그 정리를 들은 적도 없다. 베이스의 정리는 최근에 이르러서야 다시 알려졌다. 그러나 그 정리는 경제학과 컴퓨터 프로그래밍, 의학 연구와 생명정보학에서 유용하기 때문에 앞으로 훨씬 더 높은 지위로 상승할 것으로 보인다.

베이스의 정리는 다음과 같은 질문에 대한 답이다. 당신이 최초 가정에서 귀결되는 어떤 결론의 확률을 안다고 해 보자. 더 나아가 당신이 새로운 정보를 얻어 가정에 추가시켰다고 해 보자. 이 경우에 당신은 최초 가정과 새로운 정보를 근거로 해서 결론의 확률을 어떻게 다시 계산할 것인가? 베이스가 이 질문에 대한 답으로 도출한 간단한 공식의 가치는 그 엄밀함에 있다. 일부 구성요소들에는 추측이 개입될 수 있지만, 그것들이 결합되는 방식은 그렇지 않다. 베이스의 정리는 2+2=4처럼 이론의 여지가 없다. 베이스의 정리가 가지는 가장 중요한 실천적인 함축은, 최초 확률 즉 이른바 선행확률을 계산하거나 최소한 추정할 것을 요구한다는 것이다. 선행확률이 없으면 정리는 무의미해진다. 그 정리가 묻는 것은 특정한 사건의 확률이 아니다. 그 정리가 묻는 것은 오직 '새로운 정보에 의해 확률이 어떻게 변하는가'이다.

베이스의 정리는 표현하기가 약간 복잡하다. 그러나 걱정할 필요는 없다. 나는 그 정리를 제시한 후 즉시 그 속에 들어 있는 생각을 분명하게 보여 주는 극적인 예를 들 것이다.

핵심만 말한다면, 그 정리의 주장은 다음과 같다. 추가된 정보 I에 근거해서 결론 C를 새롭게 믿을 수 있는 정도 p'(때때로 후행확률이라 불린다), 즉 새로운 확률 p'은 선행확률 p에 어떤 항을 곱한 값과 같다. 만일 그 항이 1보다 크면, 새로운 정보는 결론에 대한 합리적인 믿음을 증가시킨다. 반대로 그 항이 1보다 작으면, 합리적인 믿음은 감소한다. 이때 그 항은 두 확률의 비율이며, $p(C{\rightarrow}I)/p(I)$로 표기된다. $p(C{\rightarrow}I)$는 계산의 핵심요소이며, 말하자면 원하는 답의 역을 나타낸다. 즉 $p(C{\rightarrow}I)$는 결론 C를 가정했을 때 정보 I가 귀결될 확률이다. 마지막으로 $p(I)$는 다른 가정들이 없는 상황에서 정보 I가 참일 확률이다.

이 정리의 놀라운 귀결을 확인하기 위해 의학과 관련된 예를 하나 살펴보자. 어떤 특정한 암의 유병률(有病率)이 1/100이라고 해 보자. 즉 당신이 그 암에 걸렸을 선행확률 p는 1퍼센트이다. 또한 그 암을 진단하는 새로운 검사법이 개발되었고, 그 검사법의 정확도는 99퍼센트라고 가정하자. 만일 당신이 검사에서 양성진단을 받았다면(이 충격적인 정보를 I라고 하자), 당신이 정말로 암에 걸렸을 확률(후행확률) p'은 얼마일까? 다시 말해서 당신은 얼마나 많이 걱정해야 할까? 베이스의 정리에 따른 대답은 당신의 예상과 다를 것이다.

$p(C{\rightarrow}I)$는, 당신이 정말로 암에 걸렸을 때 양성진단이 나올 확률을 의미한다. 검사법은 매우 우수하기 때문에 그 확률은 매우 높다. 그러므로

$p(C{\to}I)$가 거의 1이라고 하자. 마지막으로 $p(I)$는 약간 복잡하다. 100명이 검사를 받는다고 할 때, 그 중 한 명은 암에 걸렸을 것이고, 아마도 양성진단을 받을 것이다. 한편 검사에서 100번 중에 한 번은 오진이 발생하므로, 건강한 사람 한 명도 양성진단(이른바 '오류양성진단')을 받을 것이다. 그러므로 100명이 검사를 받는다고 할 때, 평균적으로 2명이 양성진단을 받을 것이다. 즉 당신이 양성진단을 받을 확률 $p(I)$는 2퍼센트이다. 그러므로 베이스의 정리에서 선행확률에 곱할 항 $p(C{\to}I)/p(I)$는 약 $1/(2\%)$이다. 이제 선행확률에 베이스 항을 곱한 값, 즉 당신이 정말로 암에 걸렸을 확률을 계산해보자. $p \times p(C{\to}I)/p(I)=1\% \times [1/(2\%)]=1/2$, 즉 거의 완벽한 검사에서 양성진단을 받았다 하더라도, 당신이 정말로 암에 걸렸을 확률은 1/2이다. (여기에서 든 예는 단순히 조작된 것이 아니라 일상생활에서도 발생할 수 있는 일이기 때문에, 우리에게 좀 더 친숙한 경우의 수를 이용한 논의의 형태로 책의 뒷부분에 자세히 다루어 놓았다. 여기서는 인구 만 명인 집단을 예로 들었다.)

베이스의 정리는 몬티 홀 문제를 풀 수 있는 완벽한 도구이다. 먼저 각각의 방에 자동차가 있을 선행확률은 1/3이다. 진행자가 2번 방을 열어 새로운 정보를 추가할 때, 1번 방과 3번 방의 확률은 어떻게 변할까? 이 수학문제를 풀기 위해서는, 당신의 선택 각각에 몬티의 행동들이 미치는 영향을 계산해야 한다. 베이스의 정리를 이용하면 몇 줄 안되는 계산을 통해 매릴린 보스 사반트의 답을 입증할 수 있다. 그 증명은 약간 복잡한 대신에 엄밀하고 설득력이 있다. 에어디쉬가 그 증명을 보았다면 정답에 수긍했을지 궁금하다.

베이스의 방법은 공업에서, 특히 의학과 약학 연구에서 천천히 더 많은 지지자를 얻고 있다. 이 방법의 결정적인 핵심은 새로운 정보 — 흔히 통계적인 자료이다 — 와 기존의 방대한 경험을 종합하는 것에 있다. 베이스 지지자들은 제한된 통계적인 증거에 의존해서 포괄적인 결론을 내려서는 안 되며, 합리적으로 정의되고 추정된 선행확률을 고려하여 결론을 내려야 한다고 믿는다. 베이스의 방법이 사용된 최근의 사례로 혈전용해제 — 심장마비 생존율을 높이는 약물 —의 효과에 대한 분석이 있다. 1992년 스코틀랜드의 한 연구진은 특정한 혈전용해제가 심장마비 사망률을 50퍼센트나 감소시킨다고 발표했다. 그들이 조사한 환자의 수는 300명으로 충분히 많지 않았지만 조사는 타당하게 이루어졌다고 평가되었다. 그러나 영국의 통계학자 두 명이 그 결론에 의심을 품었고, 베이스의 분석 방법을 적용하여 스코틀랜드 연구진의 연구 이전과 이후의 혈전용해제의 효과 기댓값을 비교했다.

그들은 그 혈전용해제가 사망률을 27퍼센트 감소시킨다는 결론에 도달했다. 두 연구진의 결론 중에서 어느 것이 옳은지 판정할 길은 없어 보였다. 그 후 2000년 5월 《미국의학회지(Journal of the American Medical Association)》는 더 많은 환자들을 대상으로 한 연구를 발표했다. 그 연구의 결론은 그 약물이 사망률을 17퍼센트 감소시킨다는 것이었다. 이 결론은 베이스의 분석을 적용하여 얻은 결론에 훨씬 더 가까웠다. 물리학자이자 베이스의 지지자인 매튜스 Robert A. J. Matthews는 이 사건과 관련하여 이렇게 역설했다. "이것은 실제 생명이 걸린 일이다. '우리가 현재 아는 것에 맞추기 위해 당신의 선행확률 (즉, 당신의 추측)을 조정했다'고 말할 수는 없을 것이다." 결론적으로 베이스의 방법은 훨씬 더 정확한 예측을 산출했다

— 이것은 과학적인 이론의 궁극적인 승리였다.

베이스의 방법은 인간의 주관적인 통찰과 제한된 통계적인 정보를 종합할 수 있게 해 준다. 그렇게 과학적인 방법과 인간의 통찰 사이의 경계를 흐릿하게 만드는 것에 대하여 열렬한 지지자들과 강력한 반대자들이 있는 것은 놀라운 일이 아닐 것이다.

모든 과학자들이 연구를 평가할 때 의례적인 절차로 베이스의 정리를 이용한다면 과학의 산물은 훨씬 더 향상될 것이다. 과학은 절대적인 주장을 할 수 없으므로 베이스의 분석은 과학적 결론의 평가에 매우 적합하다. 과학이 말할 수 있는 최선의 것은, 법칙과 원리와 이론과 추측과 결론이 참일 선행확률이 0에서 1 사이의 특정한 값이라는 것이다. 그리고 새로운 경험과 이론은 새로운 정보를 추가하여 그 확률을 변화시킬 것이다. 그 변화가 크다면, 그 경험은 결정적이라거나 혁명적이라고 말할 수 있다. 반면에 그 변화가 작다면, 그 경험은 중요하지 않다고 평가할 수 있다. 이렇게 베이스의 정리는 과학자들에게 그들의 업적의 중요성을 수량화할 수 있는 방법을 제공한다. 과학자들은 그 방법을 환영하지 않을수도 있다. 그러나 베이스의 분석은 과학자들에게 항상 선행확률을 추정할 것을 상기시킴으로써 과학 연구에 포함된 우연적인 요소를 간과하지 않도록 강제하고, 더 중요하게는 과학적인 가설들을 충분히 명확하게 진술하여 베이스의 정리에 들어 있는 4개의 항들을 계산할 수 있게 만들도록 강제한다. 자신들의 정량적인 세계관을 자랑스럽게 여기는 물리학자들은 반드시 베이스의 분석을 수행해야 한다.

베이스의 분석이 가장 중요한 기여를 할 가능성이 있는 분야는 양자역학의 해석이다. 양자역학의 근본문제 중 하나는 파동함수의 의미인데, 파동함수는 본성상 확률의 예측과 관련이 있다. 경우의 수를 이용한 확률 정의에 익숙한 대부분의 물리학자들은 확률함수가 오직 다수의 입자로 이루어진 집단이나 자주 반복되는 실험이나 최소한 상상 속에서 반복되는 실험에만 적용될 수 있다고 주장한다. 그러나 파동함수는 단일한 입자와 관련된 실험에서도 완벽하게 옳은 예측을 산출한다. 마치 파동함수가 입자를 적당한 방향으로 이끄는 것처럼 보일 정도이다. 유일한 사건에 파동함수를 적용하는 것에 관한 문제는 75년 동안 이론가들을 괴롭혀 왔다. 그러나 유일한 사건에 확률을 부여하는 것을 허용하는 베이스의 방법으로 확률을 재정의한다면, 문제는 사라진다. 만일 '왜 양자인가?'라는 휠러의 질문을 정보 개념을 이용하여 해결할 수 있게 된다면, 아마도 18세기의 무명의 성직자 베이스의 이론이 그 해결에서 결정적인 역할을 하게 될 것이다.

10 자릿수 세기
어디에나 있는 로그함수

정보기술은 천문학이나 원자물리학과 마찬가지로 인간이 이해하기에는 너무 큰 수를 다루어야 한다. 매우 큰 수는 자연로그라는 수학적 곡선을 이용하여 적당한 크기로 변환할 수 있다. 로그는 17세기에 발명되어 천문학자들의 계산 능력을 크게 향상시켰다. 그 이래로 로그는 과학에서 필수적인 도구가 되어 다양한 분야에서 등장하고 예상치 못한 형식적인 연관성들을 보여 주기도 한다. 로그함수는 우리의 일상적인 삶에서도 자주 등장하므로, 여기서는 그것을 익혀서 우리의 탐구에 포함시켜 보자.

로그함수와 그것의 역함수인 지수함수는 등비수열에 대응하는 점들을 통과하는 부드러운 곡선으로 표현된다. 두 함수의 곡선은 왼쪽 아래에서 오른쪽 위로 이어진 대각선을 축으로 서로의 거울상을 이룬다. 한쪽 방향에서 지수함수의 값은 계속해서 두 배로 증가하면서 무한대를 향해 간다.

반대 방향에서 지수함수의 값은 계속 반으로 줄어들어 0에 가까워지지만, 영원히 0에 도달하지 않는다. 우리 시대의 몇 가지 특수한 현상들은 갑자기 위로 치솟기 시작하는 지수함수의 곡선에 의해 기술된다. 정보의 폭발, AIDS 바이러스의 급증, 세포분열에 의한 배아의 발달, 복리이자에 의한 자금 증가, 원자폭탄에서 분열 물질의 연쇄반응 등이 그런 현상들이다. 한편 지수함수 곡선에서 점점 감소하는 부분은 방사성 붕괴와 점차 사라지는 종소리 등을 기술한다.

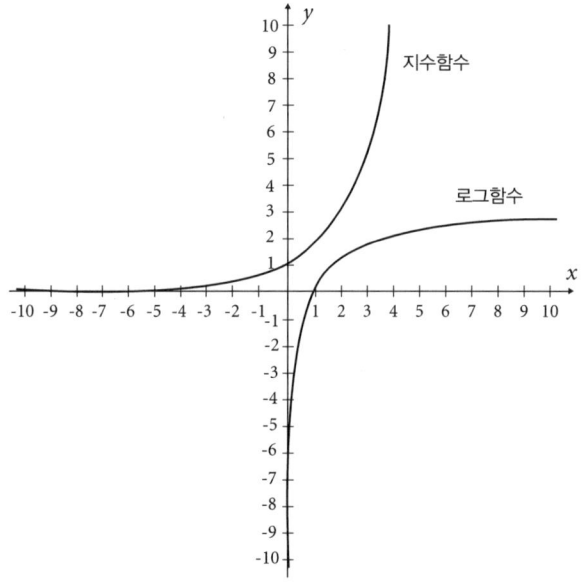

로그함수는 지수함수와 마찬가지로 왼쪽에서 오른쪽으로 가면서 항상 증가한다. 그러나 지수함수가 점점 더 증가하는 기울기로 제한 없이 무한대로 치솟는 것과 달리, 로그함수의 곡선의 기울기는 점점 0에 가까워진

다. 또한 지수함수의 곡선은 원점의 좌측에서 영원히 땅에 닿지 않으면서 고도를 낮추는 글라이더의 궤적을 그리는 반면에, 로그함수의 곡선은 급경사로 0을 통과하여 점점 더 증가하는 기울기로 음의 무한대로 나아가면서 점점 수직축에 접근하지만, 영원히 수직축에 도달하지 않는다.

지수함수의 곡선과 로그함수의 곡선은 양극단에서 서로 다른 방식으로 발산하지만, 원점 근처에서 두 곡선은 서로 접근하며 한동안 평행을 이룬다. 그 지점에서 두 곡선은 모래시계의 우아한 허리 모양을 형성한다.

로그함수는 엄청나게 큰 수를 쉽게 다룰 수 있게 해 준다. 이 사실을 확인하기 위해서 자연로그의 사촌 격인 10을 밑으로 하는 로그함수를 살펴보자. 10의 거듭제곱들의 로그(10을 밑으로 하는 로그)값은 간단히 10진수로 표시했을 때의 0의 개수와 같다. 10의 거듭제곱이 분자에 있을 때는 로그값이 양수가 되고, 분모에 있을 때는 음수가 된다. 즉 $1,000(=10^3)$의 로그값은 3이고, $1/100(=10^{-2})$의 로그값은 -2이다. 또한 $1(=10^0)$의 로그값은 0이다. 더 일반적으로, 주어진 수의 로그값은 대략적으로 그 수를 십진수로 표기했을 때의 자릿수와 같다. 규칙은 간단하다. 일반적으로 십진수로 표기된 수가 있으면, 간단히 그 수의 자릿수를 셈으로써 그 수의 로그값을 근사적으로 계산할 수 있다.

로그함수 곡선은 특별한 성질들을 가지고 있다. 그 곡선에서, 수평축에서 겨우 11센티미터 위에 있는 점은 수직축에서 천억(10^{11})센티미터 떨어져 있다 — 그 거리는 달까지의 거리보다 멀다. 역으로 원점에서 아래로 8센티미터 떨어져 있는 점은 수직축에서 1억분의 1(10^{-8})센티미터 떨어져 있다 — 그 거리는 원자의 지름이다.

오래 전부터 과학자들은 10의 거듭제곱 표기법을 통해 이런 성질들을 이용해 왔다. 그 표기법은 믿기 어려울 정도로 간단하고 편리하다. 그 표기법은 실수를 예방하고 공간을 절약한다. 플랑크 시간(10^{-43} 초)과 플랑크 길이(10^{-35} 미터)를 십진수로 표기하여 초기우주의 성질을 계산한다고 상상해 보자. 78개의 0을 포함한 그 계산은 초인적인 인내심과 조심성을 요구할 것이다.

더 나아가 로그함수는 산술을 자릿수 세기로 단순화시킨다. 예를 들어 600 곱하기 6,000은 3,600,000이다. 이때 600의 자릿수 3과 6,000의 자릿수 4를 더하면 3,600,000의 자릿수 7이 된다. 그러므로 대략적인 근사값만 필요하다면, 실제로 곱셈을 할 필요 없이 자릿수를 세는 것만으로 충분히 유용한 근사값을 얻을 수 있다. 마찬가지로 나눗셈도 뺄셈으로 단순화된다. 과거에 공학자를 상징했던 계산자slide rule는 로그함수의 이 놀라운 성질을 이용한 도구였다. 계산자는 기계적인 덧셈과 뺄셈을 통해서 곱셈과 나눗셈을 수행한다. 오늘날 계산자는 과거의 유물이 되었지만 로그함수는 여전히 세계를 이해하기 위한 효율적인 분석도구로 우리 곁에 있다. 로그함수를 이용한 분석은 '로그를 통한 생각' 혹은 '지수를 통한 생각'이라고 부를 수 있을 것이다.

지수를 통한 사고는 기원전 2세기에 그리스 천문학자 히파르코스가 별의 광도를 6개의 범주로 구분하면서 시작되었다. 밝은 별인 안타레스Antares는 첫 번째 범주에 속한다고 히파르코스는 선언했다. 더 어두운 북극성은 제2광도의 별로 분류되었다. (현대에 사용되는 광도 범위는 태양의 광도도 포함하도록 밝은 쪽으로 30단계 더 확장되었고 허블 천체망원경으로 포착된 극도로 희미한 천체도 포함하도록 어두운 쪽으로 24단계 더 확장되었다.) 그 희미한 천체의 광도는 지구의 지름만큼 멀리 있는 반딧불이의 밝기와 유사하다.) 물론 히파르코스는 별들의 절대적인(객관적인) 광도를 측정할 수 없었지만, 그의 주관적인 분류는 로그함수와의 관련성을 가지고 있다. 복사에너지를 측정하는 탐지장치를 통해 밝혀진 안타레스의 광도는 북극성의 2.5배이며, 북극성은 제3광도의 별보다 2.5배 밝다.

그런데 히파르코스의 광도 분류는 특이한 현상을 보여 주었다 — 인간의 감각은 대략 로그함수적으로 세계를 지각하는 것처럼 보였다. 예를 들어 인간의 눈은 별의 광도를 6단계 정도보다 더 세분해서 식별하지 못한다. 그러나 인간의 눈이 구별하는 6단계가 실제로 포괄하는 물리적인 광도의 범위는 2.5×2.5×2.5×2.5×2.5, 즉 약 100이다. 인간의 눈은 별의 광도를 100단계로 세분하지 못한다. 히파르쿠스가 설정한 각 단계 사이의 차이는 대략적으로 인간의 눈이 구분할 수 있는 가장 작은 차이이다. 인간의 귀도 대략적으로 로그함수적으로 지각한다. 인간이 간신히 들을 수 있는 소리에서부터 고통을 일으키는 강한 소리까지 소리의 세기는 물리학적으로 측정할 때 — 공기 속으로 전달되는 에너지의 크기로 측정할 때 — 1조(10^{12}) 범위 안에 있다. 그러나 인간의 귀도 뇌도 소리의 세기를 1조 개로 세분할 수 없으므로, 인간은 곱셈을 덧셈으로 변환하는 방법을 써서 소리의 세기를 구분한다. 다시 말해서 인간의 귀는 소리의 물리적인 세기의 로그값을 지각한다. 예를 들어 일반적인 대화는 속삭임보다 세 배 크게 들린다. 그러나 물리학적으로 측정한 일상적인 대화의 세기는 속삭임의 1,000(10^3)배이다. 이런 이유 때문에 전화 연구의 개척자 벨Alexander

Graham Bell이 발명한 소리의 세기 단위인 데시벨은 로그함수적이다.

소리의 세기와 광도의 감각 지각이 물리적인 자극과 로그함수적으로 관련된다는 사실은 무언가 더 근본적인 법칙을 시사하는 것이 아닐까? 이 질문은 150년 동안 정신물리학의 첨단에 있었다. 19세기의 의사이며 물리학자인 독일의 페히너Gustav Theodor Fechner에 의해 창시된 정신물리학은 의학과 물리학을 종합한 연구 분야이다. 페히너는 자극과 반응의 관계를 연구했다. 전하는 말에 따르면, 그는 1850년 10월 22일 아침에 침대에 누운 채로 문제의 해답에 도달했다.

페히너의 법칙에 따르면 감각(밝기, 열, 무게, 전기쇼크, 등 모든 감각)의 크기는 자극의 세기(지각할 수 있는 최소 자극을 단위로 해서 측정한 세기)의 로그값에 비례한다.(최소 자극을 단위로 해서 자극의 크기를 나타내는 것은 영리한 방법이다. 그렇게 함으로써 자극은 단순히 수로 표기된다 — 즉 7만 파운드나 5볼트나 화씨 98도처럼 특정한 단위가 동반된 형태로 표기되지 않는다. 예를 들어 어떤 자극이 최소 자극의 3배라면, 그 자극은 3으로 표기된다. 페히너는 단위들을 제거함으로써 다양한 종류의 자극에 적용되는 일반적인 규칙을 얻을 수 있었다.) 페히너의 법칙은 100년 이상 동안 정신물리학에서 뉴턴의 제2법칙처럼 최고의 원리로 간주되었다.

그러나 정신물리학은 단순한 물리학이 아니다. 1950년대부터 페히너의 법칙에 심각하게 위배되는 사례들이 보고되기 시작했고, 오늘날 페히너의 법칙은 확실한 법칙이라기보다 역사가들의 관심사로 간주된다. 그러나 페히너의 법칙은 모든 세부적인 경우에 대해서 정확하지는 않지만 여전히 근본적인 관계를 시사하는 상징물로 남아 있다. 물리적인 세계에서의 강도를 수평축에 나타내고 인간 정신의 반응을 수직축에 나타내면 둘 사이의 관계는 로그곡선으로 나타난다. 이 규칙이 정보의 객관적인 크기와 우리의 주관적인 지각 사이의 관계를 보여 주는 단서를 제공하는 것은 아닐까?

로그함수는 우주를 이해하는 데도 도움을 준다. 로그함수는 엄청나게 큰 양과 극도로 작은 양을 우리의 의식으로 포착할 수 있도록 해 준다. 지수로 생각하기의 가장 유명한 현대적인 예는 아마도 1957년에 뵈케Kees Beoke라는 네덜란드의 교사가 쓴 아동서적 『우주의 광경: 40단계로 이루어진 우주(Cosmic View : The Universe in Forty Jumps)』일 것이다. 그 책은 원자핵의 지름(10^{-15} 미터)에서부터 가시적인 우주의 끝(10^{25} 미터)까지 각각의 규모의 세계를 40개의 이미지로 보여 준다. 압축 합판 가구로 유명한 디자이너 임스Charles Eames는 아내이며 동료인 레이Ray와 함께 뵈케의 책을 8분 길이의 영화로 만들었고, 그 영화는 1982년에 임스 부부와 모리슨Morrison 부부(필립Philip과 필리스Phyllis)가 함께 쓴 멋진 책 『10의 거듭제곱(Powers of Ten)』의 기초가 되었다.

더 최근에 씌어진 책 『우주의 다섯 시대(The Five Ages of the Universe)』는 『10의 거듭제곱』이 공간을 다룬 것과 같은 방식으로 시간을 다룬다. 그 책은 우주의 역사를 연도의 로그값을 기준으로 설정한 5개의 시대로 나누고, 그 시대를 우주론적인 시대cosmological decades라고 부른다. 그 특이한 시간 계산은 몇 가지 중요한 함축을 지닌다. 가장 놀라운 첫 번째 함축은, 빅뱅이 우주 역사의 일부가 아니라는 것이다. 0의 로그값은 수직축 아래로 어떤 유한한 그래프도 포착할 수 없을 만큼 멀리 있으므로, 로그함수적인 시간 계산은 창조 순간에 원하는 만큼 다가갈 수 있지만 창조 순간에 도달할 수는 없다. 과학적인 관점에서 보면 그런 한계가 있다는 것은 다행스러운 일일지도 모른다. 우주과학자들과 천체물리학자들의 분석과 관찰은 시간을 거슬러 빅뱅에 다가가지만 더 가깝게 다가갈수록 사태는 불분명해진다. $10^{-\infty}$년은 과학의 범위 밖에 있다. 마찬가지로 $10^{+\infty}$년도 과학의 범위 밖에 있다.

노벨상 수상자인 하버드 대학의 글래쇼Sheldon Glashow는 — 그는 기본입자 연구를 위해 항상 엄청나게 큰 수와 작은 수를 다룬다 — 지수를 통한 생각이 인간의 일생에 자연스럽게 적용된다는 것을 보여 준다. 그는 인간의 발달을 9단계(수정란, 착상되지 않은 배반포blastocyst, 착상된 배반포, 배아embryo, 태아fetus, 유아, 아동, 청소년, 성인)로 나눈다. 이때 시간을 선형적으로 구획하면 처음 6단계는 예를 들어 70년의 시간 속에서 거의 눈에 띄지 않는 구간을 차지한다. 그러나 로그함수적으로 시간을 구획하면 각각의 단계들은 거의 같은 구간을 차지한다.($10^{-\infty}$년에 이루어진 수정 순간에 시작되는 첫 번째 단계만 예외이다.) 그렇게 로그함수는 사태가 시작점에서 더 빠르게 진행된다는 보편적인 진실을 잘 반영한다. 그 진실은 인간과 우주 모두에 적용된다. 글래쇼는 이렇게 말한다. "6세 아동에게 1개월은 영원이다. 그러나 노인에게 1개월은 눈깜짝할 사이에 지나간다."

찰스 강을 사이에 두고 하버드대학 건너편에 있는 MIT의 윌체크Frank Wilzcek는 중력 연구에 로그함수를 이용한다. 그는 핵력에 비해 엄청나게 작은 — 겨우 10^{-18}배이다 — 중력을 쿼크와 경입자에 관한 이론을 참조해서 쉽게 다룰 수 있음을 발견했다. 입자 이론과의 유비를 통한 이해는 극도로 작은 수를 자연스럽게 다룰 수 있게 해 준다고 그는 주장한다. 그 주장의 핵심은, 원자구성입자 규모의 거리에서는 힘들이 예상보다 훨씬 더 완만하게 변하고, 더 나아가 로그함수적으로 변할 것이라는 이론적인 예측이다. 지수를 통해 생각하기는 그렇게 현대물리학의 오래된 수수께끼 하나를 푸는 데 유용하게 사용될 수 있다.

로그함수는 지진의 강도를 측정하는 리히터Richter 규모에서도 이용된다. 리히터 진도의 최대값은 10이며, 리히터 진도의 1 증가는 지진의 강도가 10배 증가함을 의미한다. 매우 강력한 지진에서 발생되는 에너지는 겨우 감지할 수 있는 약한 지진에서 발생하는 에너지의 32조 배이다. 수십조 범위에 걸쳐 있는 수들을 직관적으로 파악할 수 있는 사람은 없으므로, 리히터 규모는 지진의 세기를 로그함수를 이용하여 적당한 크기로 나타낸다.

로그함수가 천문학, 음향학, 우주과학, 입자물리학, 발생학, 지질학 등 다양한 분야에서 유용하게 사용되는 이유는 무엇일까? 그 다양한 분야들에 어떤 공통점이 있을까? 대답은 당연히 그 모든 분야를 지배하는 수학에 있다. 자연과 공학의 많은 과정들은 벽돌이 하나씩 추가되듯이 선형적으로 혹은 산술적으로 진행된다. 예를 들어 시간의 흐름과 일부 물리학적 변환에 참여하는 원자의 수의 증가가 선형적이다. 그러나 다른 과정들은 기하급수적으로 혹은 지수적으로 진행된다 — 폭발과 복리이자에 의한 자금 증가, 인구 증가, 신경 연결 증가가 지수적으로 일어난다. 로그함수와 그것의 역함수인 지수함수는 선형적인 과정과 지수적인 과정을 매개하는 매우 단순한 수학적인 함수이다. 로그함수가 과학과 공학의 분야에서 등장하지 않는다면 그것이 오히려 놀라운 일일 것이다.

21세기에 천문학자와 경제학자, 컴퓨터과학자는 정신을 마비시키는 어마어마한 수들을 흔히 거론할 것이다. 그 수들을 대중에게 이해시키기 위해서 비유를 드는 것은 무의미한 일일 것이다 — 1달러 지폐를 10조 장 쌓으면 높이가 달까지의 거리보다 커진다는 말을 통해서 10조를 제대로 이해할 수 있을까? 그런 수들을 이해하기 위해서는 양적인 사고를 능가하는 사고의 전환이 필요하고, 그 전환을 위한 도구가 바로 로그함수이다. 로그함수를 통한 사고 — 지수를 통한 사고 — 는 거대한 수들이 자주 등장하는 첨단의 우주과학과 입자물리학에서 자연스러운 상식이 되어야 할 것이다.

그러나 좀 더 일반적이고 이 책의 취지에도 맞는, 로그함수적인 사고를 대표하는 가장 적절한 예는 19세기에 열의 과학인 열역학과 관련해서 등장했다. 그리고 놀랍게도 섀넌은 그 사고를 발전시켜서 정보 측정 방법을 개발했다. 그리하여 로그함수적인 사고는 — 로그함수적인 사고의 가장 단순한 예는 자릿수 세기이다 — 정보과학을 지배하게 되었다.

정보를 0과 1로 이루어진 수열을 통해 디지털 방식으로 전달하는 것을 생각해 보자. 통신공학자에게 중요한 질문은 다음과 같다. 그런 수열을 통해서 얼마나 다양한 메시지를 전송할 수 있을까? 직관적으로 생각해 보면 긴 수열이 짧은 수열보다 더 많은 메시지를 전달할 수 있을 것이다. 그러나 과학은 그 직관을 명확한 수학적 법칙으로 발전시켜야 한다. 예를 들어 세 개의 숫자로 된 이진수를 생각해 보자. 쉽게 알 수 있듯이 그런 이진수를 통해 코드화할 수 있는 메시지는 8가지이다. 8가지의 메시지는 각각 000, 001, 010, 011, 100, 101, 110, 111로 코드화할 수 있다. 그러나 10개의 숫자로 된 이진수로 코드화할 수 있는 메시지의 개수를 세는 것은 엄청나게 지루한 일일 것이다. 그런 이진수로 코드화할 수 있는 메시지의 개수를 세는 쉬운 방법은 로그함수를 이용하는 방법이다.

다시 세 개의 숫자로 된 이진수를 생각해 보자. 그런 이진수로 코드화할 수 있는 메시지의 개수는 $8 = 2 \times 2 \times 2 = 2^3$이다 이 등식을 다음과 같은 말로 표현할 수 있다. 8의 2를 밑으로 한 로그값은 3이다. 같은 방식으로 생각해 보면 알 수 있듯이, 10개의 숫자로 된 이진수로 전달할 수 있는 메시지의 개수는 $2^{10}=1024$개이다. 일반적으로 메시지의 개수의 (2를 밑으로 한) 로그값은 그 메시지들을 코드화할 수 있는 이진수의 길이와 같다. 그러므로 단순히 자릿수를 세서 알 수 있는 수열의 길이는 그 수열을 통해서 전달할 수 있는 정보의 양을 가늠하는 척도가 된다.

11 묘비에 새겨진 메시지
엔트로피의 의미

만일 사후에 무덤을 방문하는 인파의 수로 사람의 명성을 가늠할 수 있다면, 루드비히 볼츠만은 정말로 위대한 인물이다. 그는 빈Wien 도심을 멀리 벗어나 도시와 공항 중간에 있는 빈 중앙묘지의 유명인사 안장 구역에 매장되어 있다. 빈 중앙묘지에는 3백만 명이 매장되어 있다. 그의 무덤에서 잘 정리된 오솔길을 건너면 전 세계의 충실한 음악애호가들이 모차르트Mozart, 베토벤Beethoven, 브람스Brahms, 슈베르트Schubert, 글루크Gluck, 그리고 슈트라우스Strauss 가문의 네 사람을 참배하는 그늘진 작은 숲이 있다. 볼츠만은 가족과 함께 이탈리아에서 휴가를 보내던 중에 심한 우울증 속에서 자살했다. 그러나 그의 무덤 곁에서 사람들이 존경심으로 회상하는 것은 그의 슬픈 죽음이 아니라 그의 삶이다. 그가 이룬 과학적 업적들은 그를 유명인사 안장구역에 묻히게 하기에 충분하고도 남는다. 인간 정신의 위대함을 증명하는 그의 발견들은 그를 둘러싼 작곡가들의 불멸의 음악과 어깨를 나란히 하고 있다. 그러나 오스트리아인 여자친구와 함께 모차르트의 무덤을 찾아 묘지를 거니는 젊은 일본인 청년에게 볼츠만의 위대함을 어떻게 설명할 수 있을까?

볼츠만의 묘비는 그의 위대함을 설명하지 않는다. 흰 대리석으로 된 묘비는 높이가 약 5피트이고, 수염을 기른 그의 무뚝뚝한 얼굴을 보여 주는 작은 흉상이 장식되어 있다. 묘비에는 그의 이름과 생몰년도(1844~1906)가 새겨져 있고, 그 위에 $S = k \log W$라는 공식이 뚜렷하게 새겨져 있다. 이 간단한 수학공식은 도처에 있는 보어의 태양계 원자모형이나 DNA의 이중나선구조처럼 즉각적인 호소력을 발휘하지 않는다. 그 기묘한 문자들은 일반인들에게 아무 메시지도 전달하지 못한다. 그러나 지식을 갖춘 물리학자에게 그 공식은 자연의 작동에 관한 인간의 경이로운 통찰을 나타내는 상징이다. 그 공식은 간결한 수학적 언어로, 데모크리토스의 조각글이나 베토벤의 5번 교향곡 서두처럼 좁은 틀 속에 방대한 의미와 함축과 정보를 담고 있다.

볼츠만 공식의 뿌리는 19세기 중반으로 거슬러 올라간다. 그 시기는 에너지 개념이 발명되고 에너지 보존법칙이 발견된 때이다. 당시에 볼츠만은 아직 소년이었다. 에너지 보존원리는 열 연구의 맥락 속에서 열역학 제1법칙으로 명명되었다. 그 법칙은 매우 강력함에도 불구하고 탁자 위의 찻잔이 식는 것과 같은 사소한 현상을 설명할 수 없었다. 왜 열은 찻잔 밖으로 흘러나갈까? 왜 차는 주위의 공기 속에 있는 무수한 분자들의 무작위한 운동 속에 저장되어 있는 엄청난 에너지를 조금만 훔쳐서 더 따뜻해지거나 끓을 수 없는 것일까? 왜 열은 말하자면 아래로만, 즉 뜨거운 물체에서 차가운 물체로만 흐를까?

 독일의 물리학자 클라우시우스Rudolf Clausius는 이 질문에 답하기 위하여 에너지와 짝을 이루는 새로운 양인 '엔트로피'를 발명했다. 수학적으로 열량 나누기 온도로 정의되는 엔트로피는 실험실에서 쉽게 측정되며 에너지가 가지고 있지 않은 특별한 성질을 가지고 있다. 계를 그냥 방치해 두면 계의 엔트로피와 주위 환경의 엔트로피의 합은 항상 일정하게 유지되거나 증가한다. 엔트로피는 절대로 감소하지 않는다. 이 일방성은 열 흐름의 일방성을 연상시킨다. 실제로 클라우시우스는 그 일방성에 착안하여 엔트로피 개념을 발명했다. 그는 엔트로피 개념을 이용하여 강력한 열역학 제2법칙을 선포할 수 있었다 — 외적인 개입이 없는 한, 엔트로피는 일정하게 유지되거나 증가한다.

 이 법칙이 열이 높은 온도에서 낮은 온도로 흐르는 상식적인 현상을 나타낸다는 것을 이해하기는 어렵지 않다. 철로 된 동일한 크기의 정육면체 두 개를 상상해 보자. 첫 번째 정육면체의 온도는 100도이고 다른 정육면체의 온도는 1도라고 해 보자. 두 정육면체가 서로 접하도록 하면, 열은 뜨거운 정육면체에서 차가운 정육면체로 흐르기 시작한다. 이 과정에서 에너지는 열량의 형태로 정확히 보존된다. 그러나 한 단위의 열이 이동하면, 첫 번째 정육면체는 열량/온도=1/100만큼의 엔트로피를 잃는다. 동시에 두 번째 정육면체는 1/1=1만큼의 엔트로피를 얻는다. 그러므로 두 정육면체로 이루어진 계 전체의 엔트로피 변화량은 1−1/100=0.99이다. 만일 열이 반대 방향으로 흐른다면(냉각기 없이는 불가능한 일이다) 엔트로피 변화량은 −0.99가 될 것이다. 이는 엔트로피 감소를 의미하며, 따라서 열역학 제2법칙의 위배를 의미할 것이다. 클라우시우스의 훌륭한 발명의 의의는 우리 모두가 아는 경험을 수량화한 것에 있다. 매점으로 달려가 친구에게 줄 커피 한 잔과 오렌지주스 한 잔을 사서 종이 가방에 함께 넣어 가져오면 커피는 식고 오렌지주스는 미지근해질 것이다. 커피가 더 뜨거워지고 주스가 더 차가워지는 일은 일어나지 않는다.

열역학 제2법칙은 열의 흐름을 다루는 물리학자와 화학자와 공학자에게 필수적인 도구로 판명되었다. 과학자들은 그 법칙을 통하여 다양한 상황에서 엔트로피를 정의하고 측정하는 방법을 배웠고 엔트로피의 행동에 대한 직관적인 지식을 발전시켰다. 배관공들이 물이 정지하거나 아래로 흘러야 한다는 것을 아는 것처럼 과학자들은 엔트로피가 일정하게 유지되거나 증가해야 한다는 것을 안다. 펌프를 설치하는 배관공이 잘 알고 있듯이 물을 역류시키려면 일을 하고 에너지를 소비해야 한다. 마찬가지로 엔트로피의 흐름을 역전시키려면 에너지가 필요하다.

세월이 지나면서 열역학 제2법칙은 영국의 천문학자 에딩턴 경이 말했듯이 "자연법칙들 중에서 최고의 지위"에 올랐다. 그러나 볼츠만은 그것만으로는 부족함을 느꼈다. 엔트로피는 열량 나누기 온도이다. 왜 그럴까? 그 비율은 무엇을 의미할까? 볼츠만이 이 문제를 탐구하기 시작했을 당시에는 열이, 다름이 아니라 무작위하게 움직이는 무수한 원자들의 운동에너지의 총합이라는 것이 밝혀져 있었다. 마찬가지로 온도가 개별 분자들이 가진 에너지의 평균이라는 것과 기체의 압력이 용기속의 분자들이 내부의 벽을 밀어내는 힘의 총합이란 것도 알려져 있었다. 한편 기체의 질량은 계 속에 있는 모든 원자들의 질량의 총합이라는 것이 받아들여졌다. 다시 말해서 열현상을 기술하기 위해 필요한 모든 양들이 분자를 통해서 설명되어 있었다. 오직 엔트로피만 예외였다. 오늘날에 정보가 미지의 존재인 것처럼 빅토리아 시대에는 엔트로피가 미지의 존재였다.

여기서 설명하려는 것은, 볼츠만이 실제로 엔트로피의 수수께끼를 어떻게 풀었는가, 하는 역사적 이야기나 그의 선구적인 업적이 미국의 이론가 깁스John Willard Gibbs에 의해 강력한 이론으로 발전되는 과정 등이 아니다. 그 대신, 볼츠만을 그의 위대한 공식으로 이끌었던 일방적인 과정의 예를 하나 들어 보고자 한다.

면들이 평평하고 사각형인 똑같은 유리그릇 네 쌍(8개)이 있다고 해 보자. 유리그릇들은 뚜껑을 닫아 밀폐할 수 있다. 한 그릇에 색깔이 있는 기체(예를 들어 적갈색의 브롬)를 넣고(브롬은 독성이 있으므로 흡입하면 안 된다), 다른 한 그릇은 진공상태로 만든다. 이어서 두 그릇을 관으로 연결하고 통로를 개방한다. 이제 어떤 일이 일어날지는 쉽게 짐작할 수 있다. 브롬 기체는 빠르게 확산하여 가용한 공간 전체를 채울 것이다. 기체 분자들의 상호 충돌은 매우 자주 일어나지 않고, 기체 분자들이 벽에 부딪히면 테니스공처럼 탄성적으로 되튕기므로, 모든 분자들의 원래 속력은 그대로 유지된다. 한편 기체는 확산하여 원래보다 두 배로 큰 공간을 점유한다. 따라서 기체의 온도는 그대로 유지되고, 압력은 낮아지고, 부피는 두 배가 될 것이다.

또 다른 두 그릇에는 물을 채우자. 한 그릇 속의 물은 가능한 한 뜨겁게 만들고, 다른 그릇 속의 물은 가능한 한 차갑게 만들자. 이제 두 그릇의 평평한 면이 닿도록 만든다. 그렇게 하면 기체의 확산과 유사한 과정이 다만 훨씬 느리게 일어난다. 물 분자들의 무작위한 충돌 속에서 두 그릇 속의 물 분자들의 속력은 같아진다 — 느리게 움직이는 분자의 속력은 증가하고 빠르게 움직이는 분자의 속력은 감소한다. 결국 두 그릇 속의 물의 온도는 같아진다.

세 번째 쌍의 그릇에는 서로 다른 두 종류의 기체를 채우자. 예를 들어 브롬과 공기를 채우자. 이때 두 기체의 온도와 압력은 동일하게 맞춘다. 이제 두 그릇을 연결하고 통로를 개방한다. 두 기체는 섞이기 시작할 것이다. 이때 섞이는 속도는 위 두 과정의 속도의 중간일 것이다. 두 기체가 섞이는 속도는 기체가 진공 속으로 확산하는 속도보다 느리고 두 그릇이 열평형 상태에 도달하는 속도보다 빠를 것이다. 결국 두 그릇은 브롬과 공기가 골고루 섞인 혼합기체로 채워질 것이다.

마지막으로 네 번째 쌍의 그릇에는 동일한 온도와 압력의 브롬을 채우자. 두 그릇을 연결하고 통로를 개방하면, 어떤 변화도 관찰되지 않을 것이다.

볼츠만은 이 네 현상과 다른 많은 유사한 현상들을 잘 알고 있었다. 각각의 현상에서, 물이 아래로 흐르는 것이나 유리가 깨지는 것처럼 되돌리려면 특별한 노력이 필요한 비가역적인 일이 일어난다. 위의 네 현상들 사이에는 차이뿐만 아니라 유사성이 있다. 첫 번째 현상에서 기체 분자들은 속력을 유지하면서 확산한다. 두 번째 현상에서는 물 분자들이 거의 제자리를 지키지만, 속력은 변화하여 두 그릇 속 물 분자의 속력은 같아진다. 세 번째와 네 번째 현상에서 분자들은 뒤섞인다. 모든 현상에서 에너지는 보존된다. 클라우시우스에 따르면, 앞의 세 현상에서 엔트로피는 증가하고, 마지막 현상에서는 일정하게 유지된다. 혹시 원자와 분자를 통해 엄밀하게 정의되면서 위의 네 현상과 동일한 경향성을 보이는 양이 있을까? 그런 양이 있다면, 엔트로피를 설명하는 분자적인 모델의 후보자가 될 수 있을 것이다.

이 단계에서 볼츠만은 그를 불멸의 지위에 올려놓은 찬란한 영감을 얻었다. 그는 위의 네 현상 속에서 증가한 것은 분자들의 배열과 관련된 것이어야 함을 깨달았다. 증가한 것은 계의 에너지나 부피나 온도, 화학적 조성이 아니다. 볼츠만은 두 그릇이 상호작용하기 이전과 이후에 분자들의 배열이 결정적으로 달라진다는 것을 깨달았다. 원자들을 두 그릇 속에 무작위로 던져 넣는다면, 두 그릇에 들어가는 원자의 수는 아마도 서로 같을 것이다. 또한, 원자들을 이동시키는 방식으로 전체 열에너지를 두 그릇에 분배한다면, 빠르게 움직이는 원자들이 모두 한 그릇에 들어가고 느리게 움직이는 원자들이 모두 다른 그릇에 들어가는 일은 아마도 일어나지 않을 것이다. 만일 두 종류의 분자들을 서로 연결된 두 그릇 속에 던져 넣는다면, 두 종류의 분자들이 스스로 분리되어 한 그릇에는 한 종류의 분자들이 모이고 다른 그릇에는 다른 종류의 분자들이 모이는 그런 일도 아마 일어나지 않을 것이다. 간단히 말해서 볼츠만은 분자들의 최초 배열과 최종 배열의 차이를 주목했다. 무작위한 과정은 최초 배열이 아니라 최종 배열을 산출할 가능성이 높다. 따라서 그는 엔트로피를 개연성과 관련시키기 시작했다.

그의 추론은 혁명적이었다. 뉴턴 이래로 과학자들이 해 온 것처럼 입자들의 위치, 속력, 무게, 크기 등의 명확한 성질들을 설명하려 노력하는 대신에, 볼츠만은 무작위한 과정, 개연성, 확률에 관한 논의를 시작했다. 그 후 물리학은 완전히 달라졌다.

그런데 앞에서 열거한 현상들 중 네 번째, 즉 동일한 기체가 섞이는 현상은 눈에 띄는 변화가 없는 현상이다. 그러나 겉보기와 달리 두 그릇 속의 분자들은 두 종류의 기체가 섞일 때처럼 다른 그릇 속으로 이동할 것이 분명하다. 그러므로 이 경우에도 최종적인 혼합 배열이 산출될 확률은 최초 배열이 유지될 확률보다 높아야 할 것이다. 그러나 외부의 관찰자는 기체가 섞이는 것에 관하여 아무 말도 할 수 없다.(모든 분자들은 동일하므로, 분자들이 화학적 물리적 방식으로 섞인 정도를 파악하는 것은 불가능하다.) 이 현상에서 엔트로피가 변하지 않는다는 사실은 엔트로피의 본성과 관련한 중요한 힌트를 준다. 엔트로피는 무게나 부피나 조성과 같은 사물의 절대적인 성질이 아니다. 엔트로피는 우리가 사물에 관하여 아는 것 — 우리가 사물에 관하여 얻을 수 있는 정보 — 과 관련을 가지고 있는 것이 분명하다.

볼츠만의 발견은 확률이라는 까다로운 개념을 끌어들이지 않고도 설명할 수 있다. 하나의 계에 속하는 구성원들이 이루는 특정한 배열을 발견할 확률은 그 계가 존재할 수 있는 방식의 수와 관련된다. 주사위 두 개를 던져 나오는 눈의 총합을 센다고(즉 측정한다고) 해 보자. 주사위 두 개를 던졌을 때 나올 수 있는 결과는 36가지이고, 그 중 하나만 눈의 총합이 12이다. 그러므로 눈의 총합이 12가 될 확률은 1/36이다. 다른 한편 눈의 총합이 7이 될 수 있는 방식은 6가지이다. 그러므로 눈의 총합이 7이 될 확률은 6/36 즉 1/6이다. 이제 확률을 언급하는 대신에 방식의 수$_{\text{number of}}$

ways를 얘기해 보자. 방식의 수는 계가 측정된 속성들을 그대로 유지하면서 존재할 수 있는 방식의 수를 말한다. 주사위 예에서 눈의 총합이 12가 되는 방식의 수는 1이고, 7이 되는 방식의 수는 6이다.

볼츠만은 엔트로피와 방식의 수의 관계를 명확하게 밝히는 과정에서 어려운 수학적 문제에 봉착했다. 엔트로피를 일상적인 도구로 사용하는 화학자들은 엔트로피가 에너지나 질량처럼 합산되는 양이라는 것을 안다. 크기가 같은 기체 덩어리 두 개를 합치면 질량과 에너지와 엔트로피는 두 배가 된다. 그러나 방식의 수는 곱해진다 — 주사위 한 개는 6가지 방식으로 놓일 수 있고, 두 개는 6×6=36가지 방식으로 놓일 수 있다. 그러므로 엔트로피와 방식의 수가 동일한 개념일 수는 없다.

이 장면에서 볼츠만은, 간단히 자릿수를 셈으로써 곱셈되는 양을 덧셈되는 양으로 변환시키는 놀라운 능력을 가진 로그함수를 동원했다. 그러나 엔트로피의 단위는 온도분의 열량인 반면에 로그값은 특정한 단위가 없는 순수한 수이다. 그러므로 볼츠만은 다음과 같은 그의 법칙을 완성하기 위해 먼저 비례상수를 도입해야 했다 — 엔트로피는 방식의 수의 로그값 곱하기 특정한 (적절한 단위를 가진) 비례상수이다. 양자역학의 아버지인 플랑크는 훗날 이 등식을 수학적인 기호로 표기하면서 엔트로피를 S로 비례상수를 k로 방식의 수를 W로 표기했다. $S = k \log W$ — 이것이 볼츠만의 묘비에 새겨진 등식이다.

대리석보다 더 오래 지속될 명예를 기리기 위해 등식 속의 비례상수 k는 볼츠만 상수라고 명명되었다. 볼츠만 상수의 값은 매우 작다 — 일반적인 단위들을 써서 나타낼 때 10^{-23}이다 — 그리고 거기에 수수께끼가 있다.

등식의 좌변을 이루는 엔트로피는 실험실에서 온도계와 자와 저울과 압력계를 통해 측정되므로, 그 값은 1 또는 0.75 또는 13.9와 같은 일상적인 수이다. 엔트로피 값은 엄청나게 크거나 작지 않다. 그러므로 볼츠만의 유명한 공식이 잘 완성되기 위해서는 로그값이 매우 커서(10^{23} 정도가 되어서) 매우 작은 비례상수 k를 보완해야 한다. 그러나 우리가 앞장에서 보았듯이 로그값의 중요한 장점 하나는, 그것이 대개 직관적으로 가늠할 수 있는 적당한 크기의 수라는 것이다. 그렇다면 왜 이 경우에는 예외적으로 로그값이 그렇게 엄청나게 클까?

대답의 열쇠는 W의 크기이다. 예를 들어 병 속에 들어 있는 공기 분자들이, 부피나 압력이나 온도와 같은 측정되는 성질들을 일정하게 유지하면서, 배열되는 방식의 수는 얼마일까? 그 수는 큰 정도가 아니라, 거대한 정도가 아니라, 어마어마하게 거대하다. 그 수는 당신이 일생 동안 적어도 다 적지 못할 정도로 크다. W는 10의 10^{23}제곱 정도이다 — 다시 말해서 W를 십진법으로 표기하려면 1 다음에 10^{23}개의 0을 적어야 한다. 그렇게 많은 0을 거느린 W는 별에 닿을 만큼 길 것이다. 그렇게 큰 수는 "일상적인 직관에서 멀리 떨어져 있으며, 어떤 사람들에게는 강한 불쾌감을 일으키고, 다른 사람들에게는 특별한 열정을 일으킨다."

볼츠만의 엔트로피 해석이 가지는 의의는 엔트로피라는 유용한 양을 최초로 역학적으로 해석했다는 것에 국한되지 않는다. 역학적인 해석은 데모크리토스의 시대에도 있었다. 그러나 방식의 수 W는 당대의 물리학에게는 완전히 새로운 이상한 주관적인 성질을 가지고 있다. W는 단지 계가 배열될 수 있는 방식의 수가 아니다. 정확히 말해서, W는 계의 '알려진' 성질들을 변화시키지 않는 배열들의 수이다. 그런데 여기서 알려진 성질은 누구에게 알려진 성질을 의미할까? 그 성질들을 측정한 관찰자는 누구일까? 상상을 초월하는 기억력을 가진 어떤 초인간적인 존재가 있어서, 병속 모든 분자들의 위치와 속도를 측정하고 기록한다고 해 보자. 그 경우에 W는 1이다. 즉 그 초인간적인 존재에게 기억된 자료를 변화시키지 않는 배열 방식은 하나뿐이다. 1의 로그값은 0이다(로그함수의 곡선은 점 (1, 0)에서 수평축과 만난다). 그러므로 병 속의 분자들로 이루어진 계의 엔트로피는 0이다. 물론 현실 속에는 그런 초인간적인 존재가 없으므로 분자들의 운동상태는 알려지지 않았고, 따라서 계가 배열될 수 있는 방식은 어마어마하게 많다. 그러므로 계의 엔트로피는 0이 아니다. 이상에서 알 수 있듯이 엔트로피는 계의 절대적인 성질이 아니라 상대적인 성질이다. 엔트로피는 주관적인 요소를 가지고 있다 — 엔트로피는 당신이 가진 정보에 따라서 달라진다.

볼츠만은 그 관계를 파악하고 더 명확하게 풀어 냈다. 엔트로피 값은 우리가 계에 대하여 모든 것을 알 때 0이 되고, 우리가 계에 대하여 가장 적게 알 때 최대값이 되므로, 엔트로피는 계를 이루는 분자들의 세부 운동에 대한 우리의 무지를 나타내는 측정값이라고 볼츠만은 지적했다. 엔트로피는 입자의 위치나 속력, 혹은 온도나 압력, 부피와 관련된 양이 아니라 우리가 가진 정보의 결여와 관련된 양이다.

이 해석을 앞에서 열거한 네 쌍의 그릇과 관련해서 생각해 보자. 브롬이 한 그릇에서 빠져나가 다른 그릇을 채울 때 무슨 일이 일어날까? 우리는 처음에 분자들에 관한 정보를 많이 가지고 있지 않았지만, 적어도 분자들이 특정한 공간에 국한되어 있다는 것을 알고 있었다. 기체가 팽창하기 시작하면 우리는 그 정보를 잃는다 — 개별 분자의 위치에 대한 우리의 무지는 증가하고 따라서 엔트로피는 증가한다. 뜨거운 물과 찬 물이 등장하는 실험에서 우리는 처음에 속력이 빠른 분자들이 한 그릇에 있고 느린 분자들이 다른 그릇에 있다는 것을 안다. 두 그릇이 접하도록 만들고, 두 그릇 속의 물의 온도가 중간값이 되면, 우리는 그 (보잘것없어 보이는) 정보를 잃고, 따라서 엔트로피는 증가한다. 두 종류의 분자들이 섞이는 세 번째 경우에도 분자들의 위치에 대한 우리의 앎은 감소한다. 반면에 동일한 기체가 섞이는 네 번째 경우에 우리의 무지는 증가하지 않는다. 이런 경우들과 많은 다른 경우들에서 클라우시우스의 엔트로피 법칙을 도출함으로써 볼츠만은 엔트로피가 결여된 정보의 양을 나타낸다는 자신의 해석이 정말로 옳음을 증명할 수 있었다.

볼츠만의 해석에서 정보의 양과 관련된 항은 W, 즉 계를 재배열하는 방식의 수이다. 그 수가 크면 우리의 무지도 크다. 그 수가 작으면 우리의 무지는 작다. 이런 대략적인 방식으로 엔트로피를 결여된 정보와 동일시함으로써 볼츠만은 정보 개념을 물리학의 영역 속에 들여놓았다. 정보 information와 엔트로피의 연관성을 설명할 때 '배열arrangement'이나 '질서order' 등의 개념을 사용한다는 것은 놀라운 일이 아니다. 우리가 3장에서 보았듯이 그 두 개념은 '형상form'의 동의어이기 때문이다.

12 무작위성
정보의 뒷면

이제 우리는 열역학과 양자역학과 생물학의 유전 작용의 원리를 이해하기 위한 열쇠로 정보 개념을, 비록 그 개념이 추상적이라 할지라도, 논해야 한다. 오늘날 정보에 관한 논의는 통신에 대한 체계적인 연구의 형태로 응용과학의 한 분야가 되었다. 또한 정보기술이라는 독자적인 분야도 있다. 더 나아가 정보 개념은 에너지 개념과 함께 과학 전체를 통일하는 개념으로서 다양한 과학 분야들을 연결하고 과학의 토대를 통일할 준비를 하고 있다.

우리가 앞에서 언급한 정보의 두 정의는 각각 고유한 결함을 가지고 있다. 인문학자들이 제안하는 첫 번째 정의는 너무 광범위해서 유용성이 없어 보이는 반면에, 과학자들이 제안하는 두 번째 정의는 확실히 너무 협소하다. 그러나 우리는 고대에 과학이 탄생할 때부터 과학을 지배해 온 환원주의 정신을 지침으로 삼아 계속해서 협소한 정의를 선택하여 개선하고 보완할 것이다.

　메시지에 담긴 정보에 대한 섀넌의 전문적인 정의 — 메시지가 컴퓨터의 이진법 기호로 기록되어 있을 경우에 비트의 수 — 는 의미와 무의미를 구별하지 않는다. 내 신용카드 번호처럼 유의미한 수열이 보유하고 있는 섀넌 정보의 양과, 같은 길이의 무작위한 수열이 보유하고 있는 섀넌 정보의 양은 같다. 그렇다면 이 문제를 어쩌면 반대 방향에서 공략할 수 있을지도 모른다 — 유의미한 정보의 반대인 무작위한 정보를 탐구하는 것이 유용할지도 모른다. 먼저 메시지에서 무작위한 요소를 제거하면, 메시지의 유의미한 내용을 더 쉽게 식별하고 측정할 수 있을 것이고, 정보를 이해하는 데 한 걸음 더 전진할 수 있을 것이다. 그런데 무작위성randomness은 무엇일까?

　무작위성은 형상이나 패턴의 결여로 정의된다. 따라서 형용사 '무작위하다'는 '형상이 없다, 패턴이 없다, 따라서 예측할 수 없다'를 의미한다. 로르샤흐 얼룩(스위스 정신의학자 로르샤흐가 만든 인격진단검사, 좌우대칭 모양의 얼룩inkblot을 보여 주며 피검자의 반응을 유도한다 : 옮긴이)의 모양(최소한 얼룩의 절반)이나 잘 섞은 카드의 순서는 무작위해 보인다 — 마찬가지로 전기적으로 발생시킨, 불규칙적이고 무질서하게 배열된 이진법 숫자들로 된 수열 역시 무작위한 수열이라고 판단하는 것이 합리적일 것이다. 수열 0000100100110100000을 논의의 출발점으로 삼아 보자. 이 수열에는 확실히 드러나는 명백한 패턴이 없다 — 그러나 그렇다고 해서 이 수열이 무작위하다고 할 수 있을까? 이 수열은 동전을 던진 결과를 나타낼 수도 있다. 즉 1은 앞면을 0은 뒷면을 나타낼 수 있다. 세어 보면 뒷면이 훨씬 더 많이(14대 5) 나왔음을 알 수 있다. 그것은 일어날 법하지 않은 결과이다. 동전에 치우침이 있는 것이 분명하다!

그러므로 무작위성을 확보하려면 다음의 조건을 만족시켜야 할 것 같다. "0과 1이 (근사적으로) 같은 횟수로 등장해야 한다." 그렇다면 010101010……은 무작위할까? "아니다"라고 당신은 대답할 것이다. "이 수열에서는 0과 1이 확실히 균형있게 등장한다. 그러나 이 수열은 너무 규칙적이다. 사실상 예측가능하다. 무작위한 수열은 예측할 수 없어야 한다." 좋다. 우리가 제안한 무작위성 조건은 다만 일차적인 시도에 불과했다. 수열 0101010101은 분명 가장 기본적인 무작위성 조건을 만족시키지만, 새로운 문제를 가지고 있다. 처음에 보면 이 수열은 완벽한 균형을 가지고 있는 듯하지만, 조금 더 자세히 보면 곧바로 심한 치우침을 발견할 수 있다. 분명 0과 1이 같은 횟수로 등장한다. 또한 숫자쌍 01과 10이 수열 속에 있다. 그러나 다른 숫자조합 00과 11은 전혀 없다! 그러므로 무작위성 조건을 다음과 같이 보완해야 할 것 같다. "숫자 0과 1이 같은 횟수로 등장한다. 또한 숫자쌍 00, 01, 10, 11도 같은 횟수로 등장해야 한다. 또한 숫자 세 개의 조합 000, 001, 010, 011, 100, 101, 110, 111도 같은 횟수로 등장해야 한다. 더 나아가 모든 가능한 조합들도 그러해야 한다." 이 새로운 조건을 따른다면, 0과 1이 교대로 등장하는 위의 수열은 확실히 무작위하지 않다.

0과 1로 된 모든 유한한 수열은 이진법으로 표기한 실수를 나타내므로 수열을 수로 생각해도 무방할 것이다. 수학자들은 위의 더 엄격한 무작위성 조건을 만족시키는 수를, 그것이 의심스러운 치우침을 나타내지 않는다는 의미에서, 정상적인normal 수라고 부른다. 쉽게 알 수 있듯이 많은 정상적인 수들이 존재한다. 한 정상적인 수가 있으면, 무작위성 조건을 위반하지 않는 한도 내에서 숫자를 몇 개 바꿈으로써 다른 정상적인 수들을 만들 수 있다.

대부분의 수는 이론적인 의미에서 정상적이라는 것이 알려져 있었음에도 불구하고 정상적인 수의 실례가 명확하게 제시된 것은 놀랍게도 1933년에 이르러서였다. 그 해에 21세의 케임브리지 대학 학부생이었던 챔퍼노운David Champernowne은 정상적인 수 하나를 발견했다. 그는 먼저 0과 1을 적고 이어서 가능한 숫자쌍 4개를 체계적으로 적고, 이어서 가능한 세 숫자 조합 8개를 체계적으로 적고, 이어서 모든 가능한 조합들을 그런 식으로 적어 나가면, 모든 가능한 패턴을 치우침 없이 포함한 수열(그 수열을 '챔퍼노운의 수'라고 한다)을 구성할 수 있음을 깨달았다. 챔퍼노운의 수와 유사한 십진수로 $c = 0.12345678901112\cdots\cdots$가 있다. 이 수 속에는 모든 한 자릿수 정수, 두 자릿수 정수, 세 자릿수 정수 등이 치우침 없는 비율로 들어 있다. 이 수는 '챔퍼노운의 상수'라고 한다. 이 수가 챔퍼노운의 수보다 우수한 점은 크기가 작고 유한하다는 것이다. 따라서 이 수는 그래프 용지에 점으로 표시할 수 있다.(원점에서 오른쪽으로 약간 떨어진 자리에 점을 찍으면 된다.)

'챔프'라는 별명을 가진 챔퍼노운은 튜링Alan Turing의 학우였고 일생 동안 친구였다 ─ 그는 튜링과 대등한 지적인 능력을 가진 드문 인물이었다. 그들은 함께 체스를 즐겼고, 2차 대전 후에는 튜로챔프Turo Champ라는 원시적인 컴퓨터 체스 프로그램을 제작했다. 그 프로그램은 챔프의 아내

윌헬미나Wilhelmina를 이기고 또 한명의 초보자를 이기는 데 성공했다. 챔프는 경제학자와 통계학자로서 성공적인 삶을 살았고 2000년 9월에 88세로 사망했다.

챔프의 정상적인 이진수는 재미있는 대상이다. 0과 1을 모스 부호체계를 이용하여, 또는 다른 체계를 이용하여 변환하면 철자와 여백과 마침표로 이루어진 문자열을 만들 수 있다. 챔퍼노운의 수를 변환하여 만든 문자열 속에는 모든 가능한 유한한 단어열이 들어 있으므로, 모든 시와, 모든 관광안내문과, 모든 연애편지와, 씌어진 모든 소설과, 미래에 씌어질 모든 소설이 들어 있다. 셰익스피어 전집의 다양한 판본들도 들어 있고, 그 중에는 오자가 있는 판본도 있고 없는 판본도 있다. 『전쟁과 평화』도 당연히 들어 있고, 6음보 운율을 맞추어 번역한 그 소설의 불어판도 들어 있다. 넉넉잡아 수십억 광년의 거리를 이동하면서 그 문자열을 살펴보면 어딘가에서 그 모든 것을 분명히 발견하게 될 것이다. 그러므로 십진수로 변환하면 그저 한 점으로 표시되는 챔프의 놀라운 수는 압축성에서 보르헤스Jorge Louis Borges의 방대한 『바벨의 도서관』을 능가한다. 바벨의 도서관도 모든 가능한 철자 조합을 포함하고 있지만, 그 모든 조합은 무한한 서가에 저장되어 있다. 책을 사랑하는 사람으로서 나는 내 모든 책과 미국 의회 도서관의 모든 책과 파리 국립 도서관의 모든 책을 내 엄지손톱 위에 찍은 한 점으로 대체할 수 있다는 생각을 하면 전율을 느끼고 심지어 아찔해진다.

그러나 '정상성'이 무작위성을 의미할까? 챔프의 상수는 무작위한가? 만일 당신이 어떤 수열을 한참 따라가다가 어딘가에서 챔프 상수의 부분

수열을 만난다면, 당신은 챔프 상수의 단순하고 엄격한 패턴을 알아볼 수 있을까, 아니면 당신은 정당하게 그 수열이 무작위하다고 말할 수 있을까?

이 질문에 답하기 위해 필요한 무작위성의 정의는 아직 완성되지 않았다. 그러나 컴퓨터 혁명으로부터 영감을 얻어 중요한 한 걸음의 발전이 이루어졌다. 1960년대에 여러 수학자들은 — 주요인물은 미국의 채틴 Gregory Chaitin과 솔로모노프Ray Solomonoff, 그리고 러시아의 콜모고로프 Andrei Kolmogorov— 무작위성을 이른바 '알고리즘적 복잡성'과 연결시켰다 (알고리즘적 복잡성은 수가 가지는 성질이다). 그들은 수열 010101010……이 우리가 앞에서 보았듯이 정상적이지 않고, 따라서 무작위할 수 없으며, 매우 단순해 보인다는 것에 주목했다. 이 직관적인 판단을 수학적으로 엄밀하게 만들고 '단순함'이나 '복잡함'이라는 용어에서 모든 주관적인 요소를 제거하기 위하여, 그들은 수를 산출하도록 프로그램된 컴퓨터를 상상했다. 대략적으로 말해서, 그들은 수의 복잡성을 그 수를 산출하는 가장 간결한 프로그램의 길이로 (즉 알고리즘의 길이로) 정의했다.

이 암호 같은 정의를 부연하기 위해서 세 가지 언급이 필요하다. 첫 번째로, 알고리즘적 복잡성 개념을 발명한 수학자들은 어느 프로그램에나 들어 있어서 프로그램의 길이만 늘리는 불필요한 단계들을 제거하기 위해 프로그램의 간결성을 요구했다. 그 간결성 요구는 오캄의 면도날이 내리는 명령 — 더 간결한 것이 더 좋다 —과 멋지게 일치한다는 것을 주목하라. 언젠가 알고리즘적 복잡성 개념이 물리학에서 역할을 하게 된다면, 그 개념은 오캄의 면도날 — 과학의 기초 원리 — 을 근본적인 방식으로 구현한 개념이 될 것이다. 두 번째 언급은, 여러 가지 방식으로 연산을 수행하는 다양한 컴퓨터들이 있어서 동일한 수에 대하여 다양한 복잡성 값을 얻는 문제가 있지 않을까 하는 염려와 관련된다. 다행스럽게도 튜링은 모든 가능한 컴퓨터의 작업을 재현할 수 있는 가상적인 표준 컴퓨터를 발명했다. 튜링의 보편적인 표준 컴퓨터를 복잡성 정의에 이용하면 특수한 컴퓨터가 개입됨으로써 생길 수 있는 문제를 제거할 수 있다. 셋째, 프로그램이 어떤 언어로 씌어 있든 컴퓨터는 그 프로그램을 궁극적으로 0과 1로 된 기계어로 번역한다. 복잡성 정의에서 말하는 프로그램의 '길이'는 기계어로 번역된 상태에서 측정된다.

이 설명들을 염두에 두고, 010101010……을 산출하는 프로그램을 생각해 보자. 다음과 같은 프로그램이 있을 수 있다, "0과 1을 교대로 천 번 적어라" — 이 명령은 짧다. 따라서 위의 수열에 대응하는 수의 복잡성은 작다. 다음으로 14159265……를 생각해 보자. 앞에서 나는 이 수는 무작위해 보이지만, π의 소수부분으로 인식되면 많은 정보를 담고 있는 수라고 얘기한 바 있다. 이 수는 오늘날 슈퍼컴퓨터로 수십억 자리까지 계산되어 있으며, 단순한 패턴을 가진 식 $\pi = 4 \times (1-1/3+1/5-1/7+1/9\cdots\cdots)$을 계산하는 컴퓨터 프로그램으로 산출할 수 있다. 그러므로 π의 복잡성도 매우 작다.

그러나 많은 장점에도 불구하고, 알고리즘적 복잡성 개념은 거의 치명적인 결함을 가지고 있다. 당신 앞에 0과 1로 된 긴 수열이 있다고 해 보자. 그 수열의 복잡성은 얼마일까? 만일 당신이 어떤 패턴을 발견하거나, 그 수열이 어떻게 산출되었는지 안다면 대답은 간단하다. 그러나 그렇지 않을 경우에는 어떨까? 이 세상 어딘가에 간단한 단계들을 통해 그 수를 산출하는 프로그램이 있을지 혹은 없을지 어떻게 알 수 있을까? 간단히 대답할 수 있다 — 그런 프로그램의 존재 여부를 알 수 없다! 정보의 정의와 마찬가지로 복잡성의 정의에도 주관적인 색채가 강하게 들어 있다.

복잡성 개념이 유용성을 가질 수 있는 것은 많은 경우에 논의의 맥락으로부터 수열의 기원에 관하여 많은 것을 알 수 있기 때문이다. 예를 들어 검사되는 자료가 기체 원자들의 위치를 나타낸다면, 그 자료를 산출하는 프로그램에 기체를 담는 그릇에 관한 조건을 집어넣는 것이 합리적일 것이다. 어떤 수열이 관 속을 흐르는 물의 흐름을 나타낸다면, 그 수열을 산출하는 프로그램을 만들기 위해 고려해야 할 것은 유체역학의 법칙들이다. 일반적으로 말해서, 문제의 자료에 관한 추가적인 지식이 있으면 숨은 패턴을 찾는 작업의 폭을 좁힐 수 있고, 복잡성 정의(측정)를 위한 맥락을 얻을 수 있다. 그러나 기체 원자들이나 관 속의 유체 방울들이 어떤 신비로운 알고리즘에 따라 배열될 것이라는 기대는 하지 않는 것이 안전할 것이다.

이제 지금까지의 예비적인 논의를 바탕으로 마침내 무작위성의 정의를 제시할 수 있게 되었다. 어떤 이진수의 복잡성이 그 수의 자릿수와 같으면, 그 이진수는 무작위하다. 복잡성이 자릿수와 같다는 말은 그 이진수를 산출하는 간단한 방법이 없다는 것을 의미한다. 그 이진수를 산출하는 유일한 방법은 한 자리씩 끝까지 적는 것뿐이다. 산출과정을 단순화할 수 있게 해 주는 규칙성이 없다. 이 정의에 따르면 010101010……은 정상적이지도 않고 무작위하지도 않다. 챔프의 수는 정상적이지만 무작위하지 않다. 왜냐하면 그 수를 산출하는 간단한 방법이 있기 때문이다. 수십억 자리까지 패턴이 없고 정상적이어 보이는 π도 전혀 무작위하지 않다. π의 복잡성은 π를 산출하는 간단한 프로그램의 길이와 같다. 한편 내가 지금 아무렇게나 자판을 두드려 만든 수 8402987614390은 적어도 내가 아는 한, 간단한 프로그램으로 산출될 수 없다. 따라서 무작위하다.

사실 나는 위의 수가 정말로 무작위한지 확실히 모른다. 섀넌은 동전 앞뒤 맞추기 게임에서 이용할 수 있는 '마음을 읽는(?) 기계'(물음표는 섀넌 자신이 삽입했다)를 발명했다. 기본적으로 그 기계는 인간인 상대방이 다음 번에 어떤 면을 낼지를 그때까지의 행동을 분석하여 추측하는 원시적인 컴퓨터 프로그램이다. 만일 행동에 경향성이나 숨은 패턴이 없다면, 프로그램이 성공적인 추측을 할 확률은 50퍼센트에 불과해야 한다. 그러나 섀넌의 한 동료가 실제로 그 기계를 만들어 게임에 이용하니, 성공 확률이 55에서 60퍼센트였다. 이는 사람들이 완벽한 무작위성을 산출하지 못한다는 것을 의미한다. 왕성한 탐구욕의 소유자인 섀넌은 거기에서 멈추지 않고 스스로 더 개량된 기계를 만들었다. 섀넌의 기계는 동료가 만든 기계를 능가했다.

인간이 무작위성을 산출하지 못한다는 것을 보여 주는 더 현실적인 예로 영국의 암호분석가들이 악명 높은 독일군의 암호를 해독한 것을 들 수 있다. 독일군의 암호체계에서는 통신병이 하루 종일 기계를 작동시켜 무작위하게 선택된 철자들을 전송하도록 되어 있었다. 그러나 급박한 전쟁 상황 속에서 많은 병사들은 서둘러 임무를 완수하기 위해 자기 이름이나 여자친구의 이름이나 실제 단어들의 첫 철자를 이용했다. 인간의 연약함은 거의 완벽한 암호체계에 구멍이 생기도록 만들었다.

얄궂게도, 무작위한 수(난수)를 산출하는 컴퓨터 프로그램은 어떤 프로그램이든 운명적으로 실패할 수밖에 없다("누구든 무작위한 수를 산출하는 산술적인 방법을 숙고하는 자는 죄를 범하고 있는 것이다"라고 컴퓨터 개척자 폰 노이만John von Neumann 은 말했다). 상용화된 통계 소프트웨어 속에 들어 있는 난수발생기들은 그것들이 산출하는 수열보다 짧다. 일부 프로그램의 경우 산출되는 수들을 3차원 공간상의 점으로 표시해 보면 숨은 구조가 드러난다. 처음에는 점들이 예상대로 균일하게 찍히는 것처럼 보인다. 그러나 「무작위한 수들은 주로 한 평면에 놓인다」라는 제목의 논문에서 수학자 마샬리아George Marsaglia는 영리하게 선택한 방향에서 보면, 점들이 여러 개의 평행한 평면들을 형성하는 것을 확인할 수 있음을 증명했다. (그 점들은 내게 독일 흑림Black Forest의 일부를 연상시킨다. 숲은 멀리서 보면 완벽하게 자연적이어 보인다. 그러나 차를 타고 숲 속을 지나가면서 우연히 발견한 지점들에서 보면 나무들이 완벽하게 평행한 직선을 이루고 있음을 발견할 수 있다. 그 주위의 숲은 인공적으로 조성된 것이다.) 이른바 난수발생기들의 이러한 괘씸한 결함이 발견되자, 그 프로그램들로 무작위한 행동을 시뮬레이션해 온 수학자들과 물리학자들과 사회과학자들은 경악했다. 난수발생 프로그램들은 '의사Pseudo-난수발생기'로 개명되었고, 경고 표지가 부착되었다.

난수 생산은 두 가지 분야에 응용되는 중요한 산업이다. 무작위하다고 여겨지는 사건들 — 주식시장의 변동이나 날씨 패턴에서 종양을 포착하는 X선의 행동까지 — 을 포함하는 계의 컴퓨터 시뮬레이션은 입력 자료의 무작위성에 사활이 걸려 있다. 두 번째 응용 분야는 몬테카를로 적분법Monte Carlo integration이라는 영리한 수학적 기법이다. 그 기법은 다양한 차원의 복잡한 도형들의 면적과 부피 계산에 흔히 이용된다. 10cm × 10cm 넓이의 종이 위에 그린 하트 모양을 생각해 보자. 하트 모양의 면적은 얼마일까? 해석학자라면 하트 모양 곡선을 산출하는 방정식을 발견해서 잘 알려진 적분법을 이용하면 면적을 구할 수 있을 것이다. 그러나 현실에서 발견되는 복잡한 곡선들의 방정식을 발견하는 것은 일반적으로 불가능하다. 그러나 수치해석가는 몬테카를로 적분법을 이용할 것이다. 수치해석가는 난수발생기를 이용하여 종이 전체에 골고루 1,000개의 가상적인 점을 찍을 것이다. 그리고 그는 하트 내부에 있는 점들의 수를 세어 1,000으로 나눌 것이다. 얻어지는 값은 전체 면적(100cm^2)분의 하트 면적이다. 이것은 정확한 면적을 구하는 방법이 아니다. 그러나 점의 수를 증가시킬수록 정확도가 향상되므로 원하는 만큼 정확한 근사값을 얻을 수 있다.

이 예는 참된 난수발생기의 필요성을 보여 준다. 만일 가장자리보다 중앙에 점들이 더 많이 찍힌다면, 계산은 부정확해질 것이다. 점들이 다른 패턴으로 찍힐 경우에도 계산은 부정확해질 것이다. 과학과 공학, 경제학에서 시뮬레이션과 몬테카를로 적분 프로그램의 사용이 늘어나면서 참된 난수발생기의 필요성은 증가했다.

인간도 컴퓨터도 난수를 발생시킬 수 없다면, 어디에서 난수를 구할 것인가? 이 디지털 시대에도 컴퓨터과학자들은 이를테면 타자기를 두드리는 원숭이 같은 것에 의지했다. 그들은 잡음이 있는 전기회로나 물방울이 떨어지는 수도꼭지 등을 이용했다. 그러나 자연이 양자역학적 수준에서 무작위하게 행동한다는 믿음에 근거를 두고 제작되어 더 많은 과학자들이 이용하는 최신 난수발생기들은 컴퓨터가 아니라, 바로 레이저이다. 책 크기의 상자 내부에서 희미한 광자 광선이 둘로 갈라져 두 개의 탐지장치를 향한다. 광자가 첫 번째 탐지장치에서 탐지되면 0이 기록되고, 두 번째에서 탐지되면 1이 기록된다. 이런 방식으로 신뢰할 수 있는 무작위한 수열을 생산할 수 있다. 아인슈타인의 직관과는 반대로, 신은 주사위 놀이를 할 뿐만 아니라, 공정한 주사위 놀이를 한다고 믿을 수 있는 유일한 존재인 듯하다.

수학적 정의의 가치는 기존의 문제를 푸는 능력과 새로운 문제를 제시하는 능력에 의해 판정된다. 이 기준에 따른다면 알고리즘적 복잡성 개념은 1960년대에 발명된 이후 오랫동안 가치가 없었다. 예를 들어 그 정의는 몬테카를로 적분법 활용이 확산되면서 절실해진 더 나은 의사—난수발생기 개발에 기여하지 못했다. 그러나 최근에 이르러 알고리즘적 복잡성 개념은 마침내 유용한 수학적 도구가 될 조짐을 보이고 있다. 어떤 순수 수학 문제 해결에 그 개념이 이용된 이후, 점점 더 많은 컴퓨터과학자들과 응용수학자들과 경제학자들이 무작위성과 관련해서 그 개념의 유용성을 인정하고 있다.

잘 알려지지 않은 수학적 문제 하나가 1999년에 풀렸는데 그 증명에 바로 알고리즘적 복잡성이 이용되었다. 네덜란드 수학자 비타니Raul Vitanyi는 캐나다 온타리오의 타오 지앙Tao Jiang(맥매스터McMaster 대학)과 밍 리Ming Li(워털루Waterloo 대학)와 함께 유서 깊은 기하학 문제의 특정 유형을 공략하기로 결심했다. 흰 종이에 그린 10cm × 10cm 정사각형을 생각해 보자.

정사각형 내부에 100개의 점을 무작위하게 찍고 모든 점들을 직선으로 연결한다. 이제 정사각형은 늙은 여인의 뺨이 주름살로 덮이듯이 작은 삼각형들로 덮였다. 그 작은 삼각형 각각의 면적을 측정하고 가장 작은 삼각형을 주목하자. 당신이 점을 더 많이 찍으면 가장 작은 삼각형의 면적은 당연히 줄어들 것이다. 그런데 수학자들은 희귀한 족속이라서, 그 면적이 평균적으로 얼마나 많이 줄어드는지 알고 싶어한다. 당신이 점을 두 배로 많이 찍는다면, 그 면적은 두 배로 줄어들까? 혹은 4배로? 혹은 8배로?

이 문제는 수학자들에게 기쁨을 주는 오래된 문제의 일종이다. 지난 50년 동안 많은 천재들이 이 문제에 도전했다. 우리가 9장에서 만난 직업 없는 천재 에어디쉬도 1980년대에 이 문제의 해결에 기여했다. 그리고 마침내 비타니와 동료들이 복잡성을 통해 무작위성을 정의함으로써 문제를 해결했다. 가장 작은 삼각형의 평균 면적은 점의 개수의 세제곱에 반비례한다. 따라서 점의 개수를 두 배로 늘리면, 가장 작은 삼각형은 8배로 작아진다. 이 삼각형 문제는 비록 수학자가 아닌 사람들에게는 그다지 중요하지 않지만, 비타니와 동료들은 이 문제의 해결을 통해 알고리즘적 복잡성과 무작위성의 유용성을 '더 많은 사람들에게' 알릴 수 있었다.

복잡성 이론의 기법들은 정보이론과 물리학에 응용될 수 있을지도 모른다. 예를 들어 메시지에 담긴 정보의 양을 측정하기 위하여 비트를 세기 전에 먼저 메시지를 압축할 필요가 있을 수 있다. 이를 위해서는 그 메시지를 재생산하는 가장 짧은 프로그램을 발견해야 한다. 예를 들어 한 책에 그 책의 복사본을 덧붙인다면, 정보가 두 배로 늘어나는 것이 아니라, "두 번 인쇄하시오"라는 간단한 프로그램의 길이만큼만 늘어난다. 이런 방식으로 너무 광범위한 섀넌 정보의 정의를 개량할 수 있을 것이다.

뉴멕시코 소재 로스앨러모스 국립 연구소Los Alamos National Laboratory의 주렉Wojtek Żurek은 알고리즘적 복잡성을 물리학에 응용했다. 그는 볼츠만의 엔트로피 정의에서 문제가 되는 주관성을 제거하기 위하여 그 정의를 아주 조금 수정할 것을 제안했다. 엔트로피는 계에 관한 정보의 결여를 나타내는 양이라는 것을 상기하자. 그러므로 엔트로피는 관찰자가 아는 것에 따라 달라진다. 더 영리한 존재는 더 많은 정보를 가질 것이므로, 계에 더 작은 엔트로피를 부여할 것이다. 엔트로피 개념을 더 객관화하기 위하여 주렉은 결여된 정보를 측정할 뿐만 아니라 '등록된recorded' 정보도 추가로 측정할 것을 제안했다(결여된 정보와 등록된 정보의 양을 더한 값이 상수이다). 그렇게 하면 관찰자에 대한 고려는 불필요해진다. 오직 관찰자의 노트북이나 컴퓨터 메모리에 기재된 것들만이 문제가 된다.

그러나 등록된 정보의 양을 어떻게 측정할 것인가? 주렉은 가장 자연스러운 척도로 알고리즘적 복잡성을 선택했다. 그러므로 그가 개량한 새로운 엔트로피는 두 부분으로 이루어진다. 그의 엔트로피는 볼츠만의 공식에 의해 측정된 엔트로피와, 등록된 정보의 알고리즘적 복잡성에 의해 결정되는 양의 합(일반적으로 매우 작은)으로 정의된다. 예를 들어 기체가 담긴 그릇의 모양과 크기는 등록된 정보이고, 수많은 원자 각각의 위치는 결여된 정보이다. 모든 원자 각각의 위치와 속도가 알려진 가상적인 경우를 생각해 보자. 앞에서 얘기했듯이 이 경우에 볼츠만 엔트로피는 0이다. 개량된 엔트로피에서는 추가되는 항 — 알려진 정보의 길이 — 이 거대할 것이다. 그러므로 개량된 엔트로피는, 무한한 관찰자를 상정할 경우에도 유한한 관찰자를 상정한 경우와 같아진다. 열역학 제2법칙에 드리운 주관성의 색조는 마침내 100년 만에 제거되었다.

  주렉의 개량된 엔트로피는 설득력이 있음에도 불구하고 많은 지지를 얻지 못했다. 일반적인 경우에 볼츠만의 공식은 충분히 잘 작동하고, 추가되는 항은 무시할 수 있다. 그러나 우리가 조작하고 분석할 수 있는 원자들의 계가 더 작아지고, 그 계에 관한 우리의 정보가 급증하며, 그 정보가 훨씬 더 강력한 컴퓨터 메모리에 저장될 수 있게 된다면, 주렉이 추가한 항은 무시할 수 없을 만큼 커질 것이다. 그렇게 된다면 사람들은 주렉의 엔트로피에 관심을 가지게 될 것이다.

  무작위성을 이용해서 정보를 정의하는 노력은 아직 결실을 거두지 못했다. 그 노력 속에서 개발된 기법들, 예를 들어 알고리즘적 자료압축 등은 미래에 정보이론에서 중요한 역할을 할 것으로 보인다. 그러나 오늘날에도 가장 우세한 정보 측정 방법은 여전히 섀넌의 비트 세기이다. 이제는 더 개량된 방법들을 고민할 때가 되었다.

13 전기 정보
모르스에서 섀넌까지

전기 정보의 탄생일시는 확실하다. 1844년 5월 24일 금요일 오전 9시 45분. 그러나 탄생장소는 확실히 말할 수 없다. 왜냐하면 그 행복한 사건은 한 지점에서 일어난 것이 아니라 두 지점을 잇는 직선상에서 일어났기 때문이다. 워싱턴 시의 대법원 법정과 볼티모어 시의 한 사무실을 잇는 한 쌍의 전선 속에서 전기 신호는 탄생했다. 법정 한가운데 전선 다발 사이에서 새뮤얼 핀리 브리즈 모스 Samuel Finley Breese Morse는 신비로운 철제상자 앞에 앉아 있었다. 호기심에 들뜬 의원들이 시야를 확보하기 위해 서로 밀치고 있었다. 그는 불안하지 않을 수 없었다. 1년 전 의회는 이 역사적인 실험을 위해 3만 달러라는 거금을 지원했다. 만일 실패한다면 그의 야심찬 기획은 물거품으로 돌아갈 것이었다. 그는 전기적인 선과 점을 발생시키기 위해 필요한 복잡한 나사와 손잡이를 다급하게 두드렸다. 그는 친구의 어린 딸이 정한 메시지를 전송했다. 시대의 분위기에 어울리는 메시지였다. "하나님이 쓰신 것을 보라(What hath God wrought!)." 볼티모어에 있는 동료가 신호를 해독하느라 몇 분이 흐른 후 똑같은 메시지가 코드화되어 돌아왔다. 군중은 놀랐고 모스는 안도의 한숨을 내쉬었다.

3일 후 《뉴욕 데일리 트리뷴(New York Daily Tribune)》지는 (아마도 현장에 있었던 통신원의 보고에 입각하여) 그 사건을 자랑스럽게 보도했고, 공간을 사라지게 만드는 기적이 일어났다고 선포했다. 미국 의회의 지원과 대중의 관심 속에서 전신은 급속도로 확대되기 시작했다. 전신 기술을 지원하기 위해 공적 자금에 이어 사적 자금이 몰려들었다. 새롭게 발견된 전기와 자기 현상들을 통신에 이용하는 시도를 한 것은 물론 모스뿐만이 아니었다. 여러 경쟁자들이 프랑스와 독일과 영국에서 그를 뒤쫓고 있었고, 어떤 측면에서는 그보다 앞서 나가고 있었다. 그러나 수많은 후원 설명회와 대서양 양쪽에서 불붙은 최초 발견 논쟁에서 모스가 열정적으로 옹호한 그의 전신 체계가 최종적으로 승리했다. 모스는 이렇게 예언했다. "머지않아 미국 전체가 생각의 속도로 지식을 확산시키는 신경망으로 뒤덮일 것이다." (정보시대의 예언자인 마샬 맥루한은 모스의 은유를 다시 사용했다. "전기 기술이 탄생하고 백 년이 지난 오늘, 우리의 중추신경계는 지구 전역으로 확장되었고, 우리의 행성 위에서 시간과 공간은 사라졌다.") 사실상 모스는 그의 발명을 과소평가했다. 전신 케이블은 채 20년이 지나기 전에 대륙을 횡단했을 뿐 아니라 대서양을 횡단하여 최초의 월드 와이드 웹world-wide web(전 세계 연결망)을 탄생시켰다. 그 연결망의 언어는 모스 부호였고, 연결망 속을 흐르는 것은 정보였다.

워싱턴에서 전신 교환 시연을 할 때 모스의 나이는 53세였다. 그는 보스턴 근처에서 태어나고 예일 대학에서 교육을 받은 전형적인 매사추세츠 양키였다. 완성에 이르기까지 여러 해가 걸린 전신은, 그가 이룬 최초의 성취는 아니었다. 모스의 경력은 전혀 다른 분야에서 시작되었다. 불과 7년 전만 해도 그는 유명한 초상화가였다. 그는 3백 점 이상의 작품을 남겼고, 그 중 몇 점은 오늘날 미국의 주요 미술관에 전시되어 있다. 그러나 그는 전성기를 누리던 1837년에 갑자기 작품활동을 중단했다. 그러고는 나머지 일생을, 유럽에서 대서양을 건너 미국으로 돌아오는 길에 처음 떠올렸던 천재적인 발상을 발전시키는 데 바쳤다. 그가 갑자기 새로운 결심을 하게 된 이유를 추측하는 것은 어려운 일이 아니다.

가장 직접적인 원인은 워싱턴 국회의사당 원형 홀에 벽화를 그리는 임무가 그에게 맡겨지지 않은 것이었다. 그러나 그 실망스러운 사건 하나가 충실한 예술가의 마음을 바꾸었다고 생각할 수는 없을 것이다. 실제로 모스가 내린 결심의 배후에는 예술 이외의 관심이 있었다. 첫째, 그는 명예와 부에 굶주려 있었다. 둘째, 그는 팽배하는 대중문화로부터 민족의 문화를 지키려는 일관된 열정을 가지고 있었다. 마음 깊은 곳에서 그는 교육자이며 개혁가였다. 그는 모든 수단을 동원하여 자신의 이데올로기적인 목표를 추구할 준비가 되어 있었다.

그가 가장 심혈을 기울여 그린 두 점의 그림은 〈하원(1822) The House of Representatives〉과 〈루브르 갤러리(1831~1833) The Gallery of the Louvre〉이다. 두 작품 모두 벽 전체를 채울 정도로 큰 캔버스화이다. 첫 번째 작품의 주제는 의원들의 회의 장면이다. 등불을 밝힌 저녁 회의에 모인 수백 명의 인물이 실물크기로 묘사되어 있다. 두 번째 작품에는 모스 자신이 중앙에 등장하는데, 그는 다 빈치의 〈모나리자〉와 렘브란트의 〈늙은 남자의 두상〉 등 당시 루브르에 전시된 유럽 최고의 예술품들을 배경으로 두고, 스케치를 하는 소녀를 지도하고 있다. 두 작품의 의도는 분명하다. 그것들은 가정이나 미술관에 걸기 위해 그려진 것도 아니고 상류층 사람들의 즐거움을 위해 그려진 것도 아니다. 그 작품들의 목적은 대중을 교육하는 것이다. 관람자를 위해 자세한 설명이 부가되어 있는 그 작품들은 교육적인 메시지를 가지고 있다. 첫 번째 작품은 민주주의를, 두 번째 작품은 고급 문화를 알리는 목적을 가지고 있는 것이다.

모스에게는 불행하게도, 그 두 작품은 보스턴과 뉴욕의 관객으로부터 거의 외면당했다. 참된 예술적 가치가 어떠하든 간에 그것들은 당대의 평가 속에서 실패작이 되고 말았다. 대중으로부터, 이어서 의회로부터 쓰라리고 분통하게 외면당한 그는 예술을 포기했고, 잠시 동안 (노예제도를 옹호하고 가톨릭에 반대하고 외국인을 멸시하는 정치적인 입장에 서서) 공직에 출마했다가 낙선한 후에 전신 연구로 방향을 돌렸다. 어떤 측면에서 보면 그는 원래의 목표를 포기하지 않았다고 할 수 있다. 왜냐하면 혼란스러운 19세기 중반의 미국에서 전신은 완전히 새로운 통신과 교육과 정보 전달의 방법을 의미했기 때문이다. 전신은 선사시대 이래로 조각과 회화가 담당했던 역할을 맡을 현대적인 기술이었다.

그러나 전기의 엄청난 속도와 자기의 힘을 이용하여 대중에게 도달하기 전에 먼저 해야 할 일이 있었다. 그것은 체계를 만드는 일로, 가장 단순한 체계는 점과 선 — 0과 1 — 의 선형 배열과 전선이었다. 따라서 전신 체계를 발명하는 과정에서 모스가 가장 먼저 해결해야 했던 것 중에 하나는 부호화(코드화 coding) 문제였다. 어떻게 언어적인 정보를 전기 신호로 번역하고 그 신호를 수신자가 보거나 들을 수 있게 만들 것인가? 이 정보공학의 근본문제에 대한 그의 최초 해결책은 그가 최종적으로 발명한 부호보다 훨씬 효율적이었지만, 당시로서는 실제로 사용하기에 너무 불편했다. 전신 기술은 전기와 자기의 과학에서 나왔으므로, 가장 먼저 자연스럽게 시도된 부호는 과학의 알파벳인 수였다. 수는 계수기의 분절적인 클릭 소리나 펜 자국의 형태로 쉽게 기록될 수 있다. 또한 펜 자국이나 계수기의 작동은 전자석을 활성화시키는 전류에 의해 산출될 수 있다(모스가 고안한 전신기와 유럽의 경쟁자들이 고안한 전신기 사이의 가장 큰 차이는 전자석의 효율적인 이용에 있었다. 전자석은 미국의 물리학자 헨리 Joseph Henry에 의해 완성되었다). 따라서 모스가 선택한 최초의 부호는 수였다.

1837년에 그는 단어와 구에 자신이 직접 부여한 수를 대응시켜 열거한 특별한 사전을 만들었다. 그는 몇 개의 수로 이루어진 전보를 수신자가 사전을 보고 해독하는 체계를 구상했던 것이다. 그 체계는 확실히 고도의 자료 압축 능력을 가지고 있다. 예를 들어 "동쪽으로 가는 기차가 세 시간 연착될 것이다." 라는 문장에 수 3이 부여된다면, 18글자로 된 메시지를 전달하기 위해 오직 세 개의 클릭(혹은 2비트, 왜냐하면 3은 이진수 11이므로)만 필요하다. 모스가 원래 구상한 체계의 이론적인 효율성은 100년 전에도 인정되었을 것이다. 그러나 그 당시에는 커다란 책에서 수를 찾아 해당 문구를 손으로 옮겨 적는 일이 현실적으로 실행이 불가능할 정도로 번거로운 일이었다.

모스는 포기하지 않고 훗날 그의 이름을 따서 명명된 알파벳 부호를 개발하기 시작했다. 알파벳 부호는 수 부호보다 융통성이 훨씬 큰 대신에 알파벳 부호로 코드화된 메시지는 길이가 훨씬 길다. 이 문제를 극복하기 위해서 이른바 '전보체'라고 불리는 국제적인 문체가 만들어졌다. 전보체 메시지는 이런 식이다. "동행 3시간 연착 끝(Eastbound delay 3h stop)." 그러나 이 압축된 문장도, 철자 하나씩 전달되었으므로, 여전히 길고 비용 소모가 많아서 가능한 한 짧게 만들어야 했다. 누구나 알듯이 시간은 돈이다. 그리하여 모스는 현대적인 정보이론의 뿌리에 있는 문제에 직면하게 되었다. 점과 선과 여백으로 이루어진 부호로 알파벳 철자를 나타내는 가장 효율적인 방법은 무엇일까? 모스가 개발한 독창적인 방법과 100년 후에 그 문제가 학문적으로 연구된 방식 사이의 차이는 공학과 과학의 차이를, 실천과 이론의 차이를 보여 주는 좋은 예이다. 당시에 모스 부호는 양키 자본의 승리였다. 그러나 오늘날 그것은 수학의 힘을 증언한다.

원리는 자명하다. 가장 효율적인 체계는 흔히 쓰이는 철자에 짧은 기호를 부여하고 드물게 쓰이는 절차에 긴 기호를 부여해야 한다. 그런데 어떤 철자가 흔히 쓰이고 어떤 철자가 드물게 쓰일까? 모스가 워싱턴에서 행한 실험보다 1년 먼저 발표된 대중소설 「황금딱정벌레」에서 포우가 보여 주었듯이, 부호학자cryptographer들은 위의 질문에 대한 답을 알아야 한다. 한 가지 방법은 간단히 텍스트를 하나 선택해서 각각의 철자의 수를 세는 것이다. 그러나 그 방법은 가장 흔한 서너 개의 철자를 알아내는 데는 효과적이지만, 선택된 텍스트가 매우 길지 않은 한, Q, X, Z 등과 같은 드문 철자로 갈수록 신뢰성이 떨어진다. 모스가 포우의 소설보다 5년 먼저 생각해낸 실용적인 해법은 신문사로 가서 인쇄공의 철자함에 들어 있는 철자들의 수를 세는 것이었다. 아마도 10여 회의 조사를 통해서 충분히 신뢰할 수 있는 결론에 도달할 수 있었을 것이다. 그가 조사한 결과, 가장 흔한 철자는 E였으므로 E는 점 하나로 코드화되었다. 그 다음으로 흔한 철자인 T는 선 하나로 코드화되었다. 한편 철자함에 비교적 적게 들어 있었던 X, Y, Z는 각각 네 개의 부호로 코드화되었다.

서둘러 완성하고 실용적으로 사용하는 데 중점을 둔 모스의 방법을 뒷받침하는 이론은 1세기 후에 미국의 수학자 섀넌에 의해 개발되었다. 그는 미시건에서 태어나 MIT에서 박사학위를 받고, 뉴저지 소재 AT&T 벨 전화연구소에서 일한 후, MIT로 돌아가 교수가 되었다. 그는 사이버 시대의 전설적인 아버지로서 명예를 누리다 2001년 2월에 84세로 사망했다.

섀넌의 성격은 모스와 정반대였다. 모스는 자부심이 강하고 완고하고 공격적이며 실용적이었던 반면에, 섀넌은 겸손하고 태평하고 내향적이고 사색적이었다. 두 사람 모두 강한 에너지와 결단력의 소유자였다. 그러나 섀넌은 이른 나이에 성공을 맛보았고 모스가 말년에 명성을 얻기까지 경험한 쓰라림을 한 번도 겪지 않았다. 두 사람의 과학 방법은 회화(모스의 방법)와 음악(섀넌의 방법)의 차이만큼이나 다르다. 회화는 전체적이고 종합적이며 우뇌에 의해 주도된다고 얘기되는 반면에, 음악은 분석적이고 세부에 치중하며 좌뇌에 의해 주도된다고 여겨진다. 회화는 한 눈에 볼 수 있는 반면에 음악은 한 번에 한 음씩 선형적으로 들어야 한다. 그렇게 모스와 섀넌의 문제 해결 방식은 상보적이다.

섀넌은 쾌활한 사람이었다. 그는 많은 과학자들처럼 게임과 수수께끼를 좋아했고, 대부분의 사람들과는 달리 한 문제를 잡으면 완전히 정복할 때까지 연구를 멈추지 않으면서 그 문제의 수학적 본질을 파헤쳤다. 섀넌에 못지않은 열정의 소유자였던 맥스웰이 그랬듯이, 섀넌은 문제의 해답에 도달할 때까지 절대로 멈추지 않는 사람이었다. 그가 은퇴한 후 그의 집을 방문한 기자는 앞 장에서 언급한 마음을 읽는(?) 기계를 비롯한 여러 신기한 물건들, 수많은 평범한 악기들과 희귀한 악기들, 여러 가지 체스 프로그램들, 휘발유 엔진이 달린 포고pogo와 좌석이 두 개 달린 외발자전거, 날이 백 개인 주머니칼과 로마 숫자를 계산하는 스로박THROBAC이라는 계산기를 보았다(그 계산기는 반세기 전에 나를 계산학으로 이끈 상업용 전동 탁상 계산기와 원리적으로 유사하다). 섀넌이 가장 오래 즐긴 취미는 저글링이었다. 그는 젊은 시절 벨 연구소에서 밤새도록 고요한 강당에서 외발자전거를 타고 저글링을 했다. 그는 이른바 '실수 없는 저글링 디오라마No-Drop Juggling Diorama'라는 환시 증상을 얻었고, 「저글링의 과학적 측면들」이라는 제목의 학술 논문을 쓰기도 했다. 여기에는 시적 비문(鼻紋)들이나, 기원전 2040년경까지 거슬러 올라가는 역사적 참고문헌들이 등장하고 개념을 나타내는 도식과 수학적 정리들이 나오며 일명 '저글로메터jugglometter'라는 그가 디자인한 분석 장치의 설계도도 들어 있다. 인정을 얻기 위해 애쓴 모스와 달리 섀넌은 이렇게 고백했다. "나는 경제적인 가치나 세상이 중시하는 가치와 상관없이 나 자신의 관심을 추구했다. 나는 많은 시간을 전혀 쓸모없는 일에 썼다."

그러나 생물학자 자코브François Jacob가 말했듯이 과학에서는 무의미해 보이는 수수께끼가 심오한 통찰의 단서가 될 수 있다. 통신 통로의 효율성에 관한 섀넌의 연구가 확실히 그런 경우였다. 그 연구가 성공에 이른 주된 이유는 그가 문제를 세심하게 정의하고 한정했기 때문이다. 그의 논문에 삽입된 첫 번째 그림에는 왼쪽에서 오른쪽으로 가는 화살표로 연결된 5개의 상자가 등장한다. 각각의 상자에는 '정보 원천', '전달자', '통로', '수신자', '목적지'라는 표지가 붙어 있다. ('잡음'이라는 불길한 표지가 붙은 여섯 번째 상자도 있다. 그 상자는 다른 상자들이 형성한 열을 벗어난 곳에, '통로'라는 표지가 붙은 상자에 연결되어 있다. 나는 그 상자를 나중에 다시 논할 것이다.) 그 간단한 그림은 1장에서 내가 던진 질문들을 생각하게 한다. "원자와 뇌를 매개하는 것은 무엇일까? 원자 속에서 혹은 물질 세계의 어떤 곳에서 무엇이 세계에 관한 우리의 앎을 발생시키고 완성할까?" 나의 대답인 '정보'도 섀넌의 도안 속에 등장한다.

풍부한 잠재성을 지닌 그의 1948년 논문 「통신에 관한 수학적인 이론(A Mathematical Theory of Communication)」— 이 논문은 여러 측면에서 마그나카르타나 뉴턴의 운동법칙 또는 폭탄의 폭발과 유사하다 — 에서 두 번째 단락의 시작부분은 결정적으로 중요하므로 인용할 필요가 있다.

통신의 근본문제는 한 시점에서 선택한 메시지를 다른 시점에서 정확하게 혹은 근사적으로 재생산하는 것에 있다. 메시지는 흔히 의미를 가진다. 즉 메시지는 물리적이거나 개념적인 대상들을 가리키거나 어떤 체계의 도움을 받아 그것들과 관련을 가진다. 통신의 이러한 의미론적인 측면은 공학적인 문제와 무관하다.

정보의 '의미'를 주저 없이 무시함으로써 섀넌은 완벽한 수학적인 이론을 구성할 수 있었다.

비록 한정된 이론이지만 섀넌의 이론은 다양한 현상을 기술한다. 정보는 씌어지고, 인쇄되고, 발설되고, 노래로 불려지고, 악기로 연주되고, 그려지고, 사진으로 찍히고, 텔레비전으로 방송될 수 있다. 정보의 통로는 전선일 수도 있고 광선일 수도 있고, 일정한 진동수 영역의 전파일 수도 있고, 기타 다양한 메시지 중계장치일 수도 있다. 정보의 원천과 목적지는 사람이거나 기계일 수 있다. 통로를 통과하는 정보의 양을 일관되게 측정하기 위해서 섀넌은 모스와 마찬가지로 부호화 문제를 탐구하기 시작했고, 0과 1을 선택했고, 훨씬 더 간단한 체계를 고안했다. 그는 0과 1 각각을 '비트'라고 명명했고, 곧바로 원래 정의를 일반화하여 비트를 정보의 보편적인 단위로 사용할 수 있게 만들었다.

섀넌이 개량한 정보의 정의에서 핵심은 우리가 10장 말미에서 발견한 (2를 밑으로 하는) 로그의 다음과 같은 특징이다 — 전송할 수 있는 메시지 개수의 로그값은 부호열의 길이와 같다. 섀넌은 이 간단한 규칙에서 착상을 얻어 임의의 부호열에 담긴 정보의 양을 가능한 메시지 개수의 로그값으로 정의하고, 정보의 단위를 '비트'로 명명했다. 이 정의는 원래의 비트 정의를 개량한 것이며 더 복잡한 상황에도 적용할 수 있다. 예를 들어 동전 대신 주사위를 이용하는 상황을 생각해 보자. 당신은 주사위 눈의 수를 이용해서 친구와 메시지를 주고받을 수 있다. 주사위 한 개로 전달할 수 있는 메시지의 개수는 정확히 6이다. 그렇다면 주사위를 한 번 던져 전달할 수 있는 정보의 양은 얼마일까? 섀넌의 정의에 따르면 답은 $\log_2 6$ 즉 대략 2.585 비트이다(6은 4와 8 사이에 있으므로, $\log_2 6$은 2와 3 사이에 있을 것이라고 추측할 수 있다. 계산기를 두드리면 등식 $2^{2.585}=6.000$을 확인할 수 있다). 그러므로 주사위를 한 번 던지는 행위 속에는 동전 두 개를 던지는 행위보다 많고 세 개를 던지는 행위보다 적은 정보가 들어 있다 ― 이것은 직관적으로도 타당한 결론이다. 이런 방식으로 비트의 정의는 분수값도 포함할 수 있도록 확장되었다.

가능한 메시지 개수 로그값이 등장하는 섀넌 정보 정의가 계의 입자들을 재배열하는 방식의 개수 로그값이 등장하는 볼츠만의 엔트로피 공식과 유사한 것은 우연이 아니다. 섀넌이 태어나기 훨씬 전에 볼츠만 자신이 주장했듯이 엔트로피는 결여된 ― 가질 수 있지만 가지지 못한 ― 정보의 양을 나타낸다. 정보와 엔트로피의 관계에 대한 많은 논의가 있었지만 결국 신뢰할 수 있는 것은 다음과 같은 볼츠만의 직관이다 ― 정보와 엔트로피는 동일한 관념을 표현하는 상이한 방식이다.

섀넌의 간단한 정보 측정법은 마지막으로 한 가지 개선점을 추가한다. 비트는 정상적인 동전 던지기, 혹은 확률이 똑같은 두 결과 중 하나를 선택하는 행위에 들어 있는 정보의 양이라는 것을 상기하자. 여기에서 한 걸음 더 나아가 섀넌은 동전에 치우침이 있거나, 스무고개 놀이에서 질문에 대한 두 대답의 개연성이 서로 다를 경우를 위하여, 정보의 양을 구하는 공식에 로그뿐만 아니라 확률도 집어 넣었다. 예를 들어 미국에 있는 도시를 알아맞히는 두 사람을 상상해 보자. 첫 번째 사람은 계속해서 구역을 이등분한다. 예 혹은 아니오 라는 대답을 통해서 그는 가능한 구역을 반으로 좁혀 나간다. 우리가 보았듯이 20번의 질문을 통해서 그는 미국을 백만 개 이상의 구역으로 분할할 수 있다 — 그는 도시를 확실히 맞출 수 있을 것이다. 두 번째 사람은 행정구역의 논리를 따르기로 결정한다. 따라서 그는 먼저 도시가 들어 있는 주를 알아낸다. 그의 질문("그 도시는 ○○주에 있습니까?")에 대한 두 대답의 확률은 동일하지 않다. 그는 50번 중에 49번 '아니오'라는 대답을 얻을 것이다. 논의를 단순화하기 위해 각 주에 50개의 군이 있고, 도시들이 미국 전역에 균일하게 분포되어 있다고 가정하자. 두 번째 사람은 도시가 속한 군을 확실히 맞추기 위해서만도 최대 49+49=98 개의 질문을 해야 한다. 섀넌의 개량된 공식은 대답들의 동일하지 않은 확률을 감안하고, 동일한 양의 정보를 추출하기 위하여 두 번째 사람이 첫 번째 사람보다 훨씬 많은 질문을 던져야 한다는 것을 예측한다. 다시 말해서 섀넌의 정의는 두 번째 사람의 질문 각각에 더 적은 정보를 부여한다.

오늘날 최종적으로 개량된 정보 측정 방법인 이른바 '섀넌 정보 측정법'은 정보이론이라는 활발한 과학의 주춧돌 역할을 하고 있다. 공학의 도구로서 그 이론의 주요 목표는 거대한 양의 정보를 모스의 원시적인 전선 이래로 발명된 다양한 통로를 통해 빠르고 정확하고 저렴하게 전달하는 기계를 고안하는 데 기여하는 것이다. 그 이론은 예를 들어 '블록-코딩'(긴 문구에 짧은 단어나 수를 부여하는 방식)이 '철자-코딩'(각각의 철자에 기호를 부여하는 방식)보다 효율적이라는 것을 보여 준다. 일반적인 영어를 철자-코딩하기 위해서는 단어 당 평균적으로 28비트가 필요하다. 그런데 당신이 14비트 이하의 수열을 코드로 쓰려 한다고 해 보자. 이때 각각의 수열에 특정한 단어를 부여한다면, 당신의 코드체계는 $10{,}394(=2^{14})$ 개의 단어를 다룰 수 있다 — 대부분의 경우에 이 정도면 충분히 많은 단어이다. 간단히 말해서 수를 단어사전과 연결된 코드로 이용해서 메시지를 전달한다는 모스의 최초 발상은 전적으로 유효했다고 할 수 있다.

더 실용적인 질문으로, 특히 모스 부호가 오늘날에도 여전히 사용되고 있기 때문에, 그 부호체계의 점과 선이 효율적으로 부여되어 있는지 물을 수 있다. 이 질문에 답하려면 영어 철자들이 사용되는 빈도를, 즉 E나 T가 등장하는 확률을 알아야 한다. 섀넌의 공식은, 치우친 동전을 던질 때 앞면과 뒷면이 나올 확률(50:50이 아닌 확률)을 감안하는 것과 마찬가지로 철자들의 다양한 등장 확률을 감안한다. 섀넌의 공식이 발명되기 전에는 정보 측정법이 없었기 때문에 모스 부호의 효율성 문제를 수학적으로 엄밀하게 풀 수 없었다. 섀넌은 자신의 정의와 자신이 증명한 정리들을 이용해서 선과 점을 부여하는 체계를 개량하면 모스 부호체계를 최대 15퍼센트 개선할 수 있음을 증명했다. 이는 기존의 체계가 이미 충분히 효율적이라는 것을 의미한다. 실용성에 중점을 두고 서둘러 만든 모스의 체계는 기대 이상으로 훌륭하다는 것이 밝혀진 것이다.

섀넌의 이론은 모스의 직관적인 발명을 과학적인 기반 위에 올려놓았다. 그러나 이 이론의 참된 위력은 그가 그린 여섯 번째 상자('잡음'이라고 표기된 상자)에서 나온다. 잡음은 시스템에 오류와 불확실성과 손실과 비효율성을 가져온다. 토목공학이나 거대한 기계 설계와 관련된 굵직한 문제들을 다룰 때 잡음은 문제의 단순화를 위해 흔히 무시된다. 그러나 정보 이론에서 잡음은 흔히 최소한 신호 자체만큼 강력하고 심지어 신호보다 더 강력하기도 해서 무시할 수 없다. 사실상 잡음을 다루지 않는 정보이론은 빈 껍데기뿐이라고 할 수 있다.

14 잡음
방해와 필요

세상은 잡음으로 가득하다. 고요한 방 안에는 들리지 않는 소리가 있고, 모든 음악적인 음에는, 그것이 아무리 단순하다 할지라도 불협화음을 만드는 의도하지 않은 미세한 음이 동반되어 있으며, 청명한 밤하늘에 빛나는 별들도 우리가 충분히 다가가기만 한다면 포효하는 굉음으로 우리의 귀를 폭격할 것이다. 잡음은 예측불가능성이나 불확실성과 동일하다. 그래서 과학자들은 잡음에 확장된 의미를 부여했다. 라디오의 잡음은 전기 신호 속에 있는 떨림의 청각적인 증거이다. 전기 신호뿐만 아니라 X선, 마이크로파, 가시광선 등 모든 전자기파에 떨림이 동반되어 있다. 그러므로 과학자들은 '잡음이 있는 빛'이라는 청각과 시각이 혼합된 표현을 거리낌없이 사용한다. 전기 케이블에 잡음이 있다는 말은, 그 케이블을 통해 전달된 신호를 들을 수는 있지만, 전달되는 전류에 불규칙적인 요동이 동반된다는 것을 의미한다. 텔레비전 화면을 더럽히는

짜증스러운 흠집도 같은 이유에서 잡음이라고 부른다.

더 은유적으로, 물리학자가 실험을 위해 케이블을 잘랐는데 케이블의 길이가 계획보다 약간 짧지만 허용할 수 있을 정도일 때, 그 물리학자는 어깨를 으쓱하며 '잡음이 있다'고 말할 것이다. 동전을 100번 던졌는데 이론대로 앞면이 50번 나오지 않고 52번 나왔을 때도 과학자들은 '잡음이 있다'고 말한다. 일반적으로 장비와 관찰자의 불완전성 때문에 모든 물리적인 측정에 동반되는 모든 불확실성을, 그것이 청각적이든 시각적이든 전기적이든 열적이든 역학적이든 상관없이 — 잡음이라고 부른다.

잡음은 정보 전달에서 어디에나 있는 방해물이다. 잡음은 전화 통화에 끼어들고, 전보를 망가뜨리고, 디지털 계산의 정확성에 한계를 준다. 우리의 기술이 아무리 효율적으로 발전해도, 잡음은 항상 존재한다. 어떤 때는 미묘하게, 어떤 때는 노골적으로, 그러나 항상 존재하여 우리의 통신 능력을 방해한다. 섀넌은 잡음의 근본적인 중요성을 확실하게 강조했다 — 그의 유명한 논문에 삽입된 첫 번째 그림 속의 불길한 표지가 달린 상자를 상기하라. 실제로 잡음은 그 논문에서 결정적인 역할을 하기 때문에, 그 논문은 때때로 '섀넌의 잡음이 있는 통로에 관한 이론'이라고 불린다.

잡음이 통신에 미치는 효과를 확실히 이해하기 위해서 잡음이 없는 가상적인 상황을 상상해보자. 당신이 전선을 통하여 혹은 공기 속으로 완벽한 정확도로 신호를 보낼 수 있다고 해 보자. 당신이 임의의 — 밀리볼트 등의 편리한 단위로 측정된 — 세기를 가진 펄스 하나를 원천에서 목적지까지 가는 동안 어떤 불확실성도 개입하지 않게 보낼 수 있다면, 당신은 모든 통신상의 문제를 해결할 수 있을 것이다. 당신은 임의의 길이를 가진 메시지(가벼운 몸풀기 과제로 브리태니커 백과사전이 좋겠다)를 0010111000…… 같은 이진수 코드로 번역하고, '높이'가 정확히 0.0010111000……밀리볼트인 펄스를 수신자에게 보낼 수 있을 것이다. 그 펄스 신호는 오류 없이 해독되고, 소수점 이하의 수 각각이 1비트의 정보를 제공하여 결국 임의의 길이의 메시지가 완전하게 재구성될 것이다.

동일한 기법을 다른 전달 수단에도 적용할 수 있다. 예를 들어 당신은 안지름이 정확히 0.0010111000……센티미터인 반지를 만들어서, 잡음이 없는 측정장치를 가지고 있고 당신이 사용한 디지털 코드를 알고 있는 친구에게 보내는 방식으로 메시지를 전달할 수 있을 것이다. 그러므로 잡음이 없는 세계에서는 원과 같은 단순한 도형 속에 무한한 양의 정보를 코드화하여 집어넣을 수 있을 것이다. 책과 같은 복잡하고 투박한 매체는 필요하지 않을 것이다.

가상적인 완벽한 전기 펄스나 정확한 크기의 반지는 상상할 수 있는 모든 메시지를 포함하고 있는 챔퍼노운의 수처럼 흥미로운 대상이다. 더군다나 그 가상적인 펄스나 반지는 챔퍼노운의 수보다 훨씬 더 깔끔하다. 왜냐하면 그것들은 챔퍼노운의 수처럼 메시지들을 무한히 많은 잡동사니 속에 숨겨놓지 않기 때문이다.

그러나 그런 펄스나 반지를 만드는 것은 불가능하다. 이 세상에 완벽한 것은 없고, 모든 메시지는 필연적으로 또한 불가피하게 잡음에 의해 망가진다. 실제로 신호를 소수점 이하 몇 자리 이상의 정확도로 생산하고 전달하고 감지하는 것은 불가능하다. 그러므로 잡음을 정복하려면 먼저 잡음의 효과를 수량화해야 한다. 섀넌은 그 작업을 대략 다음과 같이 완수했다. 다시 한 번 전기 펄스를 생각해 보자. 정보를 코드화하기 위해서 시간축에 수직인 방향으로 표시한 펄스의 세기 혹은 높이를 이용하자.(모스는 메시지를 전달하기 위해서 펄스의 세기가 아니라 길이를 이용했다. 그것은 또다른 얘기이다. 여기에서 우리는 펄스의 길이는 무시하고 세기만 주목하자.) 당신이 가진 측정장치의 정밀도가 약 1밀리볼트라고 해 보자. 그것은 3밀리볼트로 측정된 펄스의 실제 세기가 2.5밀리볼트에서 3.5밀리볼트 사이라는 것을 의미한다. 측정값이 예를 들어 3.2306이라고 말하는 것은 무의미하다. 왜냐하면 마지막 네 자리는 불확실하기 때문이다.

최대 높이가 한정된 펄스 하나를 이용해서 전달할 수 있는 메시지의 개수는 쉽게 계산할 수 있다. 예를 들어 최대 높이가 6밀리볼트라면, 신호가 없는 경우를 제외하고, 높이가 1, 2, 3, 4, 5, 6인 펄스에 서로 다른 메시지를 부여할 수 있다. 따라서 이 특정한 펄스는 주사위와 마찬가지로 6개의 서로 다른 메시지를 전달할 수 있다. 그 펄스 속에 더 많은 정보를 집어넣는 노력은 잡음에 의해 설정된 한계 때문에 실패로 돌아갈 것이다. 일반적으로 전기 펄스에 의해 운반될 수 있는 메시지의 개수는 간단히 신호의 최대 세기 나누기 계 속에 있는 내재적인 잡음의 크기와 같다. 우리가 예로 든 경우에서 가능한 메시지의 개수는, 6밀리볼트 나누기 1밀리볼트, 즉 6이다. 계산값은 단위가 없는 수이고, '신호 대 잡음 비율signal-to-noise-ratio'이라 불리며, 축약기호 S/N으로 표기된다. 섀넌은 단일한 펄스 속의 정보의 양을 가능한 메시지의 개수 즉 S/N으로 측정하지 않고 그의 이론에 일관되게 그 수의 (2를 밑으로 한) 로그값 즉 $\log_2 S/N$으로 측정하고 단위를 비트로 붙일 것을 제안했다. 신호 대 잡음 비율은 0(신호가 없는 경우)에서부터 거대한 수(신호는 강하고 잡음은 약한 경우)까지 다양할 수 있다. 만일 잡음을 0까지 감소시킨다면, S/N은 무한대가 될 것이다. 그 경우에 단일한 펄스는, 우리가 앞에서 보았듯이, 무한한 양의 정보를 운반할 수 있을 것이다.

만일 펄스 하나가 $\log_2 S/N$ 비트의 정보를 운반할 수 있다면, 예를 들어 1초에 백만 개의 펄스를 전달할 수 있는 라디오와 텔레비전 신호는 초당 백만 곱하기 $\log_2 S/N$ 비트를 전달할 수 있을 것이다. 대략 이런 방식으로 섀넌은 반세기 동안의 장거리 통신의 발전 속에서 주요 도구로 사용된 잡음이 있는 통로의 정보 용량을 계산하는 유명한 공식을 도출했다. 그 공식은 통로가 정보를 전달하는 속도를 비트/초 단위로 측정함으로써 서로 다른 정보 전달 기법의 성능을 비교하는 방법을 최초로 마련했다.

여기에서도 또 로그가 나왔다! 로그는 생리학, 열역학, 입자물리학 그리고 정보 측정에서 두루 등장한다. 섀넌의 공식은 비록 낯설지만 즉각적인 실용적 귀결을 가지고 있다. 그 공식은 두 가지 방식으로 통신을 개량할 수 있음을 보여 준다. 첫째, 신호의 진동수 — 펄스의 개수/초로 측정된다 — 를 증가시킬 수 있다. 이 때문에 구리 전선으로 신호를 보내는 대신에 광학 섬유로 빛 파동을 보내는 기술이 사용된다. 빛은 텔레비전 수상기나 라디오 수신기 속을 흐르는 신호보다 진동수가 수백만 배 크다. 다른 한편 신호 대 잡음 비율을 증가시킬 수도 있다. 그러나 그것은 훨씬 어려운 과제이다. 신호의 세기 강화나 잡음 억제를 통해서 향상되는 S/N 값이 아니라 $\log_2 S/N$값이 통신의 성능에 기여한다. 로그 곡선의 높이는 X축을 따라 상당히 멀리 이동해야 눈에 띨 정도로 증가한다. 나이나 질병 때문에 청각장애를 가지고 있는 사람들은 로그곡선의 그러한 성질의 유쾌하지 않은 귀결을 잘 알고 있다. 우리가 듣는 소리의 진동수를 반으로 줄여도 신호 대 잡음 비율을 증가시키면 통신의 성능을 원래대로 유지할 수 있다 — 그러나 그렇게 하기 위해서는 신호 대 잡음 비율을 두 배로 증가시키는 것으로는 부족하다! 섀넌의 공식 속에 들어 있는 로그의 반갑지 않은 함축은 원래의 정보 전달 성능을 복원하려면 S/N을 원래 값의 제곱으로 증가시켜야 한다는 것이다. 만일 청각 장애 이전의 S/N 값이 5였다면, 새로운 S/N 값은 10이 아니라 5^2 즉 25가 되어야 50퍼센트 장애를 극복할 수 있다. 이것이 내가 거실에서 텔레비전을 시청하려 하면 가족들이 말리는 이유이다 — 내게 적당한 음량은 그들에게는 너무 크다. 또한 이것이 내가 강력한 음악이 있는 칵테일파티를 즐길 수 없는 이유이다 — 물론 대화를 포기하고 칵테일만 줄기차게 마시는 데는 지장이 없지만 말이다.

잡음은 부당하게 폄하되었다. 어떤 잡음은 더 불쾌한 다른 소리를 가릴 목적으로 의도적으로 도입될 정도로 바람직한 존재이다. 기발한 전자제품 광고지들은 불면증이 있는 사람들을 위해서 쾌적한 해변이나 숲의 소리를 발생시키거나, 더 일반적으로 '백색 잡음 white noise'을 발생시키는 장치들을 선전한다. 기타 용도에 쓰이는 잡음은 더 유익하다. 나중에 다시 언급하겠지만, 카레 Jan Kåhre의 정보에 관한 책에는 온도계를 들여다보기 전에 가볍게 흔들어 잡음을 만드는 선원이 등장한다. 그 선원의 동작은 수은과 유리 사이의 마찰로 인한 오차를 제거하여 측정값의 정확도를 향상시킨다. 또다른 유용한 잡음의 예로 음높이를 유지하기 위해 필요하다는 것이 밝혀진 가수의 비브라토와, 시각에서 필수적인 역할을 하는 것으로 보이는 인간 눈의 고진동수 떨림과, 일정하게 유지되는 전기 신호나 광학 신호를 잘라서 직류보다 증폭하기가 더 쉬운 교류로 만드는 것 등을 들 수 있다. (이런 경우들에서는 제어력을 향상시키기 위해 원래의 메시지에 의도적으로 부가하는 교란 신호를 '잡음'이라고 부르는 것이 적절하지 않을지도 모른다.)

훨씬 더 극적으로 잡음의 유용성을 보여 주는 예로 이른바 '통계적 공진stochastic resonance'이라는 현상이 있다. 이 현상은 생물학에서 양자물리학까지 매우 다양한 상황에서 역할을 한다는 것이 최근에 밝혀졌다. 이 현상의 핵심은 거창한 명칭이 풍기는 인상과 달리 간단하다. 예를 들어 곤경에 처한 요트가 도움을 요청하기 위해 절박하게 타전하는 약한 모스부호 신호를 생각해 보자. 배터리가 거의 다 소모된 상태이기 때문에 신호는 매우 약하다. 또한 근처에 있는 화물선의 전파 수신기는 탐지가능한 최소 한계가 있어서, 입력 신호가 일정한 세기 이하일 경우에는 신호를 포착하지 못한다고 해 보자. 그런데 요트에 있는 장치에 추가적인 결함이 있어서 SOS 메시지와 함께 쓸모없는 잡음을 송출하기 시작한다고 상상해 보자. 만일 그 추가적인 잡음이 충분히 커서 출력 신호의 세기가 화물선에 있는 수신기의 최소 탐지 한계 이상으로 올라간다면, 통신사는 탐지할 수 있는 한계 근처에서 그의 머리를 두드리는 희미한 조난 신호를 들을 수도 있다. 일반적인 경우에는 결함이 있는 전파 송출기의 잡음이 코드화된 신호를 삼켜버릴 것이다. 그러나 특수한 수신기는 잡음 속의 신호를 포착할 수 있다. 그것이 가능하기 위해서는 잡음의 세기가 적당해야 한다. 만일 잡음이 너무 약하면, 송출되는 신호가 수신기의 최소 탐지 한계선 위로 올라가지 못할 것이다. 또한 잡음이 너무 강하면 신호를 완전히 삼켜버릴 것이다.

통계적 공진은 미세한 현상이지만 적절하게 이용하면 놀라울 정도로 효율적이다. '통계적stochastic'이라는 단어는 '겨냥하기'를 의미하는 그리스어에서 유래했으며, '무작위한' 혹은 '불규칙적으로 흩뿌려진'을 의미한다. 우리의 예에서 '통계적'은 신호를 삼켜버리는 무작위한 소음에 붙는 술어이다. 다른 한편 공진은 희미한 효과를 증폭시킬 목적으로 행하는 조정과 미세한 조율을 의미한다. 예를 들어 포도주잔이 가수의 목소리의 음높이에 우연히 공진하면 산산조각이 나는 수가 있다. 그러나 통계적인 공진에서 상호작용하는 것은 가수의 음성이나 유리의 진동과 같이 잘 정의된 진동수를 가진 두 사건이 아니라 규칙적인 신호와 무작위한 배경, 정보와 잡음이다. 그런 상호작용은 거의 일어나지 않을 것처럼 보이기 때문에 1981년 이전에는 발견되지 않았다. 통계적인 공진 현상은 1981년에 별로 알려지지 않은 기후학적인 문제와 관련해서 뜻밖에 표면 위로 떠올랐다. 오늘날 통계적인 공진은 인간과 동물이 잡음이 많은 환경 속에서 희미한 신호를 어떻게 보고 들을 수 있는지를 설명하는 데 이용되며, 더 나아가 확실하진 않지만 우리의 뇌가 작동하는 방식을 설명하는 데도 이용된다. 전통적으로 정보의 적이었던 잡음은 정보의 파트너가 되어가고 있다.

그러나 잡음의 가장 중요한 역할은 우리가 제정신을 유지할 수 있게 해주는 것이다. 잡음이 없다면 단일한 물리적인 양의 측정이나 관찰에 무한한 메모리와 무한한 시간이 필요할 것이다 — 그것은 우리의 신경회로가 감당할 수 없는 부담일 것이다. 만일 그렇다면 과학도 의식도 존재할 수 없다. 세계가 무한히 복잡하고 세부 구조가 선명한 풍경이라면, 잡음은 그 풍경을 두꺼운 담요처럼 덮어서 사물의 윤곽을 우리가 압도당하지 않고 지각하고 식별할 수 있을 정도의 대략적이고 부드러운 윤곽으로 완화시키는 눈(雪)이다. 모든 일이 한꺼번에 일어나지 않게 하기 위하여 신이 시간을 만들었다는 말이 있다. 그와 유사하게 우리가 일어나는 모든 일 중에 일부만 볼 수 있게 만들기 위해 자연이 잡음을 만들었다고 말할 수 있다. 다시 말해서 잡음은 정보의 보호자이다.

15 궁극적인 속도
정보 속도 한계

당신이 친구에게 보낸 편지는 며칠 후쯤에 도착할 것이다. 반면에 당신이 보낸 이메일은 눈 깜짝할 사이에 도착할 것이다. 흥미로운 질문이 떠오른다 — 정보는 얼마나 빨리 이동할 수 있을까? 이 질문에 대한 대답은 상업적으로 중요한 귀결을 가질 것이 분명하다. 그러나 그 대답은 또한 근본적인 관점에서 정보 개념의 본성에 빛을 비출 것이다.

정보는 부분적으로 정신 속에 있으므로, 모스가 말했듯이 생각의 속도로 이동한다고 대답할 수 있을 것이다. 예를 들어 당신과 내가 파란 구슬과 빨간 구슬을 나눠 가지고 있다고 상상해 보자. 우리는 각자 색을 확인하지 않고 주머니에 구슬을 넣는다. 당신이 집에 머물러 있는 동안 나는 로켓을 타고 은하계 반대편으로 날아간다. 목적지에 도착했을 때 나는 당신의 주머니에 있는 구슬의 색을 모른다. 그러나 내가 내 주머니에 있는 구슬을 꺼내 보면, 즉각 수만 광년 떨어진 곳에 있는 당신의 구슬의 색을 알 수 있다. 정보가 한순간에 은하계 건너편으로 이동한 것처럼 보인다. 그러나 사실은 그렇지 않다. 내가 얻은 정보는 계속 내 주머니 속에 들어 있었다. 그 정보는 아주 짧은 순간 동안 내 손에서 눈으로 이동한 후, 뇌 속으로 들어와 내가 이미 가지고 있던 지식과 만났다 — 우리가 나눠 가진 두 구슬의 색에 관한 지식. 당신 구슬의 색을 알기 위한 마지막 단계는 논리적인 추론이다 — 어마어마한 거리를 가로지르는 통신이 아니다.

이 시나리오를 변형해서 순간적인 정보 이동 사례를 구성할 수 있을까? 내가 내 구슬을 본 후, 지구에 있는 당신에게 방금 당신 구슬의 색을 알았다고 전하려 한다고 상상해보자. 그렇게 하는 방법은 전파 신호를 보내거나, 레이저 펄스를 보내거나, 로켓에 편지를 실어 보내는 방법밖에 없다. 따라서 나는 거대한 두 개의 장애물에 부딪힐 것이다 — 어마어마한 거리, 그리고 아인슈타인의 상대성이론.

정보는 탁자나 원자나 광선 같은 사물이 아니다. 그러나 정보를 한곳에서 다른 곳으로 운반하려면, 정보를 일종의 매체 역할을 할 무언가에 코드화하여 집어넣어야 한다. 우리가 아는 모든 매체는 상대성이론의 지배를 받는다. 상대성이론은 정보를 운반하는 데 이용할 수 있는 대상을 근본적으로 다른 두 부류로 구분한다. 한편으로 광자가 있다. 광자는 빛, 전파 신호, X선, 그리고 기타 모든 전자기파를 구성한다. 광자와 광자의 친척인 기본입자들은 진공 속에서 속도를 늦추거나 정지하지 않는다. 그들의 '정지질량' — 만일 그들이 멈출 수 있다면 가지게 될 질량 — 은 0으로 정해져 있다. 이런 이유 때문에 대략적인 어법으로 그들은 '질량이 없다'고 말해진다. 그러나 움직이고 있을 때 그들은 질량/에너지를 가진다.

상대성이론은 현대적인 용어를 써서 이렇게 선언한다. 질량이 없는 입자들은 진공 속을 항상 빛의 속도로 이동한다.(빛의 속도는 보편적으로 축약기호 c로 표기된다. c는 민첩함을 의미하는 단어 celerity에서 따왔다.) 이 규칙은 전자기학 법칙들의 귀결이다. 전자기학은 전자기파가 진공 속을 항상 c로 —더 느리지도, 더 빠르지도 않게 — 이동해야 한다는 것을 함축한다. 두 번째 부류의 대상들은 전자, 원자, 분자, 야구공 등의 질량이 있는 입자들이다. 아인슈타인은 질량이 있는 입자들이 가속하면 질량이 증가하며, 속도가 c에 근접하면 너무 무거워져서 더 이상 가속할 수 없게 된다는 것을 발견했다. 즉 질량이 있는 입자들은 광자와 달리 정지할 수 있고, c에 도달할 수 없다.

특수상대성이론에 대한 몇몇 설명들과 달리 아인슈타인은 1905년에 이론을 정식화할 때 '정보', '신호', '메시지' 등의 단어를 전혀 사용하지 않았다. 오직 정보와 신호와 메시지를 운반하는 매체들만 언급했다. 이 때문에 정보를 운반하는 데 이용할 수 있으면서 한계 속도 c를 능가할 수 있는 — 질량이 있는 입자도 아니고, 질량이 없는 입자도 아닌 — 다른 매체가 존재할 흥미로운 가능성이 제기된다.

우주 속 어딘가에 그런 매체가 존재한다고 가정해 보자. 구체적으로, 새로운 종류의 복사파가 발견되었는데, 그것의 속도가 빛의 속도의 4배로 측정되었다고 상상해 보자. 나는 일리아드 속을 날아다니며 메시지를 전달하는 여신 아이리스의 이름을 따서 그 상상의 복사파를 '아이리스파'라고 명명할 것이다. 더 나아가 상대성이론이 옳고, 물질세계와 함께 아이리스파도 지배한다고 가정하자. 아인슈타인은 그의 이론을 구성한 직후에 그의 속도 계산 규칙들이 아이리스파나 기타 광속을 능가하는 다른 대상을 시간을 거슬러 과거로 보내는 것을 허용한다는 것을 깨달았다. 그렇다면 당신은 메시지를 과거로 보내고, 당신이 태어나기 전에 당신의 어머니를 죽이고, 일반적으로 인과율을 엉망으로 만들 수 있을 것이다. 이 시나리오는 모순적이므로, 우리는 아이리스파의 존재를 믿든지 아니면 상대성이론을 받아들이든지 둘 중 하나만 선택해야한다. 아이리스파의 존재에 대한 믿음을 지지하는 증거가 없는 한, 우리는 아인슈타인의 상대성이론을 받아들인다. 그러나 아이리스파와 같은 것이 영원히 발견되지 않을 것이라는 증명은 없다!

빛보다 빠른 통신은 상대성이론에 모순됨에도 불구하고 전문서적과 대중서적에 끈질기게 출몰한다. 이 주제는 상대성이론이 발표되고 2년 후에 처음 등장했으며, 오늘날에도 거의 매년 초광속 신호전송에 대한 새로운 보고가 이루어진다. 그 주제가 이렇게 자주 거론되는 한 가지 이유는, 사물이 진공 속을 이동할 때에 관한 분석에 대해서는 이론(異論)이 없지만, 빛이 공기나 유리 등의 물질적인 매질 속을 이동할 때는 이상한 일이 일어나기 때문이다. 특수한 경우들에서 c보다 큰 속도가 출현한다. 불행하게도 그 속도로 움직이는 것이 무엇인지 알아내는 일은 간단한 과제가 아니다. 만일 그것이 아이리스파 같은 실제 사물이라면, 상대성이론은 곤경에 처할 것이다. 그러나 그것이 당신의 주머니 속에 있는 구슬의 색에 대한 지식처럼 시시한 것이라면, 그것은 호기심거리나 과학소설의 소재에 불과할 것이다.

상대성이론이 아직 물리학의 주류에 편입되지 않았던 시기인 1907년 가을에 드레스덴에서 열린 독일 의사 및 과학자 연례 회의에서 위대한 이론물리학자 좀머펠트Arnold Sommerfeld는 —그는 양자물리학자 세대의 스승이 된다— '상대성이론의 한 반례에 대한 답변'이라는 흥미로운 제목으로 짧은 강연을 했다. 좀머펠트는 투명한 매질이 특정한 색의 광선을 흡수하면, 그와 유사한 색의 신호광선은 흡수에 의해 부분적으로 약화될 뿐만 아니라 원래 모양으로부터 심하게 변형된다는 것을 지적했다. 예를 들어 파란색 빛을 거의 모두 흡수하는 필터 속을 파란색 빛이 통과할 때 그런 일이 벌어진다. 만일 부드러운 사인 곡선 모양의 신호가 매질 속으로 들어갔다면, 복잡하게 변형된 파동이 매질 밖으로 나올 것이다. 복잡하게 변형된 여러 부분들은 매질 속을 서로 다른 속도로 이동한다. 그리고 확실한 광학 이론의 예측에 따르면, 어떤 속도들은 c를 능가한다. 아인슈타인의 혁명적인 발견의 의미를 충분히 이해한 최초의 물리학자 중 하나인 좀머펠트는 이 반례를 진지하게 고찰했다.

파동 신호를, 서로 다른 속도로 이동하는 두 부분으로 분리시키는 매질은 자연 속에 드물지 않게 있다. 예를 들어 연못에 돌을 던지고 자세히 관찰하면, 퍼지는 원형 물결에 잔주름들이 있어서, 그 잔주름들이 처음에는 원 바깥에 있다가 나중에는 더 잔잔한 원 내부로 자리를 옮겨 사라지는 것을 볼 수 있다. 큰 파동과 작은 파동은 서로 다른 속도로 움직인다. 그 속도 각각은 '위상속도phase velocity'와 '무리속도group velocity'로 명명되었다. 좀머펠트는 광학의 맥락 속에서 등장하는 이 두 속도가 c를 능가할 수 있지만, c를 능가하는 속도는 실제 신호의 속도를 의미하지 않는다는 것을 증명했다. 다시 말해서 빛을 능가하는 속도는 허상이며, 에너지나 정보의 이동과 관계가 없다.

좀머펠트의 발견과 유사한 단순한 현상을 옛날 영화에서 볼 수 있다. 달리는 마차의 바퀴를 생각해 보자. 바퀴에 달린 16개의 바퀴살은 처음에 마차가 가속하기 시작할 때는 가속하면서 회전하는 것처럼 보이지만, 마차의 속도가 더 빨라지면 이상한 일이 일어난다. 바퀴살이 멈추고 반대 방향으로 회전하는 것처럼 보일 수 있다(영화 속의 비행기 프로펠러에서도 유사한 현상을 흔히 볼 수 있다). 이 착각은 바퀴의 속도와 영화를 구성하는 개별 정지화면들의 초당 프레임 수의 상호작용에 의해 발생한다. 바퀴가 천천히 회전하면, 바퀴살들은 연이은 화면 속에서 전진할 것이다. 그러나 회전속도가 빨라져 각각의 화면이 정확히 1/16회전 전진한 바퀴살들을 보여 주게 되면, 각각의 바퀴살이 다음 바퀴살과 겹쳐 바퀴는 멈춘 것처럼 보일 것이다. 더 나아가 바퀴가 더 빨리 회전하면, 각각의 화면이 1/8 회전 전진하기 직전의 바퀴살들을 포착할 수 있다. 그 경우에는 바퀴가 거꾸로 회전하는 것처럼 보인다.

극도로 빠를 수 있고 심지어 역회전할 수도 있는 바퀴의 겉보기 속도는 실재가 아니라는 것에 주목하라. 그 속도는 바퀴의 실제 속도와 카메라와 경우에 따라서는 영사기가 미묘하게 상호작용하여 발생하는 가상적인 현상이다. 이 현상과 좀머펠트의 문제 사이에 완벽한 유비가 성립하는 것은 아니다. 그러나 이 현상은 회전하는 바퀴나 사인 파동 같은 주기적인 현상에서 실제보다 느리거나 빠르거나 심지어 방향이 반대인 가상적인 속도가 나타날 수 있음을 알기 쉽게 보여준다.

좀머펠트는 c를 능가할 수 있는 무리속도와 위상속도 외에 빛 펄스가 매질 속을 얼마나 빠르게 이동하는지를 실제로 반영하는 이른바 '신호속도'를 제안했다. 또한 그는 이 문제를 효과적으로 다루는 새로운 수학적 기법을 도입했다. 그가 개척한 탐구는 계속 발전하여 2차대전에서 공기 속의 전파나 레이더와 관련해서 결실을 맺었다. 최종적인 결론은 신호속도가 c에 도달할 수는 있지만, 절대로 능가할 수는 없다는 것이다. 따라서 매질 속을 이동하는 고전적인 전자기 복사는 상대성이론을 위협하지 않는다.

그 후 개별 광자를 이용한 실험들을 통해 새로운 광자 광학이 등장했고 완전히 새로운 문제들이 발생했다. 양자역학에서 멀리 떨어진 두 계는 우리가 논했던 주머니 속의 구슬들보다 더 미묘한 방식으로 얽혀있을 수 있다. 혹시 그 얽힘을 이용해서 초광속 신호 전달을 실현할 수 있을까?

2001년 4월에 뉴저지 주 프린스턴 소재 NEC 연구소의 물리학자 세 명이 다음과 같은 문장이 들어 있는 논문을 발표했다. "입사 광 펄스의 정점이 매질 속으로 들어가기도 전에 매질을 빠져나옴으로써 통과 시간이 음이 되는 현상이 실험적으로 관찰되었다." 마술일까? 초자연적인 힘일까? 레이저 텔레파시일까? 인과율의 반례일까? 그 어느 것도 아니다.

결정적인 단서는 '정점'이라는 단어이다. 위의 실험에서 물리학자들은 원뿔 모양의 빛 펄스를 약 6센티미터 길이의 유리 그릇 속으로 보냈다. 그것은 1마일 길이의 열차가 100피트 길이의 터널을 통과하는 것과 유사하다. 그릇이 비어있을 때는 신호가 예상대로 c로 그릇을 통과했다. 펄스의 각 부분들 — 앞부분, 정점, 뒷부분 — 이 그릇을 통과하는데 2/10 나노초가 걸렸다. 그러나 그릇 속에 세슘 기체를 희박하게 채우자 신호가 그릇을 통과하면서 변형되었다. 펄스의 앞부분은 그대로 속도 c로 이동했다. 말하자면 세슘 원자들 사이의 공간으로 스쳐 지나간 것이다. 다른 한편 펄스의 나머지 부분은 더 느리게 이동했다. 그러나 그 부분은 앞쪽으로 약간 찌그러지면서 더 빠르게 이동하는 것처럼 보였다. 정확히 말해서 펄스의 정점은 빈 그릇을 통과할 때보다 63나노초 더 빨리 목표지점에 도달했다.

수수께끼의 해답은 좀머펠트의 원래 분석을 보완하여 얻을 수 있다. 원뿔 모양의 빛 펄스나 기타 임의의 모양의 빛 펄스는 수많은 무한히 긴 완벽한 사인 파동들의 합으로 간주할 수 있다. 그 사인 파동들은 세슘 기체속에서 서로 다른 속도로 이동한다. 그러므로 그 파동들이 원래 정점 위치에서 서로 보강간섭했다가, 그릇 속을 이동하면서 동시성을 잃는 일이 발생할 수 있다. 매우 특수한 상황에서 그 파동들은 이전에 정점이 있던 곳보다 약간 앞선 곳에서 보강간섭을 일으킬 수 있다. 펄스가 고체 덩어리라고 생각한다면, 펄스는 앞부분이 세슘에 닿을 때까지 원뿔 모양으로 이동한다. 펄스와 세슘 원자가 충돌하면, 신호 전체가 그 충격의 영향을 받고, 원뿔이 앞쪽으로 기울어진다. 따라서 펄스의 정점이 더 빨리 앞선 위치에 도달한다. NEC의 과학자들은 그들의 주장이 큰 물의를 일으킬 수 있음을 잘 알고 있었으므로 다음과 같은 공들인 해명을 덧붙이는 것을 잊지 않았다. "이 반직관적인 효과는 빛의 파동성의 직접적인 귀결이며, 인과율이나 아인슈타인의 특수상대성이론과 상충하지 않는다."

더 나중에 발표한 논문에서 NEC의 세 과학자는 다른 과학자들과 협력하여 정보의 속도를 c로 제한하는 물리적인 메커니즘을 더 자세히 밝혔다. 원래 그들은 고전물리학만으로 역설을 해결할 수 있다고 생각했다. 그러나 이제 그들은 양자역학의 작용을 감안해야 함을 깨달았다. 자연의 본질적인 불확정성에 의해 탐지장치에 잡음이 추가되고, 따라서 시간 측정값이 고전적인 파동이론에 따를 경우 명백한 모순들을 충분히 덮을 정도로 불확정적이기 때문이다. 이렇게 역설의 해명을 위해 양자역학을 동원해야 한다는 사실은 빛이 — 빛은 항상 속도 c로 움직이므로 본성적으로 상대성이론으로 다루어야 할 대상이며, 또한 양자역학적인 알갱이의 형태로 등장하며, 더 나아가 거시적인 파동현상으로 탐지된다 — 근본적인 세 이론, 즉 상대성이론과 양자역학과 고전물리학의 조화를 보여줄 수 있는 유일한 존재라는 것을 재확인시켰다.

신호속도 개념은 이미 1907년에 등장했음에도 불구하고, 신호속도의 정확한 정의는 아직 이루어지지 않았다. 신호속도는 고전물리학에 의해 50년 동안 연구되었고, 그 후 양자역학에 의해 또 50년 동안 연구되었다. NEC 물리학자들의 두 번째 논문의 마지막 문장은 다음과 같다. "양자 정보이론에 대한 최근의 관심이 일반적으로 수용할 수 있는 빛 펄스의 신호속도 개념을 산출할 것이라고 희망할 수 있다." 현재로서는 정보는 보편적인 한계 속도를 가지고 있는 것처럼 보인다. 그러나 왜 그리고 어떻게 그러한지에 대한 연구는 새로운 놀라운 발견들을 가져올 것이다. 거리와 시간이 센티미터와 나노초에서 원자규모인 나노미터(nano, 10^{-9})와 펨토초(femto, 10^{-15})로 축소되면 예상치 못한 결과가 일어나고 규칙들이 바뀔 수도 있다. 그러나 그때까지는 정보속도의 한계에 의해 설정된 계산 능력 성장의 한계가 지평선 저 멀리에서 희미하게 빛나는 경고 신호로 발전의 어려움을 알릴 것이다.

16 정보 풀기
물리학에 봉사하는 컴퓨터

아인슈타인은 죽기 3년 전인 1952년 5월에 오랜 친구 솔로바인Maurice Solovine에게 과학의 본성을 설명하는 편지를 보냈다. 그 편지에 그는 명확하고 설득력 있는 설명을 위해 작은 그림을 집어넣었다. 거기에서 아인슈타인은 평생의 경험과 사유로 다져진 대 여섯 개의 선으로 과학이론들이 어떻게 발전되고 검증되는지 표현했다.

그림의 바닥에는 모든 과학의 굳건한 기반이며 귀착점인 감각경험을 나타내는 수평선이 그어져 있다. 그 수평선에는 'E: 다양한 즉각적인 감각경험'이라는 설명이 붙어있다. 거기에는 우리의 감각이 도구의 도움 없이 혹은 도구의 도움을 받아 지각하는 모든 것이 포함된다. 예컨대 무지개, 눈송이, 별, 교향곡, 쿼크 등이 포함된다. 데모크리토스가 2,000년 전에 깨달았듯이 경험은 과학을 물질적인 세계에 정박시키고 사변적인 철학으로부터 구별한다.

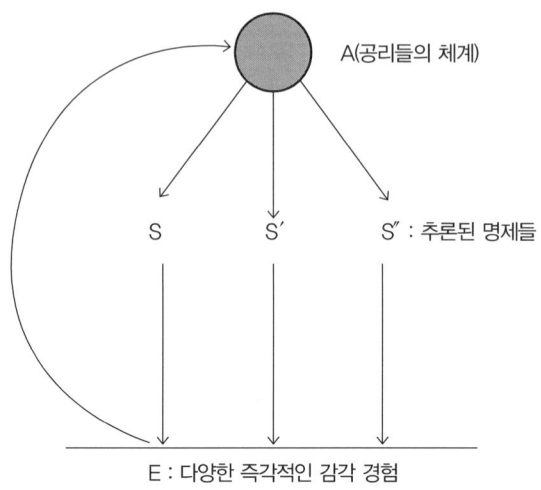

그림의 윗부분에는 'A'라고 표기된 점이 있다. 그 점은 '공리들의 체계'를 의미하며 과학의 주요 근본법칙들이 나타낸다. 데모크리토스의 원자론, 맥스웰의 전자기학 방정식, 열역학의 두 법칙, 다윈의 진화이론, 멘델의 유전법칙, 그리고 기타 몇 가지 법칙들이 여기에 해당된다. 그림의 왼쪽에는 과학철학에 대한 아인슈타인의 고유한 기여를 대표하는 선이 있다. 그것은 경험 평면 바로 위에서 힘차게 솟구쳐 점 A에 도달하는 화살선이다. 이 선은 관찰과 경험으로부터 이론으로 뛰어오르는 귀납적인 도약을 나타낸다. 그것은 일반적으로 얘기되는 것처럼 논리적인 혹은 체계적인 추론이 아니라, 아인슈타인이 다른 곳에서 표현했듯이, '인간 지성의 자유로운 발명'이다. 파인만은 그것을 추측이라고 불렀다. 귀납적인 도약은 영감, 상상, 발명, 직관, 통찰, 본능 등을 함축한다. 귀납적인 화살선은 평면 E의 한 점에서 출발하지 않고, 평면 E위를 스치듯이 지나면서 증거들을 모은다. 귀납적인 도약은 특정한 사실들과 확고하게 연결될 필요가 없다.

그림의 오른쪽에는 A에서 나와 A와 E의 중간에 위치한 세 점 S, S′, S″으로 이어지는 곧은 화살선 세 개가 있다. 그 점들은 '추론된 명제들' 즉 근본적인 법칙들로부터 수학적으로 엄밀하게 도출된 명제들을 나타낸다. 뉴턴의 중력법칙으로부터 케플러의 행성운동법칙을 도출하는 것을 그 예로 들 수 있다. 귀납적인 도약이 창조적인 천재의 업적이라면, 추론된 명제들은 평범한 이론가들에 의해 산출된다.

마지막으로 S, S′, S″은 화살선으로 평면 E의 특정한 점들과 연결된다. 그 화살선들은 실험가들의 업적을 나타낸다. 그들의 일은 이론적인 예측을 실제 관찰과 비교하는 것이다. 왜냐하면 이상적일 경우에 이론은 처음에 이론에 영감을 준 소수의 사건들로 귀착할 뿐만 아니라 많은 다른 현상들에 이르러야 하기 때문이다. E에 있는 그런 예상치 못한 점들은 예측이라 부르며, 모든 과학적 방법의 윤곽에서 결정적인 위치를 차지한다. 더 나아가 화살선들은 아인슈타인이 중시한 절약의 원리를 함축하기도 한다. A에 도달하는 화살선은 하나인 반면에 아래로 내려오는 화살선은 다수라는 사실이 과학이론의 절약성(경제성)을 나타낸다. "모든 과학의 큰 목표는 가장 적은 가정들 혹은 공리들로부터 논리적인 연역을 통하여 가장 많은 경험적인 사실을 설명하는 것이다"라고 아인슈타인은 말했다. 오캄의 면도날과 파인만의 원자론에 대한 찬사, 정보공학의 자료압축 기술도 이와 같은 원리를 반영한다 — 이 셋은 모두, 이유는 각기 다르지만 표현의 경제성을 찬양한다. 왼쪽에 휘어진 화살선을, 오른쪽에 다수의 곧은 화살선을 달고 있는 점 A는 확실히 고정되어 있는 것처럼 보인다. 현대 과학의 공리들에게 힘을 주는 것은 연역과 귀납의 협력을 나타내는 그 화살선들이다. 귀납이나 연역 하나만 독자적으로는 과학의 과정을 지탱하지 못할 것이다. 그러나 그 둘이 연합하면 인간 지성의 역사에서 유례가 없는 강력한 구조가 형성된다. 귀납과 연역, 특수로부터 일반으로의 추론과 보편으로부터 특수로의 추론은 과학적인 사유의 핵심을 이룬다. 독일의 시인 괴테는 과학에서는 '분석과 종합이 들숨과 날숨처럼 자연스럽게 번갈아 일어나야한다'고 말했다. 아인슈타인의 그림은 그 생각을, 사실적인 증거로부터 이론적인 구성으로 올라가고 다시 더 쉬운 경로로 내려오는 시계 방향의 연속적인 순환을 통해 세련되게 표현한다.

과학적인 법칙을 확립하는 일이 강력한 정보압축 행위라면, 이론의 귀결들을 도출하는 일은 그 반대이다 — 이를테면 정보로 꽉 찬 가방을 푸는 것과 유사한 행위이다. 파인만이 지적했듯이 그 행위를 위해서는 상상력과 사유와 함께 힘든 노동이 필요하다. 아인슈타인이 정립한 중력이론의 역사는 정보 풀기에 얼마나 힘든 노동이 필요한지 잘 보여준다.

여러 해 동안의 몸부림과 많은 잘못된 시도 끝에 아인슈타인은 1916년에 일반상대성이론에 관한 결정적인 논문을 발표했다. 그 논문의 핵심은 이른바 상대성이론 장 방정식 혹은 간단히 아인슈타인 방정식이라 불리는 고도로 추상적이고 매우 압축적인 공식이다. 그 방정식을 구성하는 기호들은 매우 추상적이고 압축적이어서 논문의 처음 50쪽은 그 기호들의 의미를 설명하는 데 할애되어 있다. 그 방정식을 시공상의 사건과 위치를 지정하는 더 익숙한 좌표들로 풀어 쓰면, 서로 연관된 16개의 방정식으로 불어난다. 그 방정식들 각각은 경우에 따라서 수백 개의 항을 포함할 수 있다. 아인슈타인 방정식은 시공상의 모든 각각의 점에서 성립하므로, 매우 많은 관계들을 포함해야 하는 것이다. 방정식의 한 변은 시공의 기하학을 완벽하게 기술하고, 다른 한 변은 중력원천들의 분포를(예를 들어 별이나 행성의 질량과 위치를) 기술한다. 존 휠러가 말했듯이, "물질은 시공이 어떻게 휘어질지 말하고, 시공은 물질이 어떻게 움직일지 말한다." 이 경구를 읽고 시공을 모래와 자갈을 싣고 절벽과 바위 사이로 흐르는 산악지대의 강으로 상상한다면, 당신은 방향을 옳게 잡은 것이다.

그 방정식 하나 속에 있는 정보의 양은 실로 엄청나서 그 누구도 그 방정식을 완전히 일반적인 형태로 이용할 수 없다 — 사실상 아인슈타인 자신도 가장 특수한 경우에 대해서 그것도 근사적으로만 방정식을 풀 수 있었다. 그럼에도 불구하고 방정식이 발표되자마자 독일의 천문학자 슈바르츠실트Karl Schwarzschild는 러시아 전선에서 의용군으로 싸우며, 희귀한 질병으로 죽어가면서도, 중요한 이상적인 경우 하나에 대한 해를 구하는 데 성공했다. 그는 태양이 완벽하게 매끈하고 자전하지 않는 구라고 가정하고, 태양 주위의 시공의 모양을 계산했다. 이를 통해 그는 태양(혹은 임의의 다른 별) 근처에 있는 임의의 물체가 받는 중력을 도출했고, 이로써 250년 된 뉴턴의 보편적인 중력법칙을 수정했다. 행성들과 광선의 행동에 대한 관찰 가능한 변형 효과들 — 아인슈타인은 그 효과들을 대략 추측할 수만 있었다 — 은 이제 상세하게 예측할 수 있었다. 그리고 오늘날 분명해졌듯이, 그 예측들은 매우 정밀한 관찰과 완벽하게 일치한다.

그 후 수십 년 동안 천문학자, 물리학자, 수학자들은 아인슈타인 방정식의 해를 몇 개 추가로 발견했다. 그러나 그 해들은 힘들고 보람 없는 업적이었다. 왜냐하면 그들이 발견한 것 중에서 실험적으로 검증할 수 있는 것은 거의 없었기 때문이다. 더 나아가 천체물리학자들은 예외적이고 비현실적인 조건하에서 아인슈타인 방정식이 갖는 수학적인 성질에 관한 전문적인 논쟁에 특별한 관심이 없었고, 수학자들은 방대한 계산 밑에 미묘한 의미를 숨기고 있는 문제들에 거의 관심을 기울이지 않았다. 그러므로 아인슈타인 방정식에 대한 연구가 부분적으로 시들해진 것은 이해할 수 있는 일인지도 모른다. 실제로 1990년대에 이르러서야 두 가지 중요한 발전에 의해 아인슈타인 방정식은 다시 과학 연구의 첨단으로 복귀할 수 있었다.

일반상대성이론의 예측 가운데 하나는, 우리가 빛으로 경험하는 전자기장의 진동과 유사한 시공의 잔물결인 중력 복사파의 존재이다. 그 중력파는 빛의 속도로 우주 속을 움직이며, 매우 약하기 때문에 직접적으로 탐지되지 않는다고 믿어졌다. 중력파의 존재를 입증하는 믿을만한 간접적인 증거들(예를 들어 한 쌍을 이룬 중성자별이 에너지를 잃으면서 서로 접근하는 현상은 아인슈타인 방정식의 예측과 수량적으로 정확히 일치했다)은 발견되었지만, 직접적인 경험적 증거는 확보할 수 없었다. 매우 근본적인 중요성을 가진 예측이 경험적으로 검증되지 않는 가운데 물리학자들과 수학자들은 깊은 실망에 빠졌다.

그러나 오늘날 사정은 달라지기 시작한 것처럼 보인다. 레이저 공학과 컴퓨터화된 장비와 고속의 전자를 다루는 전자공학의 발달에 힘입어 중력파 탐지를 위한 실험실이 세계 각지에 여러 곳 설립되었다. 거대하고 정적인 질량의 추를 민감한 실에 매달고 그 밑에 있는 기반이 흔들리는 것을 관찰하는 지진학자들과 달리, 중력파 사냥꾼들은 시공의 잔물결이 지나가는 것에 반응하여 질량 자체가 흔들리는 것을 관찰한다. 잡음들의 불협화음 속에서 미세한 신호를 찾아내는 일은 지루하고 힘든 작업이다. 그러나 노벨상의 희망이 그 작업을 유지시키고 있다.

또한 이론가들은 중력파 탐사과정에서 영감을 얻어 아인슈타인 방정식을 새로운 방식으로 공략하기 시작했다. 그들의 일차적인 목표는 실험실에서 관측될 신호들의 모양을 예측하는 것이다. 입력되는 가정들은 이제 과거의 시도들에서보다 훨씬 더 현실적이어야 했다(어느 목장의 구조적인 문제를 푸는 과제를 맡은 이론물리학자에 관한 오래된 농담이 있다. 그 물리학자는 다음과 같이 말문을 열었다고 한다. "공 모양의 암소를 생각해 봅시다." 충돌하는 두 블랙홀로 이루어진 계는, 공과 암소가 다른 것만큼이나 슈바르츠실트의 별과 다르다). 그리하여 아인슈타인 방정식은 손으로 혹은 일반적인 컴퓨터로도 전혀 풀 수 없게 되었다. 그러나 다행스럽게도 실험적인 증거가 막 등장할 때 즈음 슈퍼컴퓨터가 구원병으로 등장했다. 계획이 차질 없이 진행된다면, 21세기는 광학, 적외선, X선, 감마선, 중성미자 망원경에 의해 진행되는 우주 관찰을 보완하면서 새로운 우주관을 여는 중력천문학gravitational astronomy의 시대가 될 것이다.

계산적인 일반상대성 이론 연구 프로그램은 수행하기는 어렵지만 설명하기는 쉽다. 먼저 초신성 폭발이나 두 블랙홀의 충돌 같은 발생 가능한 우주적인 대격변을 상상하고, 그로부터 발생한 시공의 요동이 어떻게 전파되고 지구에 있는 관찰자에게 어떻게 관찰될지를 아인슈타인 방정식을 풀어 알아낸다. 다양한 사건에 의해 발생하는 중력파의 전형적인 모양의 목록이 작성되면, 실험가들은 그 목록과 관찰자료를 비교하고 성공적일 경우 관찰과 예측의 일치를 확인할 수 있을 것이다. 그것은 단순히 아인슈타인 방정식에 들어 있는 정보를 풀어서 아인슈타인의 그림에서 A에서 S로 가는 새로운 화살선을 만드는 일이다. 현재 만들어지고 있는, S에서 아래로 향하는 화살선은 확실히 수십 년 안에 경험 평면에 닿을 것이다.

아인슈타인 방정식으로부터 중력파의 모양을 도출하는 작업에 필요한 엄청난 계산의 양은 천문학적인 수의 비트를 언급하는 방식으로도 표현할 수 없다. 그 계산의 양을 표현하기에는 차라리 인간적인 용어가 적절하다. 에드 사이델Ed Seidel의 경력을 생각해 보자. 그는 내가 근무하는 윌리엄 앤드 매리 칼리지에서 20년 전에 학사학위를 받고, 펜과 예일에서 천체물리학을 연구했으며, 현재 베를린의 알베르트 아인슈타인 중력 물리학 연구소에서 계산적인 상대성이론 연구를 지휘하고 있다. 그의 경력은 아인슈타인 방정식의 복잡성과 정보시대의 과학 연구의 지형 변화를 잘 보여준다.

사이델은 박사학위를 받고 얼마 후에 충돌하는 두 블랙홀을 연구하기 시작했고, 전통적인 수리물리학 기법으로는 그 과제를 해결할 수 없음을 깨달았다. 새로운 수치해석적 기법들을 개발하고, 컴퓨터를 동원해야 했다. 목표를 추구하는 과정에서 그는 곧 탁상용 컴퓨터에서 슈퍼컴퓨터로 도구를 바꾸었고, 곧 성능이 더 좋은 컴퓨터가 필요하다는 것을 발견했다. 전 세계에서 독일로 모인 20여 명의 젊은이로 이루어진 사이델의 연구진은 물리학자와 응용수학자와 컴퓨터과학자를 포함하고 있다. 그 열정적인 소규모 집단은 고립적으로 연구하는 것이 아니라, 전 세계에서 공동의 목표를 위해 모인 집단들의 연합에 ─천문학자는 그 연합을 '초은하단'이라 부를지도 모른다 ─ 참여한다. 그것뿐만이 아니다. 사람들뿐 아니라 슈퍼컴퓨터들도 CD 한 장의 내용을 1초에 전달할 수 있는 통신 통로에 의해 연결되어 '격자$_{grid}$'를 형성하고 협력한다. 사이델 연구진의 현재 목표는 ─그 목표는 다음 단계의 계산에 앞선 연습게임 같은 것이다 ─ 광범위하게 분산된 연결망 속에서 기계가 쉬는 시간을 자동적으로 발견하여 유용하게 사용하는 지능적인 슈퍼컴퓨터 연결망을 개발하는 것이다. 그 연결망은 주어진 과제를 세분하고 협력하는 컴퓨터들에게 할당할 수 있어야 한다. 일반상대성이론은 1916년 이후 긴 역사를 거쳤다. 아인슈타인이 마법사이고 슈바르츠실트가 조수라고 한다면, 오늘날의 계산적인 상대성이론 연구자들은 컴퓨터를 무기로 들고 출렁이는 정보의 세계를 길들이는 싸움에 나선 벌떼 같은 군대라고 할 수 있다.

그 모든 기술적인 화력의 과학적인 산물은 흔히 수량적일뿐 아니라 시각적이다. 물리학자들은 정적이거나 동적인 이미지가 엄청난 양의 수적인 자료를 보여 주는 효율적인 방법이라는 것을 배웠다. 충돌하는 블랙홀이나 그밖에 천문학적인 대격변에서 방출되는 중력파를 보여 주는 사이델의 천연색 정지화면들은 전문가들에게 도움을 줄 뿐 아니라 일반인에게도 아름답게 느껴진다. 총천연색으로 소용돌이치는 패턴들을 보여 주는 그 사진들은 과학자 세계의 보상 체계에서 새로운 역할을 얻었다. 내 세대의 이론물리학자의 성공의 척도가 전 세계의 주요 학술지에서 논문이 인용되는 횟수였다면, 젊은 세대는 자신의 성취를 시각적으로 과시한다. 예를 들어 사이델의 웹사이트는 과학 학술지들의 표지에 실린 많은 경이로운 사진들로 장식되어 있다. 그 사진들은 모두 아인슈타인 방정식의 해들을 보여 준다. 사이델은 디지털 전투에서 획득한 전리품들을, 자부심으로 고개를 치켜든 장군들의 가슴에서 빛나는 훈장보다 더 자랑스러워 한다.

중력파 신호를 예측하기 위해 아인슈타인 방정식을 푸는 일은 파인만의 다음과 같은 주장을 상기시킨다. "원자가설은 세계에 관한 엄청난 양의 정보를 포함하고 있다." 그러나 파인만의 주장은 정성적이다. 반면에 사이델의 연구는 철저히 정량적이고, 비트-세기를 가능하게 한다. 사이델이 추구하는 측정의 명확한 출발점은 아인슈타인 방정식이다. 아인슈타인 방정식을 메시지로 간주하면, 그 메시지는 정말로 간단하다. 4차원 성분들을 모두 적는다 하더라도 그 방정식을 재생산하는 프로그램의 길이는 수백 비트에 불과하다. 그러므로 그 방정식의 복잡성은 그 속에 담긴 정보의 양을 가늠하게 하는 적절한 척도가 아니다. 다른 한편 그 방정식이 시공상의 각각의 점에서 성립한다는 사실을 감안하면, 그 방정식에 담긴 정보의 양은 무한대가 된다. 두 경우 모두 그 방정식 속의 정보의 양을 유용하게 측정하지 못한다.

다른 대안으로 우리는 방정식의 해들을 살펴보고, 사이델의 이미지 속의 화소를 셀 수 있다. 그렇게 하면 정보의 양은 유한해 보인다. 그러나 그 방법 역시 비트 세기의 근본적인 결함 — 의미의 부재 — 을 가지고 있다. 잭슨 폴록Jackson Pollock의 같은 크기의 그림도 동일한 수의 화소를 포함하니까 말이다.

이 딜레마에서 탈출하려는 시도 속에서 여러 대안적인 정보 측정법이 제안되었다. 예를 들어 노벨상 수상자 겔만은 자료의 조직화 정도와 관련된 '논리적 깊이logical depth'의 개념을 선호한다. 그 정도는 자료를 컴퓨터로 산출하는 데 걸리는 시간에 의해 측정된다. 프로그램의 길이를 조사하는 '알고리즘적 복잡성algorithmic complexity'과 달리 논리적 깊이는 프로그램에 의해 수행되는 단계들의 수를 본다. 물리학자 크러치필드Jim Crutchfield는 이른바 '통계적인 복잡성statistical complexity' 개념을 권장한다. 그 개념은 계의 진화에서 다음 단계를 예측하기 위해 필요한 컴퓨터 메모리의 크기를 측정함으로써 계 속에 있는 구조의 양을 측정하려 시도한다. 계가 매우 질서 있으면, 통계적인 복잡성은 낮다. 왜냐하면 패턴이 명확하게 있기 때문이다. 계가 무작위면 당연히 통계적인 복잡성은 높다. 두 극단 사이에 있는, 많은 흥미로운 구조가 있는 경우에 통계적인 복잡성은 구조의 양에 비례하여 높다.

어느 척도로 측정해도 프로그램의 길이, 컴퓨터 연산에 소모되는 시간, 메모리의 크기, 사이델의 해들은 거대하다. 그 해들은 많은 조직성과 패턴과 구조를 가지고 있다. 조직성과 패턴과 구조는 우리가 앞에서 형상의 동의어로 만났던 단어들이다. 그 해들은 정보로 충만하다. 그 모든 정보는 (초기조건을 제외하고) 아인슈타인의 정신 속에서 발생하고 완성된 방정식 속에 모종의 방식으로 —그 방식이 무엇인지 확실히 아는 사람은 아무도 없다— 들어 있다. 현대적인 계산물리학은 생각하는 기계의 도움을 받아 그 정보를 꺼내고 관찰과 비교하는 데 몰두해 있다.

17 생물정보학 bioinformatics
생물학과 정보기술의 만남

인간 게놈이 해명된 직후에 생물학자들은 놀라운 발견을 했다. 그들은 인간 게놈 속에 예상한 것보다 훨씬 적은 수의 유전자가 들어 있음을 발견했다 — 그 수는 지렁이의 게놈을 구성하는 유전자의 수보다 훨씬 많지 않다. 생물학자들은 경악했다. 우리가 벌레만큼 단순할까? 혹은 벌레가 우리만큼 복잡할까? 두 질문에 대한 대답은 '모두 아니다'이다. 게놈의 메시지는 유전자들의 배열 속에만 있는 것이 아니라 유전자들의 다양한 상호작용과 관계 속에도 있다는 것이 밝혀질 것이다. 비유를 들어 설명하자면, 셰익스피어의 희곡 전집은 같은 개수의 철자를 포함하는 전화번호부보다 풍부하다. 다른 말로 설명하자면, 정보의 핵심은 단순히 비트의 개수에 있는 것이 아니라 비트들 사이의 관계에 있다.

인간의 DNA 분자는 원형계단과 같은 모양이며, 계단의 발판들은 4개의 화학적인 염기 — 아데닌, 티민, 시토신, 구아닌 — 로 구성된다. 그 염기들은 일반적으로 차례대로 A, T, C, G로 표기된다. 두 개의 엄청나게 긴 사슬분자 — 사다리의 기둥 — 는 나선형으로 서로를 감는다. 염기 분자들은 두 사슬에서 뻗어 나와 쌍을 이루어 결합한다. 약한 화학적 결합에 의해 연결된 염기쌍은 DNA 사다리의 발판을 이룬다. 길이가 서로 다른 염색체 24개로 나뉘어진 사다리 전체는 약 30억 개의 발판으로 구성된다. 사다리의 한 가닥을 따라가며 읽으면, 예를 들어 다음과 같은 철자열을 읽을 수 있다: TTTTCATTAGTTGGAGA……

철자들은 이른바 '코돈codon'이라는 '단어'를 형성한다. 각각의 코돈은 세 개의 염기로 구성되며, 20개의 아미노산 중 하나를 나타낸다. 아미노산은 인체를 이루는 원초적인 벽돌이다. 염기 세 개가 아미노산 한 개를 이루는 것이 아니다 — 염기 세 개가 아미노산 한 개를 코드화한다. 구체적인 예로 위 철자열의 두 번째 코돈인 TCA는 세린serine을 나타내는 암호이며, 이른바 유전자 발현gene expression이라는 복잡한 생화학적 미뉴에트의 출발점을 이룬다. 그 미뉴에트의 결과로 인체 속에 저장된 재료들로부터 세린이 생산된다. 다음 단계는 DNA에 기록되어 있는 구성규칙에 따라 아미노산들을 조립하여 단백질을 만드는 것이다. 단백질은 살아 있는 물질을 이루는 분자이다.

정보처리의 관점에서 보면 인간 게놈은 절묘한 걸작이다. 마치 자연이 우리에게 이렇게 말하는 듯하다. "좋다. 너희들은 컴퓨터와 컴퓨터과학을 발명했다. 너희들은 자신이 매우 영리하다고 생각한다. 여기에 너희의 용기를 시험하는 문제가 있다. 이 문제를 풀어보라!" 만일 게놈의 구조가 2차원이나 3차원이었다면, 분자유전학은 거의 상상조차 할 수 없었을 것이다. 실제로 게놈은 선형적인 1차원 구조를 가지고 있다. 그 구조는 이진법 코드와 충분히 유사해서, 그 구조를 컴퓨터 언어로 번역하는 일은 사소한 작업이다. 게놈 전체의 길이와 복잡성은 장갑이 손에 맞듯이 현대적인 정보기술에 맞도록 설계된 듯하다. 만일 게놈이 훨씬 짧다면, 살아 있는 유기체를 만들기에 충분한 정보를 저장할 수 없을 것이다. 반대로 게놈이 훨씬 길다면 — 이를테면 10^{20}개의 철자로 이루어졌다면— 오늘날의 컴퓨터로 게놈을 다루는 것은 불가능할 것이다.

게놈이 가진 가장 두드러진 특징은 게놈의 의미이다. 게놈의 메시지는 우리의 감성에 호소한다. 그 메시지는 생각할 수 있는 가장 근본적인 의미에서 중요하다. 게놈은 단지 벽돌과 시멘트 반죽에 대하여 말하거나, 전선과 실리콘으로 이루어진 복잡한 회로에 대하여 말하거나, 정신의 교묘한 게임들에 대하여 말하는 것이 아니라, 탄생과 건강과 질병과 죽음의 물질적인 기초에 대하여 말한다. 게놈은 생명 그 자체의 이야기를 들려준다.

정보기술을 생물학에 응용하는 일, 즉 이른바 생물정보학에 대한 모든 논의에서는 분자들을 볼 수 없다는 사실을 명심하는 것이 중요하다. TTTTCATTAGT 같은 염기서열을 간단히 읽어 낼 수는 없다. 염기서열을 읽어 내는 일은, 지난 세기 동안 시험관 내에서 혹은 인체 내에서 이루어진 실험들을 통해 축적된 방대한 지식과 번거로운 화학과 X선 결정학과 논리학과 수학을 총동원하는 매우 힘든 검출 작업이다. 수많은 과학자들이 세계 전역의 실험실들에서 그 엄청난 수수께끼를 (세밀하게) 풀고 있다. 그 모든 노력들을 묶는 아이디어는 궁극적으로 수학적이거나 공학적인 것이 아니라 생물학적이다. 그러나 만일 정보기술이 없다면 유전학은,

밀접하게 연결된 수많은 수학적 방정식들의 그물망을 다루는 계산적인 상대성이론 연구와 마찬가지로 더 이상 발전할 수 없을 것이다.

게놈에 관한 컴퓨터들의 최초의 합창은 시시한 편이었다. DNA를 이루는 철자들의 97퍼센트는 아무 것도 나타내지 않는다는 것이 밝혀졌다. 그것들은 잡동사니이고 쓰레기이고 무의미하다 — 최소한 현재로서는 그렇다. 이 판단은 우리의 지식이 더 발전하면 분명히 수정될 것이다. 그러나 그때까지 전 세계의 유전학 데이터뱅크들을 검색하여 유용한 것과 그렇지 않은 것의 단서를 찾는 일은 확실히 자동화하기에 적합한 일이다. 사실상 정보공학은 그 정리작업보다 먼저 해결할 예비적인 과제들을 가지고 있다. 전 세계에 흩어져 있는 유전 정보 도서관들은 다양한 표준들과 개인적인 축약기호들과 호환성이 없는 소프트웨어 프로그램들을 이용하여 정보를 저장하고 교환한다 — 개인적인 참조 체계들과 문서화 되지 않은 하부 프로그램들이 사용된다. 한마디로 생물학적인 자료검색은 악몽이다.

일단 쭉정이와 알곡이 구별되고, 합리적으로 표준화된 기호와 방법에 대한 합의가 이루어지면 본격적인 작업이 시작된다. 유전학의 모든 층위에서, 단백질 합성 이전과 이후에서, 주요 설계의 예외와 변이가 있다. 예를 들어 아미노산 세린은 코돈 TCA와 연결되지만, 5개의 다른 코돈 즉 TCT, TCC, TCG, AGT, AGC와도 연결된다. 다양한 동의어와 방언의 분석이 영어 텍스트를 다른 글들로부터 구별하는 데 도움을 주는 것과 마찬가지로, 동일한 아미노산을 나타내는 다른 코돈들의 등장과 그것들의 다양한 등장비율은 은밀한 생물학적인 단서일 수 있다.

응용 생물정보학의 예로 당뇨병 치료를 위한 인슐린 생산을 살펴보자. 인체 내 인슐린 생산 과정과 관련된 어떤 분자는 약 50개의 아미노산 사슬로 이루어져 있다. 만일 당신이 각각의 아미노산을 철자 하나로 축약하면, 50개의 철자로 된 '단어'를 얻을 수 있다. 돼지와 토끼와 소도 각각 한 단어로 표현되는 인슐린을 생산한다. 인간과 돼지와 토끼와 소가 생산하는 인슐린을 나타내는 4개의 단어를 철자 하나씩 비교하면 놀라운 유사성이 드러난다. 처음 30개에서 40개의 철자는 네 단어 모두에서 등장한다. 그러나 그 후에 작은 차이들이 나타난다. 결론적으로 인간의 인슐린과 동물의 인슐린의 일치 정도 — 일치하는 철자의 수 나누기 단어 전체 길이 — 는 약 90퍼센트이다. 인간 인슐린과 동물 인슐린의 차이가 동물 인슐린을 인체에 사용할 경우 문제를 일으킬 정도로 중요한지, 혹은 그 차이가 자연 속의 잉여의 존재를 보여 주는 실례이고 동물 인슐린이 아무 해를 일으키지 않는지 여부는 생물학과 의학이 탐구할 문제이다. 그러나 이런 예들이 게놈의 전체 영역으로, 동물 왕국 전체로, 자연에서 발견된 모든 질병과 변이로 확대된다면, 컴퓨터가 사치품이 아니라 필수품이라는 것이 분명해질 것이다.

생물정보학의 가장 중요한 과제는 정보라는 주제를 원래의 뿌리로 돌려놓는다. 세포가 성장하고 발달하고 기능하도록 만드는 활동들을 수행하는 인간 생리학의 보병(步兵)은 단백질이다. 단백질에는 각각 특수한 기능을 하는 무수히 많은 변양태가 있다. 단백질들은 DNA에 있는 설계도에 따라 복제되는 선형 분자로 되어 있다. 그러나 단백질은 선형적이지 않다. 오히려 단백질은 대개 감자처럼 둥근 덩어리이다. 1차원에서 3차원으로의 이 신비로운 변형은 이른바 '단백질 접힘protein-folding'이라는 과정 속에서 이루어진다. 생물학자에게는 단백질 접힘을 이해하는 것이 뇌와 의식의 수수께끼를 푸는 것만큼 시급한 과제이다.

기초적인 문제는 사슬 모양의 분자가 —그 분자가 기초적인 벽돌들로부터 조립되는 것은 완벽하게 이해되었다— 어떻게 저절로 접히고 감겨서 3차원 구조를 이루는지를 이해하는 것이다. 그 과정은 몇 초가 걸릴 수도 있고 몇 시간이 걸릴 수도 있다. 사슬 속의 고리 각각은 앞뒤의 고리에 단단히 연결된다. 그러나 추가적인 약한 힘이 있어서 —그 힘은 너무 익힌 스파게티 가닥의 끈끈함을 연상시킨다— 뭉친 분자를 유지시킨다. 여기까지는 이해하기 어렵지 않다. 그리고 스파게티 가닥을 뭉쳐서 작은 공을 만드는 비유도 나쁜 비유가 아니다. 그러나 단백질 분자는 또 다른 신비로운 성질을 가지고 있다. 단백질은 그것의 기능을 결정하는 확실하고 확고한 구조를 가지고 있다. 그 구조는 단백질이 복제될 때마다 동일하게 형성된다. 그것은 마치 아이가 스파게티 가닥들을 공 모양으로 뭉쳐서 단지에 넣는데, 모든 공이 가장 작은 굴곡과 뒤틀림까지 동일한 모양인 것과 같다.

이때 유전이나 돌연변이에 의해 유전적인 철자 기입 오류가 발생하면 치명적인 결과가 일어날 수 있다. 긴 사슬에서 철자 하나가 바뀌면 코드가 한 아미노산에서 다른 아미노산으로 바뀔 수 있고, 생산되는 단백질의 모양이 크게 달라질 수 있다. 그런 오류의 비극적인 예는, 분자에 원인이 있다는 것이 확실하게 예측된 최초의 질병인 겸상(낫형) 적혈구성 빈혈증이다. 이 질병은 아미노산 글루타민이 발린으로 대체되어, 헤모글로빈을 구성하는 약 300개의 단백질 중 하나가 기형이 되면 발생한다. 기형 단백질 표면에, 인접한 단백질 표면의 오목한 부분에 잘 맞는 볼록한 부분이 형성된다. 결과적으로 그 두 단백질이 한 덩어리를 이루고, 연쇄반응이 일어나 결국 기형 헤모글로빈 분자들로 이루어진 긴 실이 형성된다. 그 결과로 대개 치명적인 혈액 질병이 발생한다.

의학적인 관점에서 볼 때 단백질 접힘의 중요성은 정상보다 예외에 있다. 그 복잡한 과정 속에서 오류는 발생할 수밖에 없고, 잘못 접힌 단백질은 기능을 제대로 발휘하지 못하거나 전혀 발휘하지 못한다. 겸상 적혈구성 빈혈증 외에도 알츠하이머와 혈우병을 비롯한 많은 질병의 원인이 단백질 접힘 오류에 있다는 것이 밝혀졌다. 분자가 어떻게 올바로 접히는지, 그리고 왜 올바로 접히지 않는지 이해하는 일은 단백질 접힘 과정의 오류를 예방하거나 수정하는 방법을 알아내는 과정의 단계들임에 분명하다.

물리학의 관점에서 보면 문제는 극도로 난해하다. 작은 차원에서 우리는 어떻게 서너 개의 원자가 결합하여 분자를 형성하는지 연구했고, 큰 차원에서 어떻게 수십억 개의 원자가 스스로 배열하여 일종의 규칙적인 결정 구조를 이루는지 연구했다. 우리는 심지어 어떻게 눈송이가 성장하고, 어떻게 DNA가 형성되는지에 대해서도 부분적으로 안다. 그러나 단백질 접힘은 더 난해하다. 사슬이 구부러져 형성할 수 있는 무수한 모양들 속에서 경향성과 규칙성을 찾아내는 일은 규모의 차원이 다른 문제이다. 그 일은 컴퓨터 없이는 불가능하고, 심지어 최고의 컴퓨터가 있고 모든 가능한 구조를 일일이 시도하는 등의 초인적인 힘을 요구하는 방법들이 있다 할지라도, 실행할 수 없다. 새로운 컴퓨터 기술과 새로운 수학적 방법과 새로운 사고방식이 필요하다.

그 문제의 매우 단순한 변양태는 우리 가까이에 있는 텔레비전 수상기에서 찾을 수 있다. 흑백 수상기에서 주요 정보는 안테나 케이블에서 오는 검은 점과 흰 점의 끝없는 흐름이다. 그 점들 자체는 DNA 속의 염기들의 열처럼 띠를 형성하되, 그 띠는 무의미하다. 당신의 수상기는 그 띠를 화면의 폭에 맞는 길이의 조각들로 잘라서, 그 조각들을 책 속의 행들처럼 쌓아서 화면을 채우고, 다시 그 과정을 반복한다. 그런 방식으로 2차원적인 정보가 출현한다. 그 정보는 흐름 속의 점들의 공간적인 관계 속에 들어 있고, 그 모든 점들이 올바른 질서로 배열되면 —흐름이 올바르게 '접히면'— 올바르게 접힌 3차원 단백질 분자가 형성되는 것과 유사하게 2차원적인 시각 이미지가 발생한다. 여기에서도 오류가 발생해서 깨진 상이나 떨리는 화면이나 완전한 카오스가 나타날 수 있다. 그러나 배열된 조각들이 모두 길이가 정확하게 같고, '접힘'은 리바이스 매장의 청바지의 접힘처럼 정확히 규칙적이어서, 이 문제는 단백질 접힘에서보다 훨씬 쉽다.

생물정보학은 전 세계의 데이터뱅크에 있는 대량의 정보에서 시작된다. 그 정보는 모두 복잡하고, 대부분 더럽혀져 있고, 일부는 오류가 있다. 정보과학자들이 이러한 환경을 표시하는 단어가 바로 '잡음'이다. 연구의 최종목표는 아름다운 3차원의 컬러화된 단백질 분자 모형의 완성된 모습이다. 그것은 마치 가상적인 손가락으로 잡고 이리저리 돌려 볼 수 있는 이국적인 화초의 주름진 꽃을 떠올리게 한다.

어마어마한 양의 자료와, 많은 오류와 오류 정보와, 소수의 이론적인 지침을 가진 생명정보학은 조직 원리 organazing principle를 필요로 한다. 만일 그 원리가 없으면, 생명정보학은 관련성 없는 사실들의 무의미한 뒤섞임으로 해체될 것이다. 한 가지 전망이 밝은 길은 베이스의 방법을 이용하는 것이다. 만일 모든 연구자가 제안된 단백질 구조를 결정하는 유전자를 찾아내는 것에서 시작해서 먼저 어떤 가설이 참일 선행확률을 추정해야 한다면, 그리고 그 후에 새로운 정보를 토대로 후행확률을 계산함으로써 진보를 측정해야 한다면, 연구의 장은 점차 잘 확립된 명제들로 수렴할 수 있을 것이다. 베이스적인 사고는 양자이론의 이해에서 근본적인 역할을 할지도 모르지만, 생물정보학에서는 방법론적인 기능만 한다. 그러나 20세기 과학의 두 가지 주요 성취인 양자역학과 유전학이 모두 진보를 꿈꾸며 정보 개념과 정보의 가치를 합리적으로 매기는 방법에 눈을 돌렸다는 사실은 언급할 가치가 있다.

앞 장에서 서술한 계산적인 상대성이론 연구와 단백질 접힘을 이해하려는 노력은 각각 아인슈타인이 과학적 방법을 표현하기 위해 그린 그림에 있는 상반된 두 방향을 따라 전진한다. 우리가 보았듯이 전자는 완전히 연역적이다. 반면에 후자는 DNA에 있는 자료에서 출발해서 귀납을 통해 법칙과 규칙성을 발견하려 노력한다(그 작업은 베이스의 방법에 의해 더 체계화 될 수 있다). 이 두 예는 과학적 연구의 두 길을 드물게 선명하게 보여준다. 아인슈타인은 연필과 종이를 가지고 두 길을 모두 갈 수 있었다. 그러나 이 세기에는 자료를 포괄적인 법칙과 규칙성으로 압축하는 일과 공리를 풀어 관찰 가능한 현상을 기술하는 일이 모두 컴퓨터를 이용해야 가능하다.

단백질 접힘에서 '정보'는 근원으로 돌아갔다. 단백질 접힘에 필요한 정보는 단백질을 이루는 아미노산들의 배열 속에 있다. 그러나 아미노산의 순서는 접힘에 관해서 많은 이야기를 해주지 않는다. 텔레비전 수상기의 예에서 분명해졌듯이, 구조적인 정보는 아미노산들 사이의 관계 속에 들어 있고, 그 정보를 캐내는 일은 만만치 않은(!) 과제이다. 게놈은 인체를 구성하는 분자들의 형상을 한 세대에서 다음 세대로 전달하는 코드이고, 유전자 발현은 재료로 쓰이는 원자들에게 형상을 부여하는 in-form 활동 — 형상을 주는 활동 — 이다. 유전 코드는 자연이 정보를 이용하여 구조 혹은 형상을 결정하는 방식이다. 우리는 그 창조의 비법을 재현하는 데 접근하기 시작했다. 그러나 아직 우리는 1차원에 살면서 경탄으로 2차원이나 3차원으로 고개를 치켜드는 지렁이와 유사하다.

18 정보는 물리적이다
망각의 비용

역사 속의 어떤 시대는 지도자들의 성격에 의해 결정되고, 또 어떤 시대는 종교에 의해 또 다른 시대는 거대한 사회적 격변에 의해 결정된다. 그러나 증기기관으로부터 힘을 얻은 산업혁명의 시대와 컴퓨터에 기반을 둔 과학기술을 가진 지금의 정보시대를 비롯한 여러 시대는 기계에 의해 주도된다. 컴퓨터와 기계는 모두 분명한 실용적인 목표를 마음에 품은 기술자에 의해 개발되었고, 그 후에 비로소 그것들의 근본원리와 작동을 이해하고자 하는 과학자들의 관심을 끌어들였다. 증기기관의 경우에, 당시에 새롭게 등장하던 과학은 열역학이었다. 컴퓨터의 경우에, 당시에 새롭게 등장하던 과학은 정보이론이다. 두 과학은 모두 물리적인 법칙에 의해 기술에 부여된 한계를 찾는 작업에서 출발했지만 서로 매우 다른 결론들에 도달했다.

열의 과학인 열역학은 1823년에 프랑스의 공병장교 카르노 Sadi Carnot에 의해 창시되었다. 그가 쓴 「불의 구동력에 대한 고찰」 제6쪽에서 우리는 열역학의 탄생을 알리는 문구를 읽을 수 있다.

열을 통해 운동을 산출하는 원리를 가장 일반적으로 고찰하기 위해서는 열을 어떤 메커니즘이 특수한 동인과 상관없이 고찰해야 한다. 증기기관뿐 아니라, 작용 물질이나 작동방식이 무엇이든 상관없이 모든 상상 가능한 열기관에 적용할 수 있는 원리들을 확립해야 한다.

'증기기관'에서 '열기관'으로의 이행은 실용 기술에서 이론적인 과학으로의 이행을 상징한다.

사디 카르노는 1796년 파리의 나폴레옹 궁정 근처에서 태어났다. 그의 이름은 중세 페르시아 시인의 이름을 따라 지어졌다. 교양 있는 문인이며 공학자이자 장군, 정치가인 그의 아버지 라자르는 음악, 언어, 수학, 과학을 망라한 사디의 교육을 감독했다. 결국 사디는 공학을 공부하고 군에 입대했으나, 24세에 연구에 전념하기 위해 봉급을 반만 받는 직책으로 물러났다. 그의 폭넓은 관심은 정치경제학과 대중교육에도 미쳤으나, 그의 주된 열정은 오늘날 이론물리학이라고 불리는 분야에 있었다. 공업의 발전을 상세히 조망한 그는 증기기관의 중요성을 확신하게 되었다. 반세기 내내 증기기관의 개량이 거의 전적으로 영국인에 의해 이루어졌음을 발견한 그는, 그 불균형을 바로잡기로 결심했다. 그를 '열역학의 창시자'로 간주할 수 있는 이유는, 열역학에 대한 그의 실제 기여 때문이라기보다 그가 열역학을 연구한 방식 때문이다.

증기기관은 제임스 와트James Watt에 의해 발명된 이래 기술자들에 의해 발전했다. 그들은 기계 설계를 개량하고, 보일러의 온도와 압력을 개선하고, 제작 재료와 기타 다양한 점들을 개선했다. 그럼에도 불구하고 1830년대에 증기기관의 열효율은 약 6퍼센트에 불과했다 — 그것은 연료의 94퍼센트가 낭비되었다는 것을 의미한다. 카르노는 참된 진보를 이루려면 더 깊이 들어가야 한다고 판단했다. 기술은 과학에게 자리를 내주어야 했다.

카르노의 핵심적인 통찰은 모든 열기관이 열을 낭비하는 것 같다는 점을 발견한 것이었다. 석탄과 기름을 연료로 쓰는 발전소가 연기와 증기를 대기 속으로 뿜어내는 것이나, 자동차가 배기가스를 배출하는 것, 심지어 원자력 발전소가 냉각탑이나 근처의 강물을 이용하여 엄청난 양의 값비싼 에너지를 주위 환경으로 방출하는 것을 생각해 보면, 당신도 카르노의 통찰에 동의하게 될 것이다. 당시까지 기술자들의 과제는 영리한 설계를 통해서 그런 낭비를 최소화하는 것이었다. 카르노는 모든 열기관 — 즉 열을 최종 에너지의 중간 형태로 이용하는 모든 기관 — 이 열을 낭비할 수밖에 없다는 의외의 결론을 내림으로써 연구의 관점을 근본적으로 바꾸어 놓았다. 그는 열기관이 낼 수 있는 효율성의 최종적인 한계는 공학 기술에 의해서 설정되는 것이 아니라 자연의 법칙에 의해 정해진다는 것을 증명했다.

카르노의 추론은 뉴턴이 개척하고 물리학의 거의 전 영역이 채택한 증명 방식과 현저하게 다르다. 그의 추론은 수학적으로 정식화된 공리로부터의 연역에 의지하는 것이 아니라, 가상적인 장치에 대한 서술과 논리에 의지했다. 카르노는 자신의 주장을 증명하기 위해 '귀류법contrapositive proof'을 이용했다. 즉 반대 명제를 가정하고 그것이 모순을 일으킴을 보였다. 현대적인 용어로 설명한다면, 그의 논증을 대략 다음과 같이 진행된다. 평범한 윈도우형 에어컨을 생각해 보자. 그 장치는 시원한 곳(방)에서 더운 곳(외부)으로 에너지를 써서 열을 이동시킨다. 이제 우리가 '이상적인 발전기'라고 명명하는 기계가 존재한다고 반사실적으로 가정하자. 그 기계의 유일한 기능은 전혀 낭비 없이 열에서 전기를 생산하는 것이다. 에어컨 코드를 벽에 있는 소켓에서 뽑아 외부의 열에 의해 작동되는 '이상적인 발전기'에 연결하자. 그러면 이 두 기계는 한 몸을 이루어 '영구적인 에어컨'이 된다. 그 기계가 전기를 생산하기 위해 소비하는 에너지는 창 밖에 있는 기계의 뒷면에서 방출되는 열의 형태로 외부 환경으로 돌아간다. 다시 말해서 방은 냉각되지만 영구적인 에어컨의 최종적인 에너지 소비량은 0이다! 그러나 이런 기계는 존재하지 않는다. 외적인 도움이 없으면 열은, 말하자면 아래로 흐른다는 것을, 즉 뜨거운 곳에서 차가운 곳으로 흐른다는 것을 누구나 안다. 차가운 방은 여름에 전기 소비 없이 더워질 수 있지만, 더운 방이 저절로 시원해질 수는 없다. 영구적인 에어컨은 존재하지 않으므로, 그것의 핵심 요소인 이상적인 발전기 — 완벽한 열기관 — 도 존재할 수 없다. 그러므로 카르노의 주장은 증명되었다.(이상적인 발전기 대신에 외부의 열에 의해 작동하는 평범한 발전기를 동원하면 카르노의 영리한 논증은 엉망이 된다는 것을 주목하라. 평범한 발전기는 낭비되는 열을 방 안에 배출하여 에어컨의 목표를 방해할 것이다.)

카르노는 자신의 천재성이 열매를 맺는 것을 보지 못했다. 그는 겨우

36세였던 1832년에 콜레라로 사망했다. 20년 후에 클라우시우스는 열역학을 튼튼한 수학적 기반 위에 올려놓았다. 그는 카르노의 명제 —모든 열기관은 열을 낭비한다 — 를 엔트로피는 증가하는 경향성을 가지고 있다는 규칙으로 세련되게 다시 표현하고 그 규칙을 열역학의 제2법칙으로 채택했다. 클라우시우스는 거기에 잠정적으로 발견되어 있었던 제1법칙 — 에너지 보존법칙 — 을 추가했다(열이 에너지의 형태가 아니라 칼로릭caloric이라는 물질의 형태라는 틀린 생각 때문에 카르노는 제2법칙을 올바르게 정식화할 수 없었다. 그가 그 오류를 수정하기 직전에 죽음을 맞았음을 보여 주는 증거들이 있다). 클라우시우스의 명료화에 따라 세계는 쓴 약을 삼키는 법을 배워야 했다. 열기관은 본성적으로 비효율적이다. 열역학 법칙들은 디트로이트의 기술자들이 자동차 배기가스의 열과 압력을 유용한 일로 변환하여 연비를 향상시키는 것을 허용하지 않는다. 당신이 구매하는 연료의 2/3는 낭비된다. 당신은 그것을 막을 수 없다. 전기자동차를 구입하는 것이 유일한 대안일 것이다.(전기자동차는 열을 이용하지 않으므로 열역학 법칙들의 지배를 받지 않는다. 그러나 당신은 자동차의 배터리에 저장된 전기가 원래 어떻게 생산되었는지를 생각해야 한다.)

한 세기 후인 1950년대에 컴퓨터가 개발되고 공학자들과 물리학자들은 컴퓨터의 한계를 묻기 시작했다. 열역학 제2법칙과 양자역학의 불확정성원리와 상대성이론의 한계속도에 부딪히기 전까지 컴퓨터는 얼마나 대형화 혹은 소형화되고, 얼마나 빠르고 효율적이고 강력해질 수 있을까? 100년 동안 열역학 법칙들을 경험한 과학자들은 공짜는 없다는 것을 확신하게 되었다. 따라서 모든 계산 단계와 메시지 이동에 필연적으로 에너지가 소비된다는 믿음이 거의 불가피하게 발생했다. 물론 1비트를 조작하기 위해 필요한 가설적인 최소 에너지는 당신의 탁상 위에 있는 비효율적인 컴퓨터가 1비트를 조작하기 위해 소비하는 에너지보다 수십억 배 작다. 구동 부분의 마찰과 전기 소자들의 저항 때문에 최소 에너지 소비는 앞으로 수십 년이 지나도 달성할 수 없을 것이다. 그러나 최소 에너지 소비를 대비할 필요는 있다. 이미 오래 전에 카르노는 낭비되는 열을 근본적인 방식으로 이해하는 것의 가치를 보여 주었다.

1비트를 0에서 1로 혹은 1에서 0으로 변환하거나 한 메모리 세포$_{cell}$에서 다른 세포로 이동시키는 데 드는 에너지를 타당성 있게 추정하는 것은 쉬운 일이다. 그 에너지 소비량은 말하자면 낭비의 원자, 즉 정보의 원자를 조작할 때 발생하는 열의 양자이다 ─그 양은 따뜻한 방 안을 돌아다니는 공기 분자의 운동에너지의 양과 대략 같다. 이 추정의 타당성을 높이기 위해 과학자들은 다양한 복잡성을 가진 가상적인 소형 장치들을 발명하고 분석했고, 예상대로 각각의 장치가 예측된 최소량의 열을 산출한다는 것을 증명했다. 1960년대에는 그 지식이 권위 있는 컴퓨터이론과 정보이론 교과서에 실렸다.

그러나 놀랍게도 그 모든 증명은 오류였다 ─ 매우 단순한 오류였다. 그 오류를 밝히는 데 초석을 놓은 란다우어$_{Rolf\ Landauer}$는 물리학계가 최소 에너지 손실을 맹목적으로 수용한 것은 "과학사회학의 커다란 수수께끼 중 하나"라고 말했다. 생각해 보자. 만일 누군가가 어떤 장치가 1비트를 조작할 때마다 낭비의 원자를 하나씩 내보낸다는 것을 증명하고, 다른 사람들이 같은 방식으로 행동하는 다른 장치들을 추가로 발견했다면, 증명된 것은 무엇일까? 그것은 일부 기계들이 그렇게 행동한다는 것뿐이며, 모든 기계가 그렇게 행동한다는 것이 아니다. 클라우시우스와 이후의 열역학에 의해 정교화 된 카르노의 논증은 더 미묘하다. 그 논증은 열을 낭비하는 기계의 다양한 실례를 열거하는 대신에, 열을 낭비하지 않는 기계를 상상할 것을 요구하고, 영리하게 우리를 모순으로 이끈다 ― 그것은 훨씬 더 강력한 전략이다.

란다우어는 학자로서의 활동기 대부분을 IBM의 산업 현장에 있는 물리학자로서 보냈다. 20세기 중반의 IBM은, 맥루한이 주장했듯이, 미래는 단지 더 나은 사무용 기계를 생산하는 것에 달려 있는 것이 아니라 정보를 다루는 지식을 얻는 것에 달려 있다는 것을 깨닫기 시작했다. 이 통찰을 지원하기 위해 IBM은 란다우어로 하여금 일반적인 응용 위주의 산업적인 과학에서 해방시켜 물리학이 계산기술에 미치는 영향을 근본적인 수준에서 연구하도록 했다. 란다우어가 1991년의 상황을 요약하기 위해 쓴 유명한 논문의 다음과 같은 제목은 그의 관점을 상징적으로 보여준다. 「정보는 물리적이다」. 이 제목은 정보가 예외 없이 나무로 된 주판과 종이에서부터 반도체 컴퓨터칩과 뇌 속의 뉴런까지 다양한 물리적인 대상에 기록된다는 것을 역설한다. 정보는 물리적이기 때문에 물리학 법칙의 지배를 받는다. '물리학 법칙은 정보의 저장·전달·처리를 어떻게 제약할까'라고 란다우어는 물었다.

1961년에 란다우어는 계산 과정에서 에너지가 열로 변환되어 낭비되는 지점을 정확하게 포착하는 데 성공했다. 기존의 견해에 정반대로, 그는 1비트의 정보를 조작하고 전달하는 데 필연적으로 에너지 손실이, 혹은 컴퓨터 제작자에게 어울리는 표현으로는, 열역학적 비용이 동반되는 것은 아니라는 것을 발견했다. 그의 발견은 란다우어의 원리로 명명되었다. 불가피하게 낭비의 원자가 지출되는 단계는 레지스터를 재설정하거나 지움으로써 비트를 파괴하는 단계뿐이다. 예를 들어 컴퓨터가 어딘가에 3을 저장하고 거기에 5를 더한다면, 이 두 수는 삭제되고 원래 3이 있던 장소에 8이 들어갈 것이다. 만일 메모리가 무한대로 많고, 새로운 정보를 위한 공간을 마련하기 위해 파일을 제거하지 않아도 된다면, 컴퓨터는 전혀 에너지를 낭비하지 않고 작동할 것이다. 그러나 유한한 메모리, 즉 유한한 자기테이프는 다음 단계의 계산에 앞서 지워져야 한다. 별것 아닌 듯한 청소작업에서 낭비되는 에너지는 망각의 비용이라고 할 수 있을 것이다.

이전의 과학자들과 달리 란다우어가 누릴 수 있었던 논리적인 이점 — 그 이점은 카르노가 가졌던 이점을 연상케 한다 — 은 수십 년 동안 믿어 온 견해를 반박하기 위하여 에너지 손실이 없는 계산의 예를 하나만 발견하면 된다는 것이었다. 그가 그 계산을 수행하도록 지명하는 장치는 심지어 실제적이지 않아도 되었다. 그 장치는 마찰이 없는 운동이나 저항이 없는 전기 전도처럼 원리적으로 가능하기만 하면 되었다(전자는 완벽한 진공에서 가능하고, 후자는 초전도체에서 가능하다). 그 장치는 전통적인 형식을 따를 필요도 없었다. 마찰 없는 계산을 구현하는 한 유명한 컴퓨터 설계는, 진공 속으로 날아가 적당히 배치된 발판에서 탄성적으로 되튕겨지는 당구공의 궤적을 통해 수학적 연산을 표현한다. 그 장치의 기반에 있는 물리적인 원리들은 확실하게 알려져 있고, 마찰 효과는 물리학의 법칙을 위반하지 않고 임의로 줄일 수 있으므로, 그 장치는 매우 설득력 있는 증명을 제공할 수 있다 — 그러나 누가 그런 이상한 기계를 제작할 생각을 하겠는가?

컴퓨터가 어떻게 에너지를 낭비하는지를 정확하게 설명한 후에, 란다우어는 이전의 과학자들이 범한 것과 동일한 오류를 범했다 — 그는 억측을 했다. 컴퓨터에 대해 정통한 자신의 지식을 바탕으로, 실제 컴퓨터에서 빈번히 일어나는 정보의 파괴가 모든 유한한 컴퓨터의 필연적인 성질이라고 생각했던 것이다. 그의 IBM 동료 베네트Charles Bennett가 그 생각역시 오류라는 것을 그에게 설득시키는 데 10년 이상이 걸렸다. 베네트는, 크지만 유한하고 에너지 낭비가 없는 컴퓨터가 일단 임무를 완성하고 결과를 기록하면, 프로그램을 거꾸로 돌려 이미 수행한 모든 단계들을 원상태로 되돌릴 수 있음을 증명했다. 그 컴퓨터는 그런 방식으로 메모리 세포들에 남아 있는 잡동사니를 없애고 초기 상태로 복귀할 수 있다 — 삭제는 일어나지 않았다. 그리하여 란다우어와 베네트는 열역학 법칙들이 원리적으로 — 현실적으로는 아닐지라도 — 컴퓨터의 발전을 제한하지 않는다는 것을 증명했다. 계산이 반드시 열을 발생시키는 것은 아니다. 이 반직관적인 결론은 열기관이 열역학 법칙들에 의해 설정된 효율성 한계를 벗어날 수 없다는 발견과 선명한 대조를 이룬다.

1999년 72세로 사망한 롤프 란다우어는 고전적인 컴퓨터 시대의 고전적인 물리학자였다. 그는 젊은 동료들이 새로운 양자 컴퓨터 공학에 뛰어들도록 격려했다. 그러나 그는 끝내 양자 컴퓨터의 실용성을 의심했다. 험하고 굴곡이 많은 길을 거치며 비트를 다루는 원리들을 이해하는 데 평생을 바친 그는 큐비트를 출발점으로 삼아 다시 시작하는 과제를 후배들에게 남겨 주었다.

확률론은 17세기에 진지한 과학이 되었지만, 그 뿌리는 고대의 주사위 놀이와 카드놀이로까지 거슬러 올라간다. 수학자들이 확률을 다룰 수 있을 만큼 충분하게 수학적 도구를 발전시키기 훨씬 전에 도박사들은 부분적인 정보를 이용하여 내기에서 이길 가능성을 계산하는 방법을 알고 있었다. 그런 방식으로 그들은 가지고 있는 혹은 필요한 정보에 양적인 가치를 직관적으로 부여했다. 확률과 도박의 이러한 상관성을 생각할 때, 확률이 정보를 반영하는 미묘한 방식을 매우 극적으로 보여 준 것이 TV 속의 한 도박 게임 – 정확히 말하면 그 게임에 관한 글 – 이었다는 것은 어쩌면 놀라운 일이 아닐 것이다.

매릴린 보스 사반트는 『퍼레이드 Parade』라는 잡지에 수학적인 게임과 논리적인 수수께끼에 대한 칼럼을 쓴다. 그녀는 자신이 아이큐 228 인 신재라고 허풍을 떠는 인물이지만, 그럼에도 불구하고 많은 독자를 가지고 있다. 1990년 3월 9일에 그녀는 수수께끼 하나를 받아 실제 「몬티대」라는 제목의 TV 쇼 진행자 몬티 홀의 행운에 도전하는 출연자에게 세 개의 방을 보여주었다. 방들은 1에서 3까지 번호가 매겨져 있고, 커튼으로 가려져있다. 세 방 중 하나에는 최신형 자동차가 있다. 만일 출연자가 자동차가 있는 방을 맞히면, 자동차는 그의 것이 된다. 출연자는 행운을 바라며 1번 방을 선택한다. 이때 '자동차가 어디에 있는지 아는' 진행자는 2번 방을 열어 방이 비어 있다는 것을 보여주면서 다음과 같이 자상하게 묻는다. "처음에 선택한 대로 1번 방에 거시겠습니까, 아니면 선택을 바꾸어 3번 방에 거시겠습니까?"

생각해 보면 자동차는 두 방 중 하나에 있으므로, 어느 방을 선택하든 자동차를 얻을 확률은 50퍼센트인 것처럼 보인다. 그러므로 선택을 바꾸는 것은 무의미한 일인 것처럼 보인다. 그러나 그것은 틀린 생각이다. 영리한 방청객들이 "바꿔라, 바꿔라" 하고 외친다고 상상해 보자.

양자 정보

19 양자 기계
양자의 불가사의를 목격하다

과학은 보이지 않는 것을 보게 해 주는 기계를 필요로 한다. 망원경은 천문학을 가능하게 하고, 현미경은 생물학에 필수적이며, 입자가속기 없는 핵물리학이 불가능하다. 그 기계들이 도달한 기념비적인 수준의 복잡성과 비용에 비교할 때 기괴한 양자 세계의 문을 여는 장치는 매우 원시적이다. 빛살가르개beam-splitter라는 그 장치는 얇은 유색의 금속성 물질을 한 면에 입힌 값싼 유리조각에 불과하다.

빛살가르개는 1세기 이상 과학자들에 의해 이용되었으며, 최근에는 우리의 집과 자동차에서도 이용되기 시작했다. 집과 자동차에 있는 빛살가르개는 모든 CD재생기의 핵심인 소형 레이저의 미세한 빛을 제어하는 역할을 한다. 간단히 말해서 빛살가르개의 역할은 빛을 서로 다른 방향으로 가는 두 광선으로 분리하는 것이다. 가장 기초적인 빛살가르개는 에너지 손실이 없고(즉 빛의 에너지를 열로 변환시키지 않고) 대칭적이며(즉 양 방향으로 똑같이 잘 작동하며) 50:50이다(즉 광선을 세기가 같은 두 부분으로 분리한다). 이런 빛살가르개에서 나오는 두 광선의 밝기는 정확히 입력 광선의 밝기의 반이다. 빛살가르개가 어떻게 생겼는지 알아보기 위하여 나는 그 장치를 일상적으로 사용하는 동료 빌 쿠크Bill Cooke의 레이저 실험실을 방문했다. 그는 서랍을 열고 화장품 진열상자처럼 생긴 커다란 플라스틱 상자를 조심스럽게 꺼냈다. 크기는 동전 크기에서부터 비스킷 크기까지 다양하고 두께는 약 1/4인치인 둥근 유리판이 여러 칸에 가지런히 놓여 있었다. 어떤 것들은 파스텔 색조였고, 다른 것들은 금색이나 은색이었다 — 다양한 색의 빛을 반사시키기 위해서 다양한 색의 막을 입혔기 때문이라고 빌은 설명했다. 유리 표면에 직각으로 입사한 레이저 광선은 부분적으로 유리를 관통하고 부분적으로 거울에서처럼 반사할 것이다. 어떤 경우에는 빛이 입사한 각도에 따라 반사되는 색이 달라진다. 그 때문에 나는 천장에 있는 등에 대고 유리판을 천천히 돌렸을 때 현란한 무지개색을 볼 수 있었다.

  그 장난감 같은 물건 두 개만 있으면 양자역학이 뉴턴 역학을 대체하는 곳으로, 양자의 신비로운 법칙으로 우리를 데려갈 힘이 있는 간단한 장치를 만들 수 있다. 실제로 별것 아닌 듯이 보이는 그 작은 유리판은 양자 정보에 관해서도 많은 것을 알려줄 수 있다. 그러므로 환원주의 정신에 입각하여 먼저 그 유리판을 자세히 살펴볼 필요가 있다. 그러나 먼저 그것이 어떻게 작동하는가를 설명하는 매우 상이한 두 방식을 염두에 둘 필요가 있다. 첫 번째 방식은 광선을 날아가는 쇠구슬처럼 생각하는 고전적인 빛의 입자론이고, 두 번째 방식은 빛을 파동으로 보는 19세기의 시각이다.

빛살가르개는 어떻게 우리에게 경이로운 광경을 보여 줄 수 있을까? 먼저 매우 약한 광원을 상상해 보자. 빛을 다양한 필터로 거의 차단될 정도로 가린 레이저를 생각할 수 있다. 광선을 빛살가르개에 비추고, T와 R로 표기된 두 개의 빛 탐지장치(인간의 눈이나 사진필름보다 훨씬 더 민감한 장치로 매우 낮은 광도의 빛을 탐지할 수 있다)로 투과된 광선 속의 빛의 양과 반사된 광선 속의 빛의 양을 측정한다. 탐지장치가 빛이 도착했음을 알리는 소리를 내도록 되어 있다면, 두 탐지장치는 처음에 연속적인 소음을 낼 것이다. 그러나 빛의 세기가 감소되면, 소음은 가이거 계수기의 소리처럼 분절적인 딸깍 소리로 변할 것이다. 모든 딸깍 소리의 크기는 같다. 왜냐하면 각각의 소리가 동일한 양의 빛의 도착을 알리기 때문이다. 빛이 더 약해져도 딸깍 소리는 작아지지 않는다 — 다만 소리 사이의 간격이 길어진다. 광선이 눈에 보이지 않게 된 다음에도 오랫동안 소리가 날 것이다.

딸깍 소리의 분절성은 양자물리학의 첫 번째 징후이다. 그 분절성은 파동을 통해서는 설명할 수 없다. 예를 들어 소리는 공기 속으로 그것을 운반하는 파동이 감소하면 점차 약해진다 — 당신은 멀리 있는 교회의 종소리가 작아지는 것을 들어 보았을 것이다. 한편 광선은 광자라는 빛 입자의 흐름이며, 빛이 단색이라면, 각각의 광자는 정확히 같은 양의 에너지를 운반한다. 광선이 약해지면, 광자의 수가 줄어든다. 그러나 각각의 광자가 일으키는 딸깍 소리는 동일하다. 이 때문에 광자 탐지장치는 광자계수기라고도 불린다.

빛살가르개에서 나온 두 광선이 도달하는 탐지장치들이 계속해서 작은 북 소리를 내는 동안, 예리한 관찰자는 곧 두 번째 양자의 신비를 발견할

지도 모른다 — T와 R은 무작위하게, 즉 예측할 수 없는 패턴으로 소리를 낸다. TRRTTRTRRRT…… 평균적으로 T와 R의 수는 같을 것이다. 더 자세히 들으면, 가능한 네 가지 소리쌍 TT, RR, RT, TR의 수도 동일하고, 더 나아가 모든 가능한 조합의 수도 같음을 알 수 있을 것이다. 실제로 T와 R로 이루어진 철자열은 수학적인 의미에서 완벽하게 무작위하다.

그렇게 빛살가르개는 빛의 입자성 외에 양자세계의 예측불가능성도 드러낸다. 선행운동과 장애물의 모양을 충분히 알면 쇠구슬의 경로를 미리 어느 정도 정확하게 계산할 수 있는 것과 달리, 빛살가르개의 작동은 절대적으로, 궁극적으로, 양자역학적으로 무작위하고 예측불가능하다. 탐지장치의 딸깍, 딸깍, 딸깍 소리는 신의 주사위가 떨어지는 소리이다. 빛살가르개는 유용성도 가지고 있다. 난수발생기의 필요성을 설명한 12장에서 나는 빛살가르개를 이용한 난수발생기가 현재 시장에 나와 있음을 언급한 바 있다.

분절성과 무작위성은 양자적인 행동의 근본적인 특징이다. 그러나 그 두 특징이 양자의 신비 전체를 대변하는 것은 아니다. 훨씬 더 기이한 현상들도 있다. 가장 유명한 현상 중 하나는 입자-파동 이중성, 즉 원자적인 계가 어떤 상황에서는 입자와 유사하고 다른 상황에서는 파동과 유사할 수 있는 신기하고 반직관적인 능력이다. 대부분의 과학 저술가들은 그 기이한 현상을 200년 전에 영Thomas Young이 행한 이중 슬릿 실험을 통해 설명한다. 저술가들은 이에 대해 파인만이 내렸던 평가를 따르곤 한다. 그는 이중 슬릿이 '양자역학의 유일한 신비'라고 말했다. 그러나 21세기를 사는 우리는 더 나은 설명을 할 수 있다. 영의 구멍 뚫린 차단막과 햇살 대신에 레이저와 빛살가르개, 광자계수기를 이용한 실험이 양자의 신비를 더 현대적이고 선명하게 보여 준다. 더 중요한 점은 그 현대적인 실험에서 산출되는 출력자료가 연속적이지 않고 분절적이라는 것이다. 그러므로 실험의 분석은 아날로그가 아니라 디지털이며, 더 쉽게 정보의 언어로 기술될 수 있다.

실험에서 이용하는 장치는 빛살가르개 두 개를 간단하게 배치한 간섭계라는 장치이다(더 정확히 말하면, 그 간섭계는 마흐-첸더Mach-Zehnder형 간섭계이다. 볼츠만의 적이며 동료였던 마흐의 이름은 초음속 속도의 단위로 잘 알려져 있다). (마흐-첸더형 간섭계의 공동발명자인 루드비히 마흐는 초음속의 단위로 유명한 에른스트 마흐의 아들이다 : 옮긴이)

빛살가르개에서 나오는 빛은 양자역학적이다. 그러나 그 빛의 광자들이 탐지장치에 흡수되고 딸깍 소리가 나자마자 빛의 참된 본성은 파괴된다. 원자적인 정보를 우리의 감각에 전달하는 탐지장치는 모든 양자적인 미묘함을 제거하고 고전적인 정보만 남긴다. 둘로 갈라진 광선의 미묘한 양자역학적인 관계를 —그 광선들이 아직 양자적인 상태에 있을 때 — 포착하려면, 두 광선이 탐지장치 속으로 들어가기 전에 되돌려 다시 합쳐야 한다. 그 일은 대각선 방향으로 놓인 두 개의 거울에 의해 이루어진다. 두 거울은 갈라진 두 광선을 반사시켜 두 번째 빛살가르개의 양면을 향하게 한다.

부차적인 거울들을 생략하고 레이저 광선의 궤적을 추적하면, 광선은 먼저 둘로 갈라지고 이어서 넷으로 갈라진다. 빛살가르개에서 두 번 반사된reflected 광선(rr)과 두 번 투과된transmitted 광선(tt)은 두 번째 빛살가르개

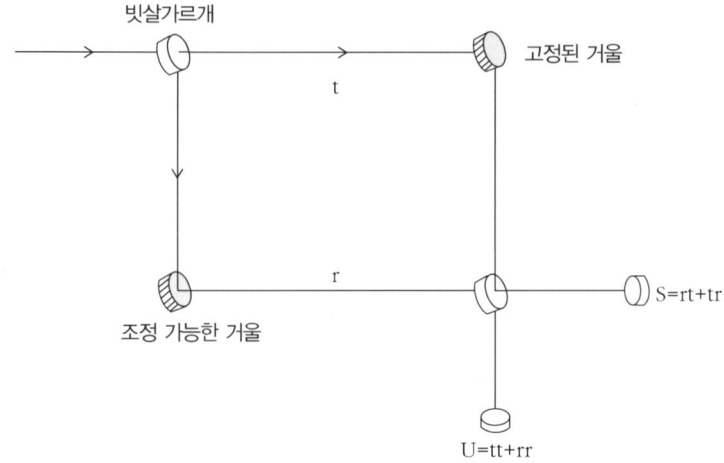

아래에서 합쳐진다. 한 번 반사되고 한 번 투과된 두 광선(rt와 tr)은 두 번째 빛살가르개 오른쪽에서 합쳐진다. 첫 번째 광선쌍(rr, tt)의 세기는 U로 명명된(U는 '비대칭인unsymmetric'을 의미한다) 탐지장치에 의해 측정된다. 그 탐지장치가 U로 명명된 이유는, 그것이 흡수하는 두 광선이 겪은 운명이 서로 다르기 때문이다. 한편 '대칭적인symmetric'을 의미하는 S로 명명된 두 번째 탐지장치는 두 번째 광선쌍(rt, tr)을 측정한다.

이제 빛살가르개들 사이의 경로의 길이를 정확하게 맞춘다고 해보자. 현실적으로 이 조건을 완벽하게 만족시키기는 불가능하다. 그러나 물리학자들은 불가피하게 생기는 미세한 경로 차이를 어렵지 않게 처리한다. 여기에서 우리는 그 미세한 경로 차이를 간단히 무시할 것이다. 두 경로가 같아지면, 실험자는 매우 놀라운 일을 발견한다. U로 명명된 탐지장치에 아무것도 탐지되지 않는다! 대신에 간섭계로 들어간 모든 빛은 남김없이 탐지장치 S에 도달한다. 첫 번째 빛살가르개가 레이저 광선을 둘로 가르고, 갈라진 두 광선이 한 번 더 갈라짐에도 불구하고, U에는 아무것도 도달하지 않는다. 이 뜻밖의 결과는 빛의 입자이론에 정면으로 위배된다. 역학적인 가르개(쇠구슬 절반을 통과시키고 나머지 절반을 반사시키는 구멍이 있는 철판을 쇠구슬 경로에 45도로 장치하면 쇠구슬가르개가 된다)를 이용한 쇠구슬 흐름 간섭계를 상상해 보자. 이 경우에 U가 쇠구슬의 절반을 탐지하지 못할 이유는 없다. 쇠구슬들은 서로를 상쇄하는 능력을 전혀 가지고 있지 않기 때문이다.

반면에 파동은 서로를 상쇄할 수 있다! 요점은 간단하다. 동일한 파동 두 개를 한 파동의 마루가 항상 다른 파동의 골과 만나도록 만들면, 두 파동은 상쇄된다. 파동들은 적절한 상황에서 '상쇄간섭'이라는 현상을 통해 서로를 없애 버릴 수 있다. 다른 경우, 즉 마루와 마루가 만나고 골과 골이 만날 때는, '보강간섭'이라는 현상에 의해 더 큰 파동이 생긴다. 우리의 간섭계에서는 보강간섭과 상쇄간섭이 함께 일어난다. U로 가지 않은 에너지는 S로 간다.

레이저 광선을 파동으로 간주하면, 탐지장치 U가 빛을 탐지하지 못하는 것을 이해할 수 있다. 두 번째 빛살가르개에서 나오는 두 광선은 속도와 진동수와 색과 세기가 같지만 절대적으로 동일하지는 않다. 두 광선은 육안으로 포착할 수 없는 미묘한 측면에서 다르다. 즉 두 광선은 진행상태가 약간 어긋난다. 거울이나 빛살가르개에서 일어나는 반사에 의해 광선의 방향 외에는 아무것도 변하지 않는다고 가정하자(이것은 약간 과도한 단순화이지만, 허용될 수 있다). 반면에 광선이 빛살가르개의 금속막을 통과할 때 빛 파동의 마루는 파장의 1/4만큼 지체된다. 파장은 마루와 다음 번

마루 사이의 거리이다. 이 차이를 명심하면, rt로 표기된 광선과 tr로 표기된 광선이 모두 정확히 같은 지체를, 즉 파장의 1/4만큼의 지체를 겪는다는 것을 알 수 있다. 왜냐하면 두 광선은 각각 한 번만 투과되기 때문이다. 따라서 두 광선(rt와 tr)은 가지런히 포개져서 보강간섭한다. 그러므로 대칭적인 측정장치 S는 입사광선과 같은 세기의 빛을 탐지한다.

다른 한편 광선 rr과 tt는 서로 다르다. 두 번 반사된 광선 rr은 이동 중에 아무 변화도 겪지 않는다. 반면에 두 번 투과된 광선 tt는 반 파장만큼 지체된다. 이는 광선의 마루와 골이 서로 자리를 바꾼다는 것을 의미한다! 결과적으로 rr은 tt와 상쇄간섭하여 사라지고, 탐지장치 U는 어둠 속에 남는다. 두 빛살가르개를 교묘하게 배치하여 간섭계를 만드는 것을 보고 간섭이 드문 현상이라고 생각하는 독자가 있을지 모르겠다. 그러나 사실은 정반대이다. 간섭은 파동의 대표적인 성질이고, 두 파동이 만날 때마다 발생한다. 물결, 소리, 빛, 마이크로파, X선, 지진파, 그리고 팽팽한 피아노 현의 진동이 모두 간섭을 일으킨다. 더 나아가 자연은 간섭을 즐긴다. 간섭 효과를 가장 인상적으로 보여 주는 것은 공작의 깃털과 나비이며, 가장 재미있게 보여 주는 것은 비누거품이다. 비누거품의 막은 작은 빛살가르개처럼 작동한다. 햇살의 일부(겨우 약 4퍼센트)가 비누막의 앞면에서 반사되고, 나머지는 공기를 통과하여 뒷면에 닿고, 거기에서 다시 일부만이 반사된다(대부분의 빛은 비누거품을 관통한다). 반사된 두 광선이 다시 만나 우리 눈에 들어올 때 서로 간섭할 수 있다. 구체적으로 말해서, 막의 두께에 따라서 두 번째 광선이 첫 번째 광선에 대하여 지체될 수 있다. 어떤 색들은 보강간섭하고 다른 색들은 상쇄간섭해서 여러 가지 색깔이 비누거품의 여러 부분에서 강화되고 억제된다.

　다시 마흐-첸더 간섭계로 돌아가서 마지막 세부 사항을 살펴보자. 아래 경로(r)에 있는 거울에 위치를 미세하게 조절할 수 있는 손잡이가 있다고 가정하자. 그 손잡이를 이용해서 한 번 반사된 광선의 경로 r의 길이를 조절하여 빛을 더 지체되게 만들 수 있다. 만일 지체가 반파장만큼 — 마루와 골 사이의 거리만큼 — 일어나면 종착점에서 광선의 마루와 골의 위치가 뒤바뀔 것이다. 그렇게 되면 탐지장치 U와 S의 반응이 뒤바뀐다.

　이제 멋진 실험을 할 준비가 되었다. 경로 r의 길이를 천천히 변화시키면서 U와 S에 의해 측정되는 빛의 세기를 관찰하자. 앞에서 설명했듯이, 일단 빛 전체가 S에 도달한다. 거울을 조절하면, U가 신호를 탐지하기 시작하고, 반대로 S에 도달하는 빛의 세기가 감소하여, 어느 시점에서 각각의 탐지장치가 절반의 빛을 받고, 결국 S에 도달하는 빛이 없어진다. 흥미롭게도 거울을 더 움직이면 S에 도달하는 빛의 세기가 원래대로 커진다 — 이 순환은 규칙적이고 부드럽게 반복되며, 두 탐지장치에 도달하는 빛의 세기를 그래프로 그리면 두 개의 상보적인 사인 곡선이 된다. 한 곡선이 최대값으로 올라가면, 다른 곡선은 0으로 떨어지며, 두 곡선의 합은 입사 광선의 세기와 같다. 각각의 탐지장치에서 보강간섭과 상쇄간섭이 번갈아 일어난다. 고전역학과 파동이론으로 그 과정을 쉽게 설명할 수 있다. 다른 한편·야구공과 총알은 간섭하지 않고, 그것들이 최종적으로 도달하는 위치는 이동한 경로의 길이와 전혀 상관이 없다.

　입사 광선의 세기를 낮추고, 빛 측정장치를 광자계수기로 대체하면, 실험이 더 오래 걸릴 것이다. 왜냐하면 계수기의 딸깍 소리가 적당히 많이 축적되는 데 시간이 필요하기 때문이다. 그러나 최종 결론은 이전과 동일하다. 딸깍 소리는 빛이 입자로 이루어져 있다는 증거이다. 또한 간섭은 빛이 파동으로 이루어져 있다는 증거이다. 그러므로 광자계수기가 달린 간섭계는 빛의 양자역학적인 입자-파동 이중성을 보여 준다.

아인슈타인이 '도깨비 같다$_{spooky}$'고 표현한 양자역학의 원격작용$_{action\text{-}at\text{-}a\text{-}distance}$도 간섭계를 통해 보여 줄 수 있다. 첫 번째 빛살가르개에서 투과된 빛의 경로 t에 있는 광자 한 개를 상상해 보자. 만일 반사된 빛의 경로 r이 열려 있다면, 우리가 이미 보았듯이, 광자는 절대로 탐지장치 U에서 딸깍 소리를 내지 않을 것이다. 그러나 경로 r이 닫혀 있다면, 광자는 탐지장치 U에서 딸깍 소리를 일으킬 수 있다. 그러므로 경로 하나를 닫음으로써 — 역설적이게도 — 탐지장치 U에 도달하는 광자의 수를 증가시킬 수 있다. 더 까다로운 질문은 이것이다. 경로 t에 있는 광자가 r이 열렸는지 혹은 닫혔는지 어떻게 '알' 수 있을까? 원자의 크기를 기준으로 해서 보면 두 경로는 서로 매우 멀리 떨어져 있다 — 두 경로 사이의 거리는 실험실용 간섭계에서 8~10센티미터 정도이고, 최근에 스위스에서 이루어진 실험에서는 십여 마일이었다. 이해할 수 없지만, 광자는 동시에 두 장소에 있는 듯하다. 간섭계를 통과하기 위해 경로 t에 있고, 통로가 열려 있는지 알기 위해 경로 r에 있는 듯하다! 19세기의 전통대로 빛을 파동으로 기술하면, 익숙한 대답을 얻을 수 있다. 파동은 동시에 두 장소에 있을 수 있고, 한 경로를 막으면 상쇄간섭이 일어날 수 없다. 그러나 단일한 광자는 분할불가능하다 — 광자 반 개에 대응하는 에너지를 측정한 측정장치는 이제까지 전혀 없다!

당신은 어쩌면 광자가 입자라는 것을 의심할지도 모른다. 당신과 같은 의심을 가진 사람들이 많이 있다. 광자는 확실히 모래알이나 총알처럼 저장하고 손으로 만질 수 있는 평범한 입자가 아니다. 그러나 우리가 살펴본 모든 광자의 신비로운 양자 현상들은 확실한 물질 입자에도 동일하게 적용된다. 입사광선을 전자나 중성자나 심지어 원자나 큰 분자 같은 단단하고 확실한 입자로 대체하고 거울과 빛살가르개와 탐지장치를 적당히 개조하면, 광자를 통해 얻은 것과 동일한 결과를 얻을 수 있다. 그러므로 양자역학의 신비(파인만이 말한 '유일한 신비')는 이것이다. 자연 속의 모든 입자는 광자와 마찬가지로 양자역학적인 빛살가르개에 의해서 두 방향 중 하나로 무작위하게 보내진다. 입자는 파동과 마찬가지로 간섭현상을 일으킨다. 자연 속의 모든 입자는 도깨비 같은 원격작용을 경험한다.

이 시나리오는 우리를 정말로 당황하게 한다. 생각해 보라. 한 소녀가 매일 아침 같은 길을 통해 벽으로 둘러싸인 정원에 들어간다. 그녀는 곧 다른 길과 교차하는 지점에 도달한다. 변덕스러운 성격을 가진 소녀는 원래의 길(t)을 따라갈지 아니면 다른 길(r)로 옮겨 갈지를 날마다 무작위하게 결정한다. 두 길은 한 번 더 교차한 다음 두 개의 출구(S와 U)에 도달한다. 두 교차점은 두 개의 동일한 빛살가르개를 나타낸다. 이 경우에 놀랍게도 소녀는 매일 출구 S를 통해 밖으로 나온다 — 단 한 번도 U를 통해 밖으로 나오지 않는다. 그러나 만일 한 경로가 — 어느 경로든 상관없다 — 보수공사를 위해 차단되면, 소녀는 무작위하게 두 출구 중 하나를 통해 밖으로 나온다. 이해할 수 없지만, 소녀가 가지 않는 경로의 차단 여부가 소녀의 행로에 결정적인 영향을 미친다.

우리는 파동이 간섭을 통해 그런 현상을 일으킬 수 있음을 보았다. 그러나 어떻게 물질적인 입자가 그런 기괴한 방식으로 행동할 수 있는지는 정말로 불가사의하다.

파동은 간섭을 설명하는 데 절대적으로 필수적이다. 그러나 물질 입자는 파동이 아니다. 물리학자들은 어떻게 광학과 파동 현상에서 얻은 지식을 입자를 기술하는 데 이용할까? 물리학자들은 '파동함수'라는 수학적인 방편을 발명했다. 파동함수는 원자에 관한 물리학과 화학의 개념적인 핵심이다. 현대 과학에서 파동함수의 시각적인 표현은, 공간 속으로 자유롭게 퍼지는 입자에 대해서는 대양의 물결과 유사하고, 원자 속의 전자에 대해서는 매우 복잡한 모양의 구름과 유사하다. 슈뢰딩거가 특별히 전자 같은 물질적인 입자의 간섭을 설명하기 위해 발명한 파동함수는 실재가 아니다. 파동함수는 당신의 주민등록번호가 당신과 관련되는 것처럼 입자와 관련된다. 파동함수는 입자를 확인하는 데 도움을 주지만, 당신의 손이나 호두알처럼 독자적인 물리적 실재성은 없다. 파동함수는 추상이지만, 당신의 주민등록번호와 마찬가지로 적당한 목적에 이용하면 강력한 효과를 발휘한다.

전자 같은 대상을 그것의 파동함수와 연결하는 규칙은 양자적인 형식화의 핵심적인 본성을 반영한다. 한편으로 파동함수는 전적으로 예측가능하지만, 다른 한편으로 개별 전자의 행동에는, 단순한 빛살가르개가 보여 주듯이, 본질적으로 무작위한 측면이 있다. 겉보기에 서로 모순되는 이 두 진술이 어떻게 모두 참일 수 있을까? 어떻게 예측가능한 수학이 자연의 본성적인 예측불가능성을 기술할 수 있을까?

양자역학은, 파동함수가 전자 자체를 기술하는 것이 아니라 단지 전자를 발견할 확률을 기술한다고 가정함으로써 조화될 수 없는 것을 조화시킨다(이 별것 아닌 듯한 짧은 문장 속에 75년의 노력과 논쟁이 숨어 있다!). 전자는 실재이다. 확률은 실재가 아니다. 양자 파동함수는 그것을 확률로 파악하는 해석의 도움을 받아 입자의 간섭과 무작위한 행동을 모두 설명한다. 파동함수의 예측가능성과 전자의 예측불가능성 사이의 관계는 겉보기에 모순적인 다음과 같은 두 진술 사이의 관계와 같다. "동전의 앞면이 나올 확률 —전적으로 예측가능한 양이다 — 은 정확히 50퍼센트이다." 그리고 "동전의 앞면이 나올지 아니면 뒷면이 나올지는 전적으로 예측불가능하다." 이 조화를 가능하게 하는 '파동함수' 라는 기묘한 장치는 부자연스럽고 기괴해 보이지만 잘 작동한다.

기적은 자연이 그런 방식으로 행동하는 이유가 아니다 — 자연은 그냥 그런 방식으로 행동하고, 우리는 우리가 그만큼 알 수 있다는 것에 감사해야 한다. 진정한 기적은, 우리가 우리 자신보다 훨씬 작은 규모에서 일어나는 원자의 작동을 그만큼 알았다는 것이다. 앞에서 보았듯이 염색체의 선형 구조는, 신은 미묘하지만 악의적이지 않다는 아인슈타인의 낙관적인 믿음에 동조하게 만든다(염색체의 선형 구조는 게놈 지도를 가능하게 한다). 양자역학의 경우, 전자와 원자핵은 물질 속 깊숙이 숨어 있지만, 자연은 우리가 육안으로 볼 수 있고 쉽게 조작할 수 있는 원자 규모의 기본입자를 준비했다. 그것은 광자이다. 광자의 입자와 파동으로서의 이중성은 빛살가르개와 간섭계에 의해 분명하게 드러난다. 신비로운 광자는 난쟁이 나라에서 온 자연의 전령이다. 광자는 세계가 원자 규모에서 어떻게 작동하는지 알 수 있게 해준다.

현대적인 양자이론은 프랑스의 물리학자 드브로이가 직관에만 의지해서, 빛(파동)이 입자(광자)로 구성된 것처럼 행동할 수 있다면, 확실히 입자인 전자도 파동성을 가질 수 있을 것이라고 주장하면서 탄생되었다. 그 행복한 추측은 전자뿐만 아니라 기본입자들과 합성입자에 대해서도, 복잡한 분자에 대해서도 옳은 것으로 판명되었다. 심지어 납 구슬과 쥐도 원리적으로 간섭을 나타낼 수 있다. 비록 우리가 그 간섭을 앞으로도 오랫동안 포착할 수 없을지도 모르지만 말이다.

무작위성과 간섭은 양자적인 행동의 대표적인 특징이다. 파동함수는 그 둘 모두를 구현하고 수량화한다. 그러나 파동함수는 과연 무엇일까? 파동함수를 확률로 보는 해석이 단서를 제공한다. 우리가 보았듯이 확률은 부분적인 앎 — 정보 — 의 축약표현이다. 원자 속에 있는 전자의 파동함수는 전자를 다양한 장소에서 발견할 가능성에 관한 정보를 담고 있다. 파동함수는 전적으로, 또한 간단히 말해서 정보이다. 그리고 파동함수의 모양은 원자의 형상을 결정한다.

우리를 당황하게 만드는 세계의 기이한 구조는 가장 기초적인 층위에서 연속성을 기대할 때 분절성을 나타내고, 예측가능성이 지배해야 할 때 무작위성을 나타내고, 도깨비 같은 원격작용과 파동–입자 이중성이라고 표현되는 물질의 간섭을 나타낸다. 그러나 일상적인 세계에는 가장 신비로운 양자 효과와 유사한 것이 없다. 그 효과는 '중첩$_{superposition}$'이라 불리며, 진리 개념 및 정보 개념과 함께 결정적인 힘을 발휘한다.

20 구슬 게임
양자 중첩의 신비

슈뢰딩거의 고양이는 물리학에서 가장 유명한 고양이과 동물이다. 1935년 태어난 이래 녀석은 물리학자들 사이에서 끝없는 그리고 때로는 격렬한 논쟁을 불러 일으켰다(나는 호킹이 한 강연에서 손가락으로 조종하는 음성합성기를 통해서 이렇게 투덜거린 것을 기억한다. "슈뢰딩거의 고양이가 언급되는 것을 들으면 총을 꺼내오고 싶다"). 대중적인 상상 속에서 녀석은 현대 물리학의 가장 기괴하고 반직관적인 측면과 동일시되었고, 책과 에세이와 만화와 시에 영감을 주었다. 그 고양이는 생각을 자극하는 문제를 내놓으려던 슈뢰딩거의 바람을 확실히 충족시켰지만, 대중의 과학 이해를 위한 도우미로서는 초라한 실패작이 되고 말았다.

상황은 아주 간단하다. 창이 없고 방음이 되어 있는 상자에 들어 있는 평범한 집고양이를 상상하라. 붕괴되지 않은 원래 상태의 방사성 핵을 상자 속 한 구석에 넣고, 핵 옆에 가이거 계수기를 설치하여 붕괴가 일어나는 것을 감지할 수 있게 하자. 그리고 가이거 계수기에서 나오는 출력신호를 독가스가 들어 있는 병을 여는 전기장치와 연결하자. 독가스는 고양이를 한순간에 고통 없이 죽일 수 있다. 이제 상자를 닫고 기다리자.

상자를 열어 보지 않는 한 당신은 상자 속에서 무슨 일이 일어나는지 말할 수 없다. 그러나 고전적인 논리에 따르면 적당한 시간이 지나면 핵은 붕괴했거나 아직 붕괴하지 않았을 것이다 — 상자 속에서 어떤 일이 일어나거나 일어나지 않았을 것이다. 당신은 아주 간단하게 이렇게 생각할지도 모른다. 위 문장은 명백한 거짓이다. 왜냐하면 당신이 들여다보지 않는 한, 핵은 '중첩'이라는 신기한 양자역학적 상태에 들어간다. 그 속에서 핵의 상태는 파동함수에 의해 기술된다. 이 상황에서 (들여다보지 않는 것이 결정적으로 중요하다) 핵은 이렇거나 저렇지 않다 — 둘 다이다. '붕괴했거나 붕괴하지 않았다'라고 기술하는 대신에 '붕괴했고, 붕괴하지 않았다'라고 기술해야 한다. 이 새로운 진술은 명백하게 반직관적임에도 불구하고 중첩은 자연 속에서 흔히 일어나며, 실제로 우리는 한 가지 중첩을 이미 만났다. 예를 들어 빛살가르개를 때리는 입자는 '투과되었고, 동시에 반사되었다.' 만일 그렇지 않다면 — 입자가 '투과되었거나, 반사된' 작은 당구공처럼 행동한다면 — 간섭계에 의해서 그토록 뚜렷하게 나타나는 간섭은 일어날 수 없다.

그러나 상자 속의 핵이 동시에 '붕괴했고, 붕괴하지 않았다'면 고양이는 동시에 '살아 있고, 죽었어야' 한다. 상자를 열자마자 당신은 핵이 온전하거나 붕괴된 것을, 따라서 독가스가 병 속에 있거나 확산된 것을, 그리고 고양이가 죽었거나 살아 있는 것을 발견할 것이다. 그러나 상자를 열어 보기 전에는, 상자 속의 내용물은 우리가 평범한 일상생활에서는 볼 수 없는 중간 상태에 있다. 슈뢰딩거는 이 결론이 상식을 무시한다는 것을 잘 알고 있었지만, 딜레마를 벗어나는 만족스러운 방법을 제시하지 않았다. 긴 세월 동안 수많은 기발한 해결책이 제시되었지만, 어떤 것도 논쟁을 종결시킬 만큼 설득력 있지 않았다.

슈뢰딩거의 고양이가 가진 문제는 모든 것이 정신 속에 있다는 것이다. 누군가 보기 전에는, 고양이의 상태(고양이가 죽었다고, 혹은 살아있다고, 혹은 둘 다라고, 혹은 중간이라고 표지를 붙이는 것)는 그 누구에게도, 그 고양이 자신에게는 더욱 더 중요하지 않다. 중첩 개념이 더 강력하게 대중의 의식 속에 자리 잡게 하기 위해 필요한 것은 더 설득력 있고 충격적인 논증이다. 한가한 사변이라고 무시할 수 없는 실제적인 귀결을 가진 논증이 필요하다. 그런 논증의 하나로 '구슬 게임'이라는 이야기가 있다. 나는 텔 아비브 대학의 바이드만 Lev Vaidman이 어느 날 저녁 볼츠만 가(街)에 있는 빈 대학 슈뢰딩거 연구소에서 벌어진 술자리에서 내가 그 이야기를 지어냈다고 증언한 것에 감사한다.

구슬 게임에서는 고전 물리학자 두 명으로 이루어진 팀과 양자 물리학자 두 명으로 이루어진 팀이 맞붙는다. 어느 팀이 질문자를 더 확실하게 바보로 만드는지가 관건이다. 질문자는 두 팀에게 겉보기에 단순한 과제를 수행할 것을 요구한다. 짝수 개의 녹색 구슬과 빨간색 구슬로 목걸이를 만들되, 인접한 구슬은 항상 다른 색이 되도록 하고, 고리 옆에 있는 마지막 구슬 두 개는 같은 색이 되도록 하는 것이 과제이다. 다시 말해서 만일 첫 번째 구슬이 녹색이라면, 다음 구슬은 빨간색이어야 하고, 그 다음

구슬은 녹색이어야 하고, 그런 식으로 끝까지 가서 마지막 구슬은 첫 구슬과 같은 녹색이어야 한다. 6개의 구슬을 사용한다고 가정하면, 당신은 곧 짝수 개의 구슬로는 과제를 완수할 수 없다는 것을 알게 될 것이다.

그러나 다행스럽게도 게임의 규칙은 참가자가 질문자에게 실제로 목걸이를 제시할 것을 요구하지 않는다. 참가자는 단지 인접한 구슬들의 색을 묻는 질문에 답하기만 하면 되고, 심지어 필요하다면 속임수를 써도 된다. 질문자는 각 팀에게 동일한 목걸이 두 개를 만들도록 요구하고, 참가자 4명이 각자 목걸이 한 개를 들고 방음이 된 방 4개에 한 명씩 들어가도록 명령한다. 각각의 참가자는 한 개의 질문을 받는다. 질문자는 참가자에게 이렇게 물을 수 있다. "네 번째 구슬은 무슨 색입니까?" 그리고 같은 팀의 두 번째 참가자에게는 인접한 구슬, 즉 세 번째 구슬이나 다섯 번째 구슬의 색을 물을 수 있다. 만일 서로 다른 대답이 나오면, 그 팀은 시험을 통과한다. 만일 같은 대답이 나오면, 그 팀은 게임에서 진다(고리 옆에 있는 두 구슬에 대해서는 당연히 대답이 일치해야 한다). 질문자는 같은 두 질문을 다른 팀에게도 던진다. 만일 두 팀이 모두 시험을 통과하면 — 혹은 실패하면 — 게임은 무승부가 되고, 새로운 목걸이를 만들어서 다시 대결을 해야 한다.

두 팀이 같은 금액의 돈을, 이를테면 한 판에 천 파운드를 건다고 상상하자. 첫 판에서 첫 번째 팀이 이기고 두 번째 팀이 진다. 곧 돈이 쌓이기 시작한다.

정상적인 상황에서는, 각 팀이 할 수 있는 최선의 일은 한 자리에만 결점이 있는 — 색이 같은 인접한 구슬 한 쌍이 있거나, 맨 끝의 구슬 두 개의 색이 다른 — 목걸이를 두 개 똑같이 만들고 정직하게 물음에 답하는 것이다. 실제 목걸이가 없거나, 최소한 목걸이의 설계를 가지고 있지 않다면, 참가자는 파트너가 어떤 대답을 할지 추측할 수 없고, 따라서 어떤 대답을 해야 할지 알 수 없을 것이다. 한 팀이 목걸이 두 개를 가지고 있다고 가정하면, 그 팀이 구슬 6개로 시험을 통과할 최선의 확률은 5/6 즉 83.3퍼센트일 것이다.

이제 묘수를 생각해 보자. 양자팀이 실제 목걸이를 만들거나 상상하는 대신에 한 쌍의 전자를 이용한 양자역학적인 장치를 이용하기로 결정한다. 전자는 작은 자석이다. 스핀이라고 불리는 전자의 자성은 화살표로 표기되며, 신기한 양자역학적인 성질을 가지고 있다. 만일 당신이 마음대로 한 방향을 정하고 그 방향을 따라 전자의 스핀을 측정한다면, 스핀의 방향은 당신이 정한 방향과 같거나(스핀 업), 반대 방향일 것이다(스핀 다운). 어떻게 된 일인지, 스핀의 화살표는 당신이 측정장치를 맞추어 놓은 방향과 예컨대 30도 다른 방향을 가리키지 못한다 — 같은 방향이나 다른 방향을 제외한 그 어떤 방향도 가리키지 못한다. 더 나아가 당신이 원자 반응 속에서 전자 두 개를 함께 생산한다면, 당신은 두 전자의 스핀이 반대 방향이 되도록 만들 수 있다. 그 경우에 전자 각각의 스핀의 방향에 대해서는 아무 것도 알려지지 않는다. 한 전자의 스핀을 측정하면, 스핀은 특정한 값 — '업' 또는 '다운' — 을 가질 것이고, 그렇다면 다른 전자는, 심지어 은하계 건너편에 있다 할지라도, 같은 방향을 따라서 측정하면 확실히 반대 방향의 스핀을 가질 것이다. 그 두 전자는 **얽혀있다**(슈뢰딩거가 만든 말이다)고 말해지며, '#1은 업, #2는 다운' 그리고 '#1은 다운, #2는 업'

의 중첩으로 기술된다. 이 두 가능성 중 어느 것이 실제 측정에서 나타날지는, 죽었고 살아있는 고양이의 맥박처럼 예측불가능하다.

　게임으로 돌아가자. 각 판에 앞서서 양자팀은 서로 얽힌 전자 두 개를 만들어 얽힌 상태가 유지되도록 조심스럽게 떼어 놓는다. 각각의 참가자는 전자 한 개를 가지고 방에 들어간다. 두 참가자는 미리 정하고 번호를 붙인 방향에 따라 스핀을 측정하기로 합의한다. 그 방향들의 개수는 구슬의 개수와 같으며, 인접한 두 방향 사이의 각도는 일정하다. 구슬 6개로 된 목걸이의 경우에 — 참가자가 정하는 방향은 30도 방향에서 180도 방향까지 30도 간격으로 배치된다 — 첫 번째 참가자는 네 번째 구슬의 색을 120도 방향의 스핀을 측정함으로써 확실히 알 수 있을 것이다. 그는 스핀이 업인지 혹은 다운인지에 따라서, 녹색이라고 또는 빨간색이라고 대답할 것이다. 두 번째 참가자는 "다섯 번째 구슬은 무슨 색입니까?" 라는 질문을 받고 얽힌 전자의 스핀을 150도 방향으로 측정하고 측정값에 맞게 대답한다. 전자들 간의 미묘한 관계는 측정행위에 의해 파괴되므로, 매 판마다 새로운 얽힌 전자 쌍이 필요하다.

　구슬도 목걸이도 색도 심지어 목걸이의 설계도 존재하지 않는다는 것에 주목하라. 측정이 이루어질 때까지는 특정한 방향을 가리키는 입자의 스핀도 없다. 목표는, 불가능한 목걸이를 만드는 것도 심지어 양자역학적인 목걸이를 만드는 것도 아니라 질문자를 속이는 것이다.

　인접한 구슬에 대해서 다른 색을 발견할 확률과 맨 끝의 구슬 두 개에 대해서 같은 색을 발견할 확률은, 양자역학의 법칙들에 따라서 계산해보면 약 93.3퍼센트가 된다. 그것은 실제 목걸이에 의지해서 기대할 수 있는 최선의 확률보다 훨씬 높다. 게임을 여러 판 할수록 더 유리해진다. 구슬의 개수가 증가하면, 양자역학적인 묘수가 고전적인 전략보다 극적으로 유리해진다. 실제로 목걸이가 길어지면 양자 팀이 이길 확률은 급속도로 1에 접근한다. 누구도 그 명백한 승리를 운으로 돌릴 수 없으므로, 양자역학을 모르는 질문자는 양자팀의 방에 실현 불가능한 목걸이가 정말로 있다고 믿을 수밖에 없을 것이다 — 혹은 양자 팀의 참가자들이 텔레파시를 교환한다고 믿을 수밖에 없을 것이다.

묘수의 핵심은 스핀을 측정할 방향들의 선택에 있다. 구슬의 개수가 많으면, 인접한 두 방향이 거의 일치하게 된다. 그런데 이미 준비된 얽힌 상태에 있는 입자들의 스핀은 어떤 방향으로 측정해도 서로 반대가 된다. 따라서 인접한 두 방향에 따라서 두 전자의 스핀을 측정하면, 두 스핀은 거의 항상 다를 것이다. 예외는 오직 맨 끝에서만 일어난다. 첫 번째 구슬과 마지막 구슬에 대응하는 두 방향은 거의 180도를 이룬다. 여기에서 논의되는 특수한 얽힘에서, 반대 방향으로 측정한 두 스핀은 항상 모두 '업'이거나 모두 '다운'이어야 한다 — 따라서 맨 끝에 있는 두 구슬의 색에 대한 대답은 같아진다. 이런 방식으로 양자계는 과제가 요구하는 성질들을 모두 가진 목걸이의 모형을 멋지게 만들어 낸다.

게임의 승부에 대해서는 의심의 여지가 없다. 이 게임의 승부 확률을 산출하는 공식을 비롯한 양자역학의 예측들은 1926년에는 논란의 여지가 있었지만, 그 사이에 충분히 많은 예측들이 실험적으로 확증되어, 오늘날 양자역학은 자동차 역학처럼 튼튼해졌다! 물론 얽힌 입자들을 만들거나, 그 입자들의 스핀을 서로 다른 방에서 정확히 정해진 방향으로 측정하는 것은 쉬운 일이 아니다. 그러나 기술이 마침내 이론을 따라잡을 때 일어날 결과에 대해서는 물리학자들 사이에 이견이 없다.

얽힌 입자들이 일종의 신호전달 장치가 아니라는 것을 명심하는 것이 중요하다. 참가자들 사이에서 이루어지는 통신은 없다. 다만 그들의 측정들 사이에 상관성이 있을 뿐이다. 고전적인 팀에서는 실제적인 동일한 목걸이에 의해서 상관성이 구현된다. 양자 상관성은 고전적인 상관성과 전혀 다르고, 때때로 더 강하게 보인다. 그러나 그 말은 양자 상관성의 반직관적인 본성을 올바로 표현하지 못한다.

구슬게임은 슈뢰딩거의 고양이 이야기보다 두 가지 면에서 우수하다. 첫째, 구슬게임은 실험에 의해 마침내 실현될 확정적이고 측정가능한 결과와 직접적으로 연결되어 있다. 더 중요한 것은 실질적인 귀결이 있다는 것이다. 이 게임은 장난이 아니다. 돈이 오고간다. 두 이야기는 모두 양자이론에 의해 지배되는 원자적인 계와 평범한 일상적인 세계를 연결하려 한다. 그러나 방사성 핵이 복잡하고 비실용적인 장치에 의해 고양이와 연결된 것과 달리, 얽힌 입자들과 그것을 이용하는 참가자들은 그럴듯해 보인다. 그것들은 좀 더 실제적이고 견고한 예로 보인다. 마치 도박사에게 심각한, 심지어 치명적인 결과를 안겨 줄 수 있는 주사위의 눈과 같아 보인다.

이제 이야기의 교훈을 알아보자. 구슬게임의 가르침은 스핀의 측정들 사이의 예상치 못한 상관성은, 개별입자들이 중첩상태에 있을 때만 가능하다는 것이다 — 업 또는 다운일 때가 아니라, 업 그리고 다운일 때만 가능하다. 우리의 세계로 옮겨서 말하면, 그것은 허구적인 양자 목걸이의 구슬 각각이 어떤 심오한 의미에서 빨간색이고 또한 녹색이라는 것을 의미한다.

동시에 빨간색이고 녹색인 구슬을 상상하는 것은, 4차원을 상상하는 것만큼 어렵다. 나는 양자 구슬을 아름답지만 불분명하고 가물거리고 반투명하고, 내가 손을 대는 순간 특정한 색으로 굳어지는 대상으로 상상한다. 그러나 나는 그 상상에 큰 신뢰를 두지 않는다. 오히려 나는 과학의 힘과 추상적인 개념들을 파악하는 내 정신의 능력을 신뢰한다. 나의 뇌는 나에게 세계의 기반이 정말로 완전히 양자역학적이라는 것을 보여 주었다. 만일 우리의 감각이 이렇게 허술하지 않다면, 우리는 구슬이 녹색이고 빨간색일 수 있음을, 스핀이 동시에 업이면서 다운일 수 있음을, 회로 속의 전류가 동시에 반대방향으로 흐를 수 있음을, 그리고 재치 있는 캐나다인 리코크Stephen Leacock가 말했듯이, 기수가 말에 오르고 동시에 내릴 수 있음을, 경험을 통해서 알 것이다. 문제는 더 이상 '어떻게 그럴 수 있는가'가 아니다. 물리학에서는 오히려 다음과 같은 질문이 중요해졌다. 왜 우리는 일상생활에서 중첩을 인지하지 못하는가? 혹은 어떻게 세계의 근본적인 층위에 숨어 있는 중첩이 우리의 감각이 지각하는 세계의 뚜렷한 윤곽을 산출하는가? 휠러의 정말로 큰 질문 "왜 양자인가?"는 어쩌면 "왜 고전적인가?"로 바뀌어야 할지도 모른다.

이 곤경은 원자론만큼 오래된 또 다른 곤경을 생각하게 한다. 어떻게 세계의 근본적인 층에 입자성이 숨어서 우리의 감각이 지각하는 연속적인 윤곽을 산출하는가? 이 질문에 대한 답은 쉽다. 해답의 핵심은 원자가 작다는 것에 있다. 오늘날 주사식 전자 현미경과 더 발전된 현미경들은 우리를 입자성이 지배하는 원자 영역으로 들어갈 수 있게 해 주었다. 그와 유사한 방식으로 우리는 다가오는 미래에 실재의 신비로운 측면들을 우리의 직관에 재교육이 필요할 정도로 많이 알게 될 것이다. 그 때에 우리는 더 이상 중첩이 논리적인 불가능성이라고 보지 않고, 우리가 원자를 수용했듯이 중첩을 수용할 것이다. 우리가 중첩이라는 실재적인 현상을 완전히 포함한 세계상을 더 일찍 채택할수록 그 세계상이 주는 공학적인 보상을 더 일찍 받을 수 있을 것이다. 이것 아니면 저것과 둘 다의 차이, '또는'과 '그리고'의 차이가 가장 분명한 곳은 정보의 맥락이다. 0과 1 사이의 선택은 확실히 물리학이 아니라 논리학의 문제이다. 그러나 란다우어가 주장했듯이, 정보는 물리적이기 때문에, 중첩 현상은 정보처리의 법칙들을 근본적으로 변화시키게 될 것이다.

21 큐비트
양자시대의 정보

'또는or' 이 비트의 상태를 기술하기 때문에 — 0 또는 1, 참 또는 거짓, 예 또는 아니오, 선 또는 점, 빨간색 또는 녹색 — 만일 물리학의 다른 모든 분야가 양자역학과 관계를 맺었듯이 정보이론과 양자역학이 관계를 맺는다면, 혹은 컴퓨터 메모리가 계속해서 축소되는 것의 필연적인 귀결로 정보가 양자계 속에 저장된다면, 무언가 중요한 일이 일어나야 한다. 양자이론이 수용되면서, 서로 모순되는 술어의 혼합이 원자적인 계에서 정상적인 상태라는 인식이 등장했다. 우리가 보았듯이 가장 근본적인 층에서 사물들은 이곳 그리고 저곳 둘 다에 있으며, 업 그리고 다운이며, 입자 그리고 파동이며, 녹색 그리고 빨간색이다. 접속사 '또는' 은 측정이나 관찰의 형태로 개입이 일어날 때만 등장한다 — 양자역학적인 계에 부과된 선택이 그 계를 우리 감각 경험의 익숙한 대상과 유사하게 보이고 행동하게 강제할 때만 등장한다. 그렇게 시원한 배타적 '또는' 이

방황하는 비배타적 '그리고'로 대체될 때, 정보이론은 어쩔 수 없이 비배타적인 '그리고'와 함께 가야 한다. 그러나 비트의 양자적인 변양태는 섀넌의 선구적인 논문보다 거의 50년 후에 비로소 발명되었다.

1992년 5월에 우터스William Wootters는(그는 매사추세츠에 있는 윌리엄스 칼리지의 물리학 교수이며, 존 휠러 밑에서 연구했고, 양자 정보이론의 기반을 닦는 데 기여했다) 오하이오에 있는 작은 캐넌 칼리지에서 일하는 슈마허Benjamin Schumacher를 방문하고 돌아오는 길이었다. 두 사람은 공항으로 가는 길에 말장난을 했다. 아마도 그들의 모호한 주제에 관한 대화는 정보의 양자적인 단위를 나타내는 새로운 용어의 도움을 받았을 것이다. 그들은 장난삼아 '양자 비트quantum bit'와 'q-비트' 같은 단어를 거론했으며, 최종적으로 '큐비트qubit'라는 단어를 선택했다. 그들은 그 단어를 고대의 길이 단위인 '큐비트cubit'처럼 첫 음절에 강세를 주어 발음하면서 즐겁게 웃었다. 그러나 '큐비트qubit'는 길이의 단위인 '큐비트cubit'와 아무 상관이 없다. 그들의 웃음은 사라졌지만, 아이디어는 남아 슈마허는 가을에 그 새로운 단어를 과학계에 공식적으로 제안했고, 과학계는 즉각적으로 그 단어를 수용했다. 10여 년이 지난 오늘 큐비트가 없는 양자 정보에 대한 새 논문을 상상하는 것은 불가능하다.

비트와 동전던지기의 결합, 확실성과 무작위성의 결합이 낳은 결실인 큐비트는 부모의 성질들을 물려받았다. 그러나 큐비트는 부모와 본질적으로 다르다. 부모와 마찬가지로 큐비트는 개념이다. 사물이 아니다. 비트가 0 또는 1의 값을 가질 수 있는 것과 달리, 큐비트는 0 그리고 1의 양자 중첩으로 정의된다. 큐비트의 값을 실제로 측정하면, 값은 동전던지기에서처럼 무작위적으로 0이나 1이 될 것이다. 그러나 측정 이전에 큐비트는 50퍼센트의 1 그리고 50퍼센트의 0의 평형상태로 존재할 수 있다. 혹은 80퍼센트의 1 그리고 20퍼센트의 0과 같은 다른 비중일 수도 있다. 마치 사기 도박꾼의 치우친 동전처럼 말이다.

이런 성질의 귀결로 측정은, 인간의 개입이든 기계의 개입이든, 어떤 의미에서 창조적인 행위로 간주되어야 한다. 측정이 이루어지기 이전에는 잠재적인 정보가 존재한다. 측정 이후에는, 전에 존재하지 않았던 확실하고 유일한 1비트의 정보가 창조되었다. 그것은 글쓰기 행위에 비유할 수 있는 과정이다 — 내 뇌 속을 떠다니는 불분명하고 모호하고 불명확한 단어들을 나의 모니터에 분명한 형태로 고정시키는 행위에 비유할 수 있다.

큐비트를 조작하는 행위는 내가 근무하는 대학의 명예학자 회의인 화이 베타 카파의 창립자 회의에서 지금도 의례적으로 사용하는 오래된 투표 방법을 떠올리게 한다. 새 회원을 선출해야 할 때면, 창고에서 오래된 투표 기계를 꺼내 회장 앞에 있는 탁자 위에 놓는다. 그 골동품 기계는 크기가 대략 여섯 개들이 맥주 상자와 같은 검은 마호가니 상자이며, 정성들인 장식으로 화려하게 치장되어 있다. 사람의 손이 충분히 들어갈 만큼 큰 구멍 속으로 들여다보면 펠트천으로 안감을 댄 상자 내부의 빈 공간을 볼 수 있다. 상자 내부의 바닥에는 뚜껑이 없는 칸이 두 개 있다. 한 칸에는 검은 구슬들이 있고, 다른 칸에는 흰 구슬들이 있다. 투표를 할 때, 회원은 구멍 속으로 손을 집어넣어 오른쪽에 있는 흰 구슬을 집거나 왼쪽에 있는 검은 구슬을 집어 상자 속 뒷면에 있는 작은 구멍 속으로 넣는다. 구슬은 바닥에 있는 서랍 속으로 굴러 들어간다. 투표자의 행동은 상자 안에서 이루어지고 투표자의 팔뚝이 시선을 가리므로, 사람들은 투표자가 어떤 구슬을 집는지 볼 수 없다. 상자가 회원들 사이로 돌아다닌 후, 서랍을 열어 찬성을 뜻하는 흰 구슬과 반대를 뜻하는 검은 구슬의 수를 센다. 이 방법에 의해 회원 선출에서 탈락한 후보자는 '검은 구슬을 받았다'고 회자된다.

이 맥락에서 이야기한다면 큐비트는 검고 동시에 흰 구슬이라고 해야 할 것이다 — 구슬 게임의 빨간색이고 녹색인 구슬처럼 변덕쟁이이다. 큐비트는 서랍 속으로 떨어질 때 확정된 색을 얻는다. 그러나 그때까지는 중간 상태를 유지한다. 이 마술 구슬은 의사를 확실히 정하지 못했기에 결과를 운에 맡기기를 원하는 투표자에게 유용할 것이다(더 발전된 큐비트 구슬은 예와 아니오의 비중이 다른 상태를 나타낼 수도 있다. 합리적으로 결정한, 즉 베이스적으로 산정한 후보자의 적합성이 이를테면 80퍼센트라고 느끼는 투표자는 그 구슬을 집을 것이다). 화이 베타 카파의 회원들이 서로 떨어져 있는 한, 투표 상자 안에서 정확히 어떤 일이 일어나는지는 비밀로 유지된다. 그렇게 분명하게 확정된 입력과 출력이 있으면서, 내부에서 일어나는 일은 비밀에 싸여 있는 장치는 물리학에서 흔히 사용되는 비유로 '블랙박스'라고 불린다. 양자역학의 작동 전체는 블랙박스와 유사하다고 할 수 있다. 왜냐하면 양자역학의 입력과 출력에 대해서는 보편적인 합의가 이루어졌지만, 내적인 메커니즘에 대해서는 여전히 논란이 있기 때문이다.

투표에서 큐비트 구슬은 반드시 필요한 도구는 아니다. 선택을 우연에 맡기고자 하는 투표자는 투표 기계에 같은 수의 검은 구슬과 흰 구슬을 채우고, 구슬이 칸 밖으로 나와 섞이도록 기계를 흔든 다음, 손을 집어넣어 아무렇게나 구슬을 하나 집을 수 있다. 이 과정의 출력은 큐비트 구슬이 서랍 속으로 들어갔을 때와 동일하다. 그러나 두 작동에 대한 설명은 다르다. 소위 고전적인 경우에 구슬은 항상 잘 정의된 색을 가진다 — 단지 우리가 서랍이 열릴 때까지 그 색을 모를 뿐이다. 반면 양자역학적인 경우에 큐비트 구슬은 애당초 확정된 색을 가지지 않는다. 큐비트 구슬이 서랍 속으로 들어가기 전에는, 그것이 흰색인지 검은색인지를 결정할 길이 심지어 원리적으로도 없다. 이 본질적인 비결정성이 큐비트를 비트와 구별한다.

두 번째 큐비트 구슬이 추가되면 상황은 더 재미있어진다. 단순한 양자역학적인 작용에 의해서 두 큐비트 구슬이 얽힐 수 있다(한 쌍의 얽힌 큐비트는 버릇이 너무나 잘 들어서 한쪽을 보면 다른 쪽의 행동을 예측할 수 있는 늙은 부부와 같다). 투표자는 약간의 손재주를 부려, 큐비트 구슬 각각의 색은 예측 불가능하지만, 두 구슬의 색은 확실히 같도록 만들 수 있다. 예를 들어 첫 번째 큐비트 구슬이 검은색이라는 것이 발견되는 순간, 두 번째 큐비트 구슬의 색도 필연적으로 검은색이 된다. 이런 방식으로 처음에는 결정되지 않은 한 표가 두 표의 가치를 가질 수 있다. 다른 한편, 구슬게임에서처럼 두 큐비트 구슬이 반대색으로 얽혀 있으면, 한 표가 항상 다른 표에 의해 효과를 상실할 것이다. 곧 보게 되겠지만, 양자 컴퓨터는 큐비트 구슬을 사용하는 화이 베타 카파 투표기계가 훨씬 더 복잡하게 발전된 형태에 불과하다고 할 수 있다.

그러나 이 비유는 너무 거칠다. 무엇보다도, 큐비트는 개념이지 사물이 아니다. 그러므로 큐비트 구슬은 허구이고, 그런 점에서 신뢰할 수 없는 비유이다. 큐비트는 양자시대의 정보를 이해하는 데 뿐만 아니라, 양자 컴퓨터와 궁극적으로 물리적인 실재의 기술에도 필수적이므로, 실제 큐비트의 생산에서부터 측정까지를 설명할 필요가 있다.

다행스럽게도 필수불가결한 양자 장치인 빛살가르개는 큐비트를 만드는 이상적인 기계이기도 하다.

면이 바닥과 평행하게 수평으로 설치한 빛살가르개를 생각해 보자. 레이저 광선이 위에서 수직으로 빛살가르개에 비춰지면, 광선의 일부는 유리와 금속막을 투과하여 아래 공간으로 가고, 일부는 반사되어 위 공간으로 갈 것이다. 이제 광선의 세기를 광자 수준으로 줄인다고 해 보자. 또한 광자 한 개는 1비트의 정보를 운반한다고 가정하자. 우리는 다음과 같은 코드화 규약을 정한다 — 최종적으로 빛살가르개 위로 가는 광자는 1을, 아래로 가는 광자는 0을 의미한다. 이 단순한 방식으로 우리는 큐비트 생산기를 만들었다.

메시지 '1'을 운반하는 광자를 빛살가르개를 향해 발사한다고 상상해 보자. 그 결과로 두 개의 신호, 즉 빛살가르개 아래에 있는 신호와 위에 있는 신호가 생겨날 것이다. 그러나 두 번째 광자가 산출된 것도, 두 번째 비트의 정보가 산출된 것도 아니다. 지난 두 장에서 배웠듯이, 기계 속의 정보는 이제 양자역학적인 중첩상태에 있다. 빛살가르개 위와 아래에 탐지장치를 설치하여 신호를 잡는다면, 탐지장치 하나에 신호가 포착될 것이다. 그러나 어떤 탐지장치에 신호가 포착될지는 예측불가능하다. 이것이 큐비트 '1 그리고 0'이 실제로 생산되었다는 결정적인 단서이다. 그 큐비트는 두 개의 약한 광선에 의해 운반된다. 그 두 광선이 운반하는 에너지의 합은 광자 한 개의 에너지와 같다.

모든 양자 장치가 그렇듯이, 큐비트는 미묘한 꽃이다. 만일 당신이 큐비트를 바라보면, 큐비트는 파괴된다. 아무리 자주 검사해도 동일한 값을 지속적으로 가지는 튼튼한 비트와 달리, 큐비트는 그것의 값 — 0 또는 1 — 이 측정되는 순간 정체성을 잃는다. 그럼에도 불구하고 큐비트를 조작하는 방법들이 있다. 우선 빛살가르개는 50:50일 필요가 없다. 입사 광선의 절반을 투과시키고 나머지 절반을 반사시키는 대신에, 0에서 100퍼센트 사이의 임의의 분량을 반사시키도록 빛살가르개를 제작할 수 있다. 그러나 우리는 주로, 대칭적인 빛살가르개와 50:50 큐비트를 다룰 것이다.

조정 가능한 다른 사항들은 빛의 파동성에 의해 결정된다. 산출되는 두 광선의 경로 거리를 조절하여, 두 광선의 마루와 골의 상대적인 위치를 변화시킬 수 있다. 이것은 두 광선을 서로 합치거나, 다른 큐비트에 속하는 다른 광선과 합치면, 상쇄간섭(마루와 골이 만날 때)에서부터 보강간섭(마루와 마루가 만날 때)까지 다양한 정도의 간섭을 산출할 수 있음을 의미한다. 다양한 상대적 비중과 상대적 경로 거리가 가능하므로, 빛살가르개는 무한히 다양한 큐비트를 산출할 수 있는 탄력성 있는 도구이다.

만일 빛살가르개 위에 있는 광자(우리가 합의했듯이 그 광자는 정보 '1'을 운반한다)로부터 큐비트가 만들어진다면, 원래 있던 확정적인 1비트의 정보는 어떻게 될까? 그 정보는 큐비트가 생산되는 과정에서 소멸하거나 파괴되지 않는다. 다만 미묘한 방식으로 숨는다. 그 정보는 두 광선(반사된 광선과 투과된 광선) 속으로 분산된다. 그 정보를 복원하려면 두 광선을 함께 고려해야 한다. 정보를 복원하는 한 가지 가능한 방법은, 간섭계를 제작할 때처럼, 두 광선을 각각 두 번째 빛살가르개의 윗면과 아랫면에 비추는 것이다. 그러면 두 번째 빛살가르개 위에서 상쇄간섭이 일어나고(rr과 tt는 위상이 일치하지 않는다), 아래에서 보강간섭이 일어난다(tt와 tr은 위상이 일치한다). 그러므로 출력 광자는 확실히 메시지 '0'을 운반할 것이다(반대로 최초 입력 비트가 '0'이라면 보강간섭과 상쇄간섭의 위치가 뒤바뀌어 출력 메시지가 '1'이 될 것이다). 그렇게 간단히 기호 '1'과 '0'의 역전이 일어날 것이다. 그리고 그것은 정보의 손실이 아니다. 예외 없이 예와 아니오를 뒤바꾸는 강박적인 거짓말쟁이와의 통신은 항상 진실을 말하는 사람과의 통신만큼 신뢰할 수 있다.

간섭계처럼 1과 0을 뒤바꾸는 장치는 '나트게이트$_{\text{not gate}}$'라 불린다(논리적인 회로 요소는 게이트라 불린다. 왜냐하면 그것이, 조절 가능한 게이트(수문)가 관개수로의 물의 흐름을 제어하듯이 정보의 흐름을 제어하기 때문이다). 비트의 값은 두 개뿐이므로, 하나를 거부하는 것은 필연적으로 다른 하나를 선택하는 것을 의미한다. 뒤바꾸기는 부정하기$_{\text{negation}}$와 동등하다. 나트게이트는 일반적으로 컴퓨터를 구성하는 흔한 요소이다. 만일 가능한 비트값 두 개가 두 개의 전선에 의해 운반된다면, 쉽게 나트게이트를 만들 수 있다. 간단히 전선을 교차시켜서, 입력 1을 출력 0과 연결하고, 입력 0을 출력 1과 연결하면 된다. 두 개의 빛살가르개와 두 개의 거울을 조심스럽게 배치하여 제작하는 정교한 장치인 간섭계도 결국 한 쌍의 교차하는 전선과 같은 역할을 한다. 광학적인 장치인 간섭계는 정교한 낭비인 듯이 보인다.

명심해야 할 것은 교차하는 전선은 처음부터 끝까지 비트를 운반하는 반면에, 간섭계는 비트를 큐비트로 번역한 다음에 다시 복원한다는 것이다. 중요한 것은 그 중간상태이다. 도식적으로 설명한다면, 일반적인 회로는 세 요소, 즉 최초 비트, 나트게이트, 최후 비트로 구성된다. 대조적으로 양자 나트게이트는 5개의 요소를 가진다. 그것들은 최초 비트, 빛살가르개, 큐비트, 빛살가르개, 최종 비트이다. 그러므로 양자역학적인 조작을 큐비트에 가할 수 있고, 이를 통해 전선과 전류로 산출할 수 없는 결과를 산출할 수 있다.

빛살가르개 한 개는 정확히 말해서 '제곱근 나트게이트'이다. 이런 명칭을 붙이는 이유는 빛살가르개를 두 번 적용하면 나트게이트가 되기 때문이다. 마치 2의 제곱근을 두 번 곱하면 2가 되는 것과 같다. 일반적인 전선으로 제곱근 나트게이트를 구성할 수 없다는 사실을 주목하라(시도해 보라!). 두 번 반복하면 나트게이트를 산출하는 고전적인 회로는 없다 — 두 번 반복하면 부정을 산출하는 논리적인 연산이 존재하지 않는 것과 마찬가지이다. 제곱근 나트게이트는 양자역학에만 고유한 개념이다.

나트$_{not}$의 제곱근은 수학의 '-1의 제곱근'의 논리적인 짝이다. -1의 제곱근은 허수이며 일반적으로 'i'로 표기된다. 물론 'i'는 전적으로 수학적인 개념이며, 사랑 개념이 허구가 아닌 것처럼 허구가 아니다. 그러나 i는 실수가 전혀 아니다. 빛살가르개와 같은 간단한 양자 장치와 대수학의 허수 사이에 관계가 있다는 사실은 물리학과 수학의 깊은 관련성을 시사한다.

나트의 제곱근을 허수에 비유하는 것은 큐비트를 기하학적으로 설명하는데 도움을 준다. 이 맥락에서 부정은 비트값 1에서 비트값 0으로 옮겨가는 연산이다. 이 두 극단을 각각 구면 위의 북극과 남극으로 표현하면, 한 극에서 구면을 거쳐, 예를 들어 런던과 적도를 지나 다른 극으로 가는 여행은 무엇을 의미할까? 중간단계들은 두 비트값의 양자역학적인 중첩으로 해석할 수 있을 것이다. 그렇다면 나트의 제곱근은 북극에서 적도까지 대원의 1/4을 여행하는 것을 의미한다. 이 단계를 한 번 더 수행하면 대원의 반을 지나 남극에 도달한다.

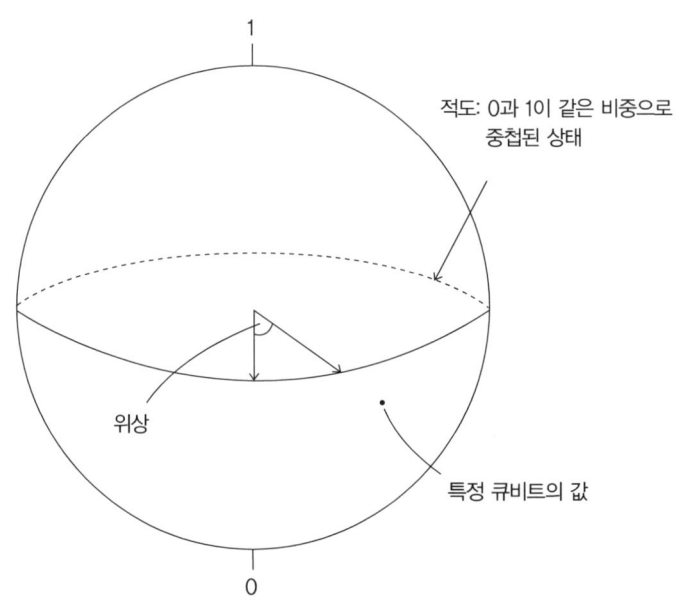

위도가 중첩상태에 있는 1의 0에 대한 상대적인 비율을 의미한다면, 경도는 무엇을 의미할까? 큐비트가 가지는 두 번째 양자역학적 변수는 일반적인 비트에서 드러나지 않는 위상 — 큐비트를 이루는 두 파동이 서로 어긋나는 정도 — 이다. 그리니치 경선, 즉 경도 0에서 두 파동은 완벽하게 동시적이다. 그러나 구면 반대쪽 태평양 중앙에서 두 파동은 180도만큼, 혹은 반파장만큼 어긋난다. (두 파동은 큐비트 상태에 있는 한 서로 분리되어 있으므로, 간섭은 일어나지 않는다. 간섭은 나중에 두 파동이 다시 합쳐질 때 일어난다.) 북극과 남극에서는 큐비트가 중첩상태에 있지 않으므로 경도는 무의미하다. 그 외에 모든 곳에서는 두 수, 즉 상대적인 비율과 상대적인 위상, 다시 말해 위도와 경도가 큐비트를 완벽하게 규정한다.

양자 계산학에 관한 많은 대중서적에서 큐비트는 북극에 1이 있고 남극에 0이 있는 작은 공으로 표현된다. 그것은 훌륭하고 신뢰할 수 있는 이미지이며, 통일성과 압축성과 단순성을 함축하기도 한다. 그 이미지는 참과 거짓, 혹은 한 문장과 그것의 부정 사이에 있는 무한한 논리적 선택의 가능성도 표현한다. 우리는 양자역학이 실재를 설명하는 근본적으로 새로운 방법을 제공한 것에 감사해야 한다.

큐비트는 숨은 정보를 운반할 수 있고 비트에서 수행할 수 없는 연산들을 추가로 허용하지만, 다른 한편 비트에 비해 근본적인 약점을 가지고 있다. 큐비트가 발명되기 오래 전인 1981년에, 볼츠만의 엔트로피 공식을 알고리즘적 복잡성을 이용해서 개량한 주렉은 우터스와 함께 이른바 '복제 불가 정리 no cloning theorem'라는 예상치 못한 양자역학의 정리를 확립했다. 그 정리에 따르면, 알려지지 않은 양자상태 — 예를 들어 큐비트 — 를 원래 상태를 파괴하지 않고 복제할 수는 없다. 대조적으로 비트는 손상시키지 않고 원하는 대로 측정하고 복제할 수 있다.

물론 큐비트의 두 변수 — 경도와 위도 —가 알려져 있으면, 많은 복제본을 만들 수 있다. 그러나 이 선행 지식이 없으면 큐비트를 복제할 수 없다. 만약 복제할 수 있다면, 큐비트의 동일한 두 복제본에 대하여 상보적인 두 측정을 할 수 있고, 따라서 하이젠베르크의 불확정성원리를 우회할 수 있을 것이다. 그것은 불가능하므로, 복제도 불가능해야 한다. 복제 불가 정리와 불확정성원리는 양자 비밀을 탐욕스러운 눈길로부터 지키기 위해 자연이 사용하는 무화과나무 잎이다.

정보의 운반자인 비트와 큐비트는 여러 가지 점에서 다르다. 비트는 이진법 숫자 한 개 — 예 또는 아니오 질문에 대한 대답 — 를 나타낸다. 다른 한편 큐비트는 경도와 위도가 완전히 기술되기 전에는, 무한한 자리까지 확정되어 있지 않다. 따라서 큐비트 한 개는 이론적으로 무제한적인 양의 고전적인 정보를 운반할 수 있다. 마치 챔프의 마술적인 상수나 반지름이 정확히 알려진 반지와 같다. 큐비트를 압축적인 컴퓨터 메모리로 이용한다는 훌륭한 발상을 방해하는 두 가지 실용적인 문제가 있다. 첫째, 큐비트는 공들여 만든 반지처럼 오류나 '잡음'에 의해 — 생산과정에서 — 정확도가 제한된다. 더 나아가 큐비트가 운반하는 정보는 직접 읽을 수 없고, 1이나 0을 결과로 발견할 확률로부터 추론할 수만 있으므로, 대량으로 확보되어야만 잘 결정할 수 있으므로, 큐비트는 자료 저장에서 고전적인 비트보다 우수하지 않다.

비트와 큐비트의 또 다른 차이는 둘 사이의 관계에 있다. 두 비트는 그것들이 병렬하여 전달하는 메시지의 의미에 의해 서로 관련될 수 있지만, 물리적으로는 항상 상이한 물질적인 대상들에 의해 표현된다. 다른 한편 두 큐비트는, 물리적으로 별개인 두 큐비트조차도 얽힘이라는 무한히 탄력적이며 보이지 않는 끈에 의해 연결될 수 있다. 그러므로 큐비트는 더 풍부하고 복잡한 정보 처리 가능성을 제공한다.

어떻게 비트를 큐비트 속에 집어넣고 불가피한 잡음에 의한 손상 없이 다시 꺼낼지, 어떻게 다수의 큐비트들 간의 얽힘의 정도를 측정하고 분류할지, 어떻게 고전적인 정보와 양자 정보를 전선을 통해서 그리고 큐비트 사이의 무형의 연결을 통해서 이동시킬지 — 이 질문들은 현대적인 양자 정보이론이 해결해야 하는 난해한 질문 중 일부이다. 기대하건대, 이 질문들에 대한 답은 정보의 본성에 빛을 비출 뿐만 아니라, 실용적으로도 이용될 수 있을 것이다.

22 양자 컴퓨터
큐비트를 이용한 계산

애초부터 양자역학은 심상치 않은 이중인격을 가지고 있었다. 양자역학은 현대과학의 형성에서 이론을 넘어 실용에까지 미치는 중심적인 역할을 했음에도 불구하고, 양자역학의 젊고 건강한 공적인 얼굴 뒤에는 다른 얼굴이 있었다. 양자역학은 내면적으로 신경과민과 신경쇠약을 앓는 듯했고, 소수의 이론가들과 수학자들과 철학자들은 양자역학의 사망을 염려하지는 않는다 할지라도 건강을 염려하며 근심스러운 눈길로 양자역학을 바라보았다. 양자역학의 마지막 자식인 양자 계산학은 그와 동일한 장애를 물려받았다. 대중적인 언론 매체들은, 양자 컴퓨터가 상상을 초월하는 복잡한 계산을 수행할 것이라고 장담한다 — 그 외에도 훨씬 많은 것들을 장담한다. 그러나 일부 전문가들은 양자 계산이 매우 강력한 전통적인 계산에 불과한 것이 아니라 종류가 전혀 다른 계산이라고 주장한다. 그들은 양자 계산이 커다란 형이상학적 문제를 가지고 있다고 지적하며, 양자 계산이 그 문제를 감당할 수 있을지 의심한다. 예를 들어 망각의 비용을 발견한 란다우어는 우리의 세계관이 양자 계산에 달려있다면서 이렇게 언급했다. "물리학은 컴퓨터가 무엇을 할 수 있는지 결정한다. 그러나 반대로 컴퓨터가 무엇을 할 수 있는지는 물리학 법칙의 궁극적인 본성을 결정할 것이다." 가련한 양자 컴퓨터! 양자 컴퓨터는 기저귀를 채 떼기도 전에 허약한 어깨로 물리학 전체를 짊어질 것을 요구받고 있다.

원래 양자역학은 정보기술의 급격한 발전에 장애물 — 잠재적인 성장의 한계 — 이 된다고 여겨졌다. 계산이 더 거대해지고 컴퓨터가 더 작아지는 가운데, 메모리 세포가 원자 하나 당 비트 하나 수준에 도달할 날을 내다보는 것은 — 일부에서는 2020년대에 그 날이 올 것이라고 예측한다 — 어렵지 않은 일이 되었다. 그 즈음에서 고전물리학은 양자물리학에게 자리를 양보한다. 불가피한 불확정성과 무작위성을 가진 양자역학은 공들여 작성한 컴퓨터 논리의 청사진을 더럽히고 메모리 세포의 소형화 추세를 종결시킬 것인가? 이 질문은 1985년에 근본적인 컴퓨터과학의 첨단에 있었고, 옥스퍼드 대학의 이론물리학자 도이치David Deutsch는 놀라운 대답을 내놓았다. 양자역학은 계산을 제한하기는커녕 극적으로 발전시킬 수 있다고 그는 주장했다.

전통적인 컴퓨터는 우리가 중학교에서 배운 곱셈 방식처럼 간단히 단계를 하나씩 밟는 방식으로 연산을 수행한다. 여러 대의 컴퓨터가 함께 계산에 참여할 때 — 예를 들어 각각 1의 자릿수, 10의 자릿수, 100의 자릿수, 1000의 자릿수를 곱하고 그 결과를 합산할 때 — 소요되는 시간은 참여하는 컴퓨터의 수에 의해 나누어진다. 이 방법은 병렬계산이라 불린다. 계산적인 상대성이론 연구에서 등장하는 것과 같은 큰 계산은 비용과 시간을 줄이기 위해 병렬계산 기법에 의존한다. 그러나 양자 컴퓨터는 도이치가 거대 병렬massive parallelism이라 명명한 혁명적인 방법 덕분에 훨씬 더 강력한 능력을 발휘할 가능성이 있다.

일반적인 컴퓨터에서 1비트의 정보는, 즉 0이나 1은 독자적인 메모리 세포에 저장된다. 따라서 세 개의 세포에 저장할 수 있는 최대 정보는 3비트 수열이다. 다른 한편 양자 컴퓨터의 메모리 세포는 0과 1의 중첩으로 이루어진 큐비트를 저장한다. 그러므로 세 개의 세포는 3비트 수열 하나만 저장할 수 있는 것이 아니라, 8개의 가능한 3비트 수열 모두를 한꺼번에 저장할 수 있다. 그 세포들 속에 저장된 자료를 검사하면, 우리는 8개의 수열 중 하나 ― 예를 들어 101 ― 를 무작위적으로 발견할 것이고, 나머지 7개는 돌이킬 수 없이 소실될 것이다. 이 결과는 유용하지 않을 것이다. 그러나 다행스럽게도 그런 일이 반드시 일어나야 하는 것은 아니다.

우리는 측정을 매우 조심스럽게 피하면서 3개의 큐비트를 양자역학적으로 조작할 수 있다. 큐비트들은 슈뢰딩거의 파동 방정식에 따라 부드럽게 진화하여 다른 상태가 된다. 이런 방식으로 우리는 일반적인 컴퓨터가 3비트 수열 하나를 계산하는 시간에 8개의 수열을 계산할 수 있다. 그리고 계산에 관여하는 큐비트의 수가 커질수록 거대 병렬의 위력은 더 막강해진다.

여기까지는 아무 문제가 없다고 당신은 생각할지도 모른다. 그러나 문제가 있다. 10개의 큐비트에 동시에 저장된 1,024개의 가능한 수열 중 하나에 연산을 가한다고 해 보자. 당신이 끝에 도달했을 때, 어떤 일이 일어날까? 계산 결과는 1,024개의 수열 전체의 중첩일 것이며, 아무런 표지도 붙어있지 않을 것이다. 당신이 결과를 읽는다면, 당신은 그 결과가 어떤 입력의 산물인지 알 수 없을 것이고, 다른 모든 결과들은 파괴될 것이다. 이것은 심각한 문제이다.

거대 병렬을 발견했을 때 도이치는 그것에 적합한 문제를 찾아내는 일이 결정적으로 중요하다는 것을 깨달았다. 거대 병렬이 일반적인 계산에 크게 기여할 수 없음을 발견한 도이치는 양자 컴퓨터가 풀 수 있는 문제들을 찾는 방향으로 연구를 집중했다. 그때 이후 많은 사람들이 도이치의 노선에 동참했고, 몇 가지 예들을 발견했다. 그 문제들은 양자 계산의 엄청난 위력을 성공적으로 보여 주었다. 그러나 그것들은 고도로 복잡하고 인위적이다. 그 당시 사람들은 양자 컴퓨터가 몇 가지 계산은 놀라운 능력으로 수행할 수 있지만, 많은 것을 할 수는 없다고 생각했다. 문제는 특정한 입력에 대한 특정한 해를 요구하지 않는 문제들을 발견하는 것이었다. 전통적인 컴퓨터가 다루는 종류의 정보는 양자 계산에 어울리지 않는다는 것이 명백했다. 오히려 양자 계산에 적합한 문제들의 해가 공유하는 특징을 조사할 필요가 있었다. 그 해들은 모두 짝수일까? 모두 양수일까? 그 해들을 어떤 공식에 집어넣으면 다양한 답이 나올까, 아니면 모두 동일한 답이 나올까?

현재까지 제안된 양자 계산 체계들을 설명하기는 어려우므로, 나는 양자 계산과 유사한 예를 들 것이다. 내가 제시하는 예는 양자 계산의 실례가 아니다. 당신이 1,024개의 동전을 가지고 있는데, 그 중 하나는 무게가

9그램인 위조 동전이고 나머지는 모두 무게가 10그램이라고 상상해 보자. 만일 동전들이 모두 섞여 있고, 동전 하나의 무게를 정확히 측정하는 데 1분이 걸린다면, 위조 동전을 찾는 데 얼마나 많은 시간이 필요할까? 직렬 계산과 유사하게 단순히 하나씩 검사한다면, 1,023분이 걸릴 수도 있다 — 운이 없으면 지루하게 17시간을 보내야 한다. 만일 당신이 10명의 친구에게 일을 분담시킬 수 있다면, 당신은 병렬 계산과 유사하게 작업을 수행하여 1/10의 시간에, 즉 1시간 45분에 작업을 마칠 수 있을 것이다. 그러나 만일 당신이 정말로 영리하다면, 당신은 거대 병렬과 유사하게 작업을 수행하여 혼자서 10분 만에 과제를 완수할 수 있다! 어떻게? 동전을 두 무더기로 나누어 어느 쪽이 1그램 가벼운지 조사하라. 1그램 가벼운 무더기를 다시 둘로 나누어 무게를 측정하고, 그 과정을 반복하라. 매번 동전을 두 무더기로 나누어 가벼운 쪽을 찾아내라. 1,024를 2로 10번 나누면 1이 되므로, 당신은 10분 만에 위조 동전을 찾아낼 수 있다.

이 단순한 이야기가 양자 계산 자체를 기술하는 것은 아니다. 그러나 이 이야기는 양자 계산의 윤곽을 전해준다. 위에서 다룬 문제는 매우 인위적이다. '어떻게 위조 동전이 여러 개가 아니라 한 개만 있을까'라고 당신은 물을지도 모른다. 어떻게 위조 동전의 무게가 다른 동전보다 더 크지 않고 작다는 것을 알았을까? 어떻게 정상 동전의 무게가 모두 정확히 같을까? 위에서 다룬 문제는 섀넌이 추천한 스무고개 전략 — '예'와 '아니오'가 나올 확률이 같은 질문을 던지는 전략 — 에 가장 적합하도록 특별히 고안되었다. 그 전략에 의해 소요시간은 매우 크게 단축된다 — 100배 정도 단축된다. 등식 $2^{10}=1,024$에서 10이 지수로 등장하기 때문에, 거대 병렬은 소요시간을 지수적으로 단축한다고 말한다. 가장 중요한 점은, 위에서 설명한 영리한 방법이 개별 질문 — 각각의 동전의 무게는 얼마일까? — 에 대한 특수한 답을 강조하지 않는다는 것이다. 대신에 그 방법은 집단적인 성질을 비교한다. 이 무더기와 저 무더기를 비교하면 어떨까? 동전들은 양자 컴퓨터 속의 수들처럼 한 번에 하나씩 조작되는 것이 아니라 여럿이 한꺼번에 조작된다.

도이치가 거대 병렬을 발견하고 9년 후인 1994년에 AT&T 연구소의 쇼어Peter Shor에 의해 획기적인 발전이 이루어졌다. 그는 양자 계산의 실용적인 사례를 최초로 발견했다. 그 당시 양자 컴퓨터는 존재하지 않았고, 오늘날에도 양자 컴퓨터는 겨우 걸음마 단계에 있지만, 쇼어의 발견은 양자 컴퓨터를 진지하게 고려하도록 만들었다. 쇼어가 발견한 알고리즘은 큰 수를 소인수분해하는 방법이다. 예를 들어 164,052는 8개의 소수의 곱으로, 즉 $2 \times 2 \times 3 \times 3 \times 3 \times 7 \times 7 \times 31$로 표기될 수 있다. 소인수분해 자체는 동전의 무게를 측정하는 과제처럼 인위적으로 보일지도 모른다. 그러나 사실은 그렇지 않다. 너무 많은 시간과 노력을 투자하지 않고 큰 수를 소인수분해하는 능력은 암호학과 암호해독의 핵심에 있다 — 그것은 은행가들과 비밀요원들과 인터넷 상인들의 중요한 관심사이다. 쇼어의 알고리즘을 계기로 양자 계산은 대학을 벗어나 재정과 국가 기밀의 세계에 뛰어들었다. 1999년에 이르자 런던의 재정 담당자들과 워싱턴의 정부관료들을 사로잡는 제안들이 등장했다. 그것들은 완벽하게 보안된 통신을 보장하는 양자 암호 연결망에 대한 제안이었다. 양자 계산의 미래는 밝아 보였다.

그러나 현재의 사정은 어떨까? 양자 컴퓨터를 실제로 제작할 수 있을까? 란다우어를 비롯한 신중한 관측자들은 양자 컴퓨터의 실현을 의심했다. 그들이 염려한 것은 단지 전망의 부재만이 아니다. 그들은 양자 계산이 공학에 유례없이 큰 요구를 하며, 공학에 대한 신뢰만으로는 충분하지 않다는 것을 알고 있었다. 사실상 양자 계산을 믿을 수 없을 만큼 강력하게 만드는 성질들이 또한 양자 계산의 실현을 거의 불가능하게 만든다. 왜냐하면 양자 계산의 핵심에는 얽힘 현상이 있기 때문이다. 얽힘 때문에 당신은 한 입자의 상태를 기술할 때 반드시 다른 입자의 상태를 동시에 기술해야 한다. 두 입자가 상호작용할 때 발생하는 얽힘은 많은 큐비트들을 한 단위로 조작할 수 있게 한다. 왜냐하면 얽힌 큐비트들은 분리할 수 없게 연결되기 때문이다. 그러나 큐비트는 당구공처럼 충돌하지 않으면서 매우 먼 거리에서 상호작용할 수 있으므로, 큐비트들의 연결은 매우 쉽게 이루어질 수 있다 — 그리고 그것이 문제를 일으킬 수 있다.

의도적으로 큐비트를 집어넣은 원자가 주위 환경의 일부인 양자적인 대상을 만난다고 해 보자. 그 양자적인 대상은 기계를 구성하는 물리적인 장치일 수도 있고, 우주복사선일 수도 있다. 그런 일이 일어나면, 큐비트는 우연적으로 얽힐 수 있고, 그 경우에 큐비트의 운명은 외부 세계와 연결될 것이다. 만일 의도하지 않은 동반자가 된 그 외적인 대상이 우연히 측정이나 값의 결정을 원리적으로 허용하는 거시적인 대상과 충돌하면, 얽힌 큐비트들의 열 전체는 무작위한 고전적인 비트들의 열로 붕괴하고, 양자 계산을 위한 가치를 상실할 것이다. 그러므로 양자 컴퓨터는 천연두 바이러스 방역 조치를 훨씬 능가하는 격리 조치를 필요로 한다.

10여 년 전에는 그 고도의 민감성 때문에 양자 계산은 불가능할 것처럼 보였다. 그러나 뜻이 있는 곳에 길이 있었다. 양자 계산 개척자들은 오류 가능성을 제거하기 위해 애쓰는 대신에 오류의 불가피성을 인정하고 오류 수정 기술을 개발하기 시작했다. 원자 규모 컴퓨터의 용량은 매우 거대하기 때문에, 어쩌면 잉여의 용량을 이용해서 문제를 해결할 수 있을지도 모른다고 그들은 생각했다. 오류는 각각의 단계를 두 개로, 혹은 세 개로, 혹은 n개로 복제하고 결과들을 정기적으로 비교함으로써 수정할 수 있다 — 혹은 우연적인 작은 문제들을 견딜 수 있는 이른바 '오류를 견디는' 계산 기법에 의해 무력화될 수 있다. 그런 노력들은 결실을 맺었다. 수년 만에 오류 수정 분야는 과도한 민감성이 일으키는 치명적인 효과에 대한 란다우어의 근심을 거의 극복하는 수준에 도달했다.

  여러 가지 실천적인 문제에도 불구하고 양자 컴퓨터 제작에 진보가 이루어졌다. 2002년에 수 15를 소인수 3과 5로 분해하는 기계가 제작되었다. 그것은 은행 계좌를 보안하기에는 충분하지 못하지만 성공적인 작은 걸음이다! 한 가지 중요한 이론적인 통찰은 미래의 양자 컴퓨터의 구조를 단순화한다. 양자 컴퓨터의 기초 요소는 0과 1로 표현되는 두 상태를 가질 수 있는 양자역학적인 계이다. 모든 이원적인 계는 정확히 동일한 수학적인 공식에 의해 기술되므로, 양자 컴퓨터의 근본적인 작동 이론은 다양한 기법 각각을 위해 다시 개발할 필요가 없다. 다시 말해서 양자 컴퓨터의 소프트웨어와 하드웨어는 나란히 발전할 수 있다.

  양자 컴퓨터의 요소로 이용할 수 있는 이원적인 계를 발견하는 것은 쉬운 일이다. 예를 들어 광자는 0과 1로 표기된 서로 다른 두 경로를 통해서 마흐-첸더 간섭계를 통과할 수 있다. 또는 광자를 수평으로 혹은 수직으로 편광시켜 0이나 1과 연결시킬 수 있다. 중성자도 단일한 실리콘 결정으로 이루어진 마흐-첸더 간섭계를 통과할 수 있다. 전자는 내적인 자성이 외부 자기장의 방향과 일치하도록, 또는 반대가 되도록 배열할 수 있다. 원자들과 분자들은 0과 1로 명명된 두 에너지 준위를 가질 수 있다. 거시적인 전선 회로 속의 전류는 시계방향으로, 혹은 반시계방향으로, 혹은 놀랍게도 양자역학적인 중첩상태에서는 동시에 양 방향으로 흐를 수 있다. 이외에도 수많은 거시적인 계와 미시적인 계가 큐비트를 지배하는 신비로운 법칙을 따른다. 양자 컴퓨터 제작자에게는 그것들 모두가 훌륭한 가능성이다.

일단 큐비트를 저장하는 근본적인 세포가 결정되면, 양자 컴퓨터를 제작하는 힘든 노력이 시작된다. 큐비트를 전기적으로 또는 광학적으로 조작함으로써 입력자료를 저장하고, 큐비트를 얽히게 만들고, 연산에 대응하는 조작을 하고, 출력정보를 산출하는 방법이 마련되어야 한다. 또한 그 과정 전체에서 큐비트는 원치 않는 얽힘을 방지하기 위하여 주위 환경으로부터 충분히 고립되어야 한다. 이것은 만만한 과제가 아니다.

가능한 한 가지 양자 컴퓨터 설계는, 붙잡힌 이온 — 전자를 잃고 전기적으로 대전되어 있으며 외부에서 가한 전기적인 혹은 자기적인 힘에 의해 소금 알갱이만큼 작은 그릇 속에 갇힌 원자 — 을 이용하는 것이다. 만일 원자에 남아있는 전자들의 양자 도약이 가시광선의 진동수에 대응하면, 현미경을 통해서 그 이온들을 실제로 볼 수 있다 — 이온들은 어두운 감옥 속에서 빛나는 별과 같을 것이다. 만일 이온 여섯 개가 합창단처럼 일렬로 배열되면, 6큐비트 양자 레지스터에 해당하는 구조가 만들어진다. 이온들이 안전하게 고정되고 벽에 접근하지 않고 그릇 속에 공기 분자가 없다면, 이온들은 훌륭하게 고립될 것이다. 그러나 더 나아가 이온들은 서로 얽히고, 자료 입력과 출력을 위하여 개별적으로 주소를 부여 받아야 한다. 얽힘은 배열 전체를 가볍게 흔듦으로써 만들 수 있다. 이온들은 함께 작용하기 위해서 서로 전기적으로 관계를 맺어야 하며, 그 관계는 얽힘을 포함한다. 연산을 위한 준비나 해독 같은 다른 과정들은 전자들이 이온의 외곽을 따라 움직이도록 만드는 정교한 레이저 광선에 의해 이루어진다. 이러한 이온 트랩trap은 훌륭한 장치이며 양자 계산을 위한 큰 잠재력을 가지고 있다. 그러나 이온 트랩을 실제로 공업에 이용하기 위해서는 많은 발전이 이루어져야 한다.

전혀 다른 또 하나의 기술은 자기공명영상MRI에 대한 수십 년 동안의 경험에 기초를 둔다('자기공명'은 '핵자기공명'의 신조어이다. '핵자기공명'은 불행하게도 일반 대중들에게 위협을 주었다). 핵자기공명에서 원자핵에 대응하는 미세한 자석은 외부 자기장과 같은 방향으로 또는 반대 방향으로 배열되어 이원적인 계를 형성한다. 핵들은 진동수를 핵의 진동과 공명할 수 있도록 만들 경우 핵을 스테이크처럼 뒤집을 수 있는 전파 신호에 의해 조작된다. 핵자기공명에서 이용되는 핵은 일반적인 화학적 힘에 의해 분자 속에서 위치가 고정된 특정한 원자 — 예를 들어 수소 —의 핵이다. 이온 트랩과 핵자기공명의 차이는 매우 크다. 첫 번째 기술은 외부 세계로부터 고립된 단일한 원자에 의존하거나, 기껏해야 서너 개의 원자에 의존한다. 반면에 핵자기공명은 플라스크를 가득 채울 만큼의 액체 속에 들어 있는 분자들 — 약 10^{23}개 — 을 이용한다. 그 분자들 속의 핵도 고립된다. 그러나 그 고립은 핵이 소속된 분자에 의해 자연스럽게 이루어진다. 분자들은 동일하기 때문에, 분자의 내적인 상태도 동일하다. 이는 우리가 10^{23}개의 서로 다른 큐비트를 다루는 것이 아니라, 한두 개의, 즉 단일한 분자가 보유할 수 있는 만큼의 큐비트만을 다룬다는 것을 함축한다. 오류 수정과 관련해서 핵자기공명은 실현된 꿈이다. 시험관에 가득 찬 액체라면 오류 신호의 세기가 거시적인 수준이 될 때까지 얼마나 많은 원자적인 오류를 감당할 수 있을지 생각해 보라.

전 세계의 양자 컴퓨터 연구실에서 이온 트랩과 핵자기공명 이외도 10여 개의 다른 기술들이 연구되고 있다. 이미 많은 진보가 이루어졌음에도 불구하고 미래의 성공적인 기술은 현재 존재하는 기술들과 전혀 다를 수도 있다.

양자 컴퓨터의 실용성에 대한 란다우어의 의심은 너무 과도했던 것으로 판명되었다. 그러나 그는 컴퓨터가 결국 물리학 법칙 자체에 영향을 미칠 것이라는 더 근본적인 언급도 했다. 다른 많은 생각들과 마찬가지로 그 생각 역시 많은 부분 파인만에게서 유래했다. 그 생각은 다음과 같다. 물리학의 목표는 수학적인 공식과 복잡한 방정식을 통해서 물질적인 세계의 지도를 그리고 그 방정식을 푸는 것이다. 인간의 개입을 배제한다면, 그 과정의 개요는 물질적인 세계를 컴퓨터 프로그램에 의해서 이른바 시뮬레이션으로 혹은 모형으로 옮기는 것이다. 현대 물리학의 많은 부분이 자연의 참된 법칙을 확립하는 대신에 모형을 만드는 일의 성격을 가지고 있다는 것은 현재의 기본 입자 이론이 표준 모형이라고 불린다는 사실에서 잘 드러난다(반면에 뉴턴의 이론은 뉴턴의 법칙이라는 자랑스러운 명칭을 여전히 유지하고 있다).

  모형의 복잡성은, 더 나아가 본성은 그것을 만드는 컴퓨터의 능력에 의해 제한된다 — 그 사실은 양자역학적인 계의 지도를 만드는 일을 생각해 보면 충분히 명확해진다. 당신에게 가장 먼저 필요한 것은 무작위한 수들일 것이다. 왜냐하면 무작위성은 양자적인 행동의 심장에 놓여 있기 때문이다. 그러나 당신의 컴퓨터는 무작위한 수들을 산출하지 못한다! 어떤 프로그램도 무작위한 수들을 시뮬레이션할 수 없다. 왜냐하면 정의상 무작위한 수들은 규칙을 따르지 않는데, 일반적인 컴퓨터는 예외 없이 규칙에 의해 작동하기 때문이다. 그러므로 당신은 처음부터 당신의 모형 밖으로 나가 자연 속에서 — 어쩌면 빛살가르개와 같은 실제 양자계에서 — 무작위한 수들을 발견해야 한다.

  이 작은 난점은 빙산의 일각이며, 수면 밑에 있는 수많은 난점들을 시사한다. 양자역학은 존재하는 것만 기술하는 것이 아니라, 엄청나게 많은 가능적인 존재도 기술하므로, 일반적인 컴퓨터로 모형화하기에는 너무 풍부하다. 뒷면이나 앞면이 위로 오도록 놓인 동전들처럼 일렬로 배열된 100개의 원자 자석을 생각해 보자. 고전적으로 그 계는 100자리 길이의 수열에 의해 기술된다. 한편 양자역학적으로 보면 그 계는 2^{100}, 즉 약 10^{30}가지 상태를 가질 수 있는 100개의 큐비트에 대응한다. 현재까지 제작된 혹은 21세기에 제작될 슈퍼컴퓨터는 그 정도 크기의 정보를 감당할 수 없다. 그러나 비트가 아니라 큐비트를 가지고 작동하는 양자 컴퓨터는 그 계나 다른 양자역학적인 계들을 모형화하기에 충분한 능력을 가지고 있다. 이는 오직 양자 컴퓨터만이 세계의 모형을 만들 수 있음을 의미한다. 왜냐하면 우리는 양자역학적인 세계 속에서 살기 때문이다.

이 결론에는 반갑지 않은 측면이 있다. 나는 오래 전에 들은 분자의 스펙트럼에 관한 강의를 기억한다. 이산화질소 같은 기체의 분자는 다수의 원자로 이루어져 있어서, 기체가 가열될 때 방출되는 색의 스펙트럼이 매우 복잡할 수 있다. 한편 분자를 완벽하게 기술하는 슈뢰딩거 방정식은 이미 극도로 난해해졌다. 당시에는 디지털 컴퓨터가 아직 흔하지 않았기 때문에, 우리 학생들은 수학을 따라잡기 위해서 점점 더 힘든 노력을 해야 했다. 우리를 가엽게 여긴 교수는 결국 반농담으로 이렇게 말했다. "우리는 결국 맨손으로 문제를 감당할 수 없다. 우리는 아날로그 컴퓨터에 의지해서 슈뢰딩거 방정식을 풀어야 한다. 그리고 가장 좋은 아날로그 컴퓨터는 이산화질소 그 자체이다. 그러므로 우리는 스펙트럼 선들의 파장을 측정함으로써 그 컴퓨터가 실제로 산출하는 해를 이미 읽어냈다!"

양자 컴퓨터는 입력과 출력에서 디지털 컴퓨터와 유사하지만, 내적인 작동에서 이온이나 분자 같은 자연적인 대상을 이용해서 슈뢰딩거 방정식을 푼다. 이 구도는 그 교수의 제안과 유사하지만, 한 가지 근본적인 측면에서 다르다. 모형화할 계는 컴퓨터로 이용되는 계와 동일하지 않고, 매우 다를 수 있다. 예를 들어 나노미터 크기의 이산화질소 분자가, 한 컵의 액체 속에 들어 있는 — 나노미터보다 수백만 배 작은 — 펨토미터 크기의 수소원자들에 의해서 시뮬레이션될 수 있다. 그러므로 어떤 측면에서 보면, 양자 계산은 복잡하고 신비로운 자연의 부분을 더 단순하지만 마찬가지로 신비로운 다른 부분을 통해 시뮬레이션하는 일에 불과하다.

그러나 거대한 분자와 미세한 핵은 모두 동일한 양자역학의 규칙에 의해 지배된다.

이것은 내가 물리학을 배우기 시작할 때 생각했던 물리학이 아니다. 나는 명확하게 이해한 수학적인 법칙을 통해 자연을 설명하는 것이 물리학의 목표라고 배웠다. 그러나 어쩌면 우리가 희망할 수 있는 최선의 목표는 시뮬레이션인지도 모른다. 겉보기에 서로 관련이 없는 현상들 — 이산화질소 분자와 수소의 핵 — 사이의 관계를 발견하고, 이를 통해 우리의 세계상을 단순화하는 것이 자연이 우리에게 허락한 것 전부인지도 모른다. 그러나 그것도 매우 많다. 실제로 뉴턴은 달의 운동과 사과의 낙하를 비교하는 것에서 출발했다. 그러나 뉴턴은 중력의 참된 본성을 결국 발견하지 못했다. 만일 우리가 양자계들을 양자 컴퓨터로 시뮬레이션함으로써 자연을 이해하려 한다면, 어쩌면 우리는 결국 자연도 양자 컴퓨터도 이해하지 못할지 모른다.

23 블랙홀
정보가 숨는 곳

역설은 과학의 가방 속에 있는 가장 날카로운 칼이다. 두 이론의 경쟁과 관련해서, 혹은 이론과 관찰의 경쟁과 관련해서, 혹은 수학적인 연역과 일상적인 경험의 경쟁과 관련해서, 역설은 가장 효과적으로 정신을 집중시킨다. "우리는 모순을 발견할 때 비로소 무언가 이해한다"라고 보어는 강조했다. 물리학에서 가장 많은 역설을 산출한 것 중 하나는 우주 속의 전설적인 존재인 블랙홀이다 — 블랙홀이 산출한 복잡한 역설은 정보 개념의 규명에 기여했다.

블랙홀의 정의에서 이미 드러나는 단순한 역설에서 시작해 보자. 블랙홀은 믿을 수 없을 만큼 밀도가 높아서 빛을 포함해서 그 무엇도 그것의 품에서 빠져나갈 수 없는 작고 무거운 천체이다. 빛조차도 중력의 제물이 되어야 한다는 주장은 우리가 빛에 관해서 가지고 있는 모든 직접적인 경험에 반대된다. 그럼에도 불구하고 그 현상은 아인슈타인의 일반상대성이론이 내놓는 확고한 예측이며 1919년 이후 여러 관찰에 의해 입증된 확실한 사실이다. 모든 것은 중력의 지배를 받는다. 야구공도 빵도 원자도 광자도 중력의 지배를 받는다. 그러므로 자신으로부터 달아나는 모든 물질적인 입자와 광자를 다시 자신의 표면으로 끌어당기는 천체에는 모순적인 것이 아무 것도 없다.

두 번째 역설은 우리가 블랙홀을 볼 수 없음에도 불구하고 천문학자들은 우리 은하계뿐만 아니라 주변의 은하계들에 블랙홀이 존재한다는 증거를 가지고 있다고 주장한다는 사실이다. 이 역설의 해결의 실마리는 간접적인 증거가 직접적인 증거 못지않게 강력할 수 있다는 상식적인 생각에 있다. 버찌 속에 돌이 들어 있다는 것을 알기 위해 반드시 버찌를 쪼갤 필요는 없다. 블랙홀은 원반 모양을 이루고 블랙홀 주위를 도는 기체와 먼지 입자들을 통해 자신을 드러낸다. 그것들은 때때로 나선을 그리며 블랙홀 속으로 빨려 들어가면서 빛을 낼 정도로 가열되어 가시광선뿐만 아니라 X선과 전파의 형태로 강력한 복사파를 방출한다. 거의 모든 천문학자들은 그런 단서들을 토대로 블랙홀이 실제로 존재한다고 확신한다.

지금까지 언급한 두 역설은 쉽게 해결되지만, 더 까다로운 역설들도 있다. 정보기술의 전도사이며 블랙홀을 물리학과 천문학의 주류에 입성시킨 인물인 휠러는 1971년에 제자인 대학원생 베켄슈타인Jacob Beckenstein에게 블랙홀이 열역학 제2법칙을 비웃는 듯하다고 언급했다. 뜨거운 차와 차가운 물을 섞어서 — 무질서와 엔트로피를 산출하고 — 미지근한 혼합액을 블랙홀 속으로 붓는다고 상상해 보자. 차와 물의 혼합에 의해 새로 산출된 엔트로피는 우주에서 영원히 사라진다. 일단 그 엔트로피가 사라진 후에는 그것을 되돌릴 길도 그것의 값을 계산할 길도 없다. 엔트로피는 어떤 명확한 메커니즘으로도 회복되지 않고 감소한 것처럼 보인다. 항상 재치있는 표현을 즐긴 휠러는 이 불법적인 증거 인멸을 '완전범죄'라고 불렀다.

스승보다 더 신중한 베켄슈타인은 열역학 제2법칙 같은 물리학의 확고한 주춧돌이 그렇게 쉽게 무력화 될 수 있다는 것을 믿지 않고 설명을 찾기 시작했다. 그는 곧바로 성공했다. 베켄슈타인은 열역학 제2법칙에 대한 확고한 믿음에서 출발해서, 블랙홀이 엔트로피를 가지며 그 엔트로피는 미지근한 차와 같은 사물들이 블랙홀 속으로 들어올 때 증가한다는 것을 증명했다. 블랙홀의 행동에 관한 지식을 바탕으로 그는 그 숨겨진 엔트로피 증가를 외부 세계에 드러내는 것은 블랙홀의 표면이라고 추측했다. 터무니없는 주장처럼 들리지만, 블랙홀의 크기는 — 따라서 표면적은 — 질량에 의해 결정된다. 우리의 몸과 마찬가지로 블랙홀도 무거울수록 더 커진다. 그러므로 아인슈타인의 보편적인 법칙 $E=mc^2$에 의해서 블랙홀의 엔트로피는 그것의 에너지와 연관된다.

베켄슈타인이 과감한 주장을 내놓기 직전에, 블랙홀이 물질과 혹은 다른 블랙홀과 상호작용할 때 블랙홀의 총 표면적이 증가한다는 사실이 분명하게 밝혀졌다. 상대성이론으로부터 수학적으로 도출된 그 사실에 기반을 두고 베켄슈타인은 '확장된 제2법칙'이라는 새로운 자연법칙을 제안했다. 그 법칙에 따르면, 블랙홀의 엔트로피와 외부의 일반적인 엔트로피의 총합은 절대로 감소하지 않는다. 베켄슈타인은 19세기의 열역학자들을 본받아 몇 가지 특수한 경우에 대하여 그 가설을 시험했고, 그것이 타당함을 확인했다.

물리학계의 반응은 불신이거나 무관심이었다. 엔트로피와 표면적의 관련성을 인정한다 할지라도, 일반상대성이론 — 블랙홀을 다루는 중력의 이론 — 과 차주전자나 증기기관의 과학인 열역학을 관련시키는 것은 선례가 없는 일이었다. 일부 물리학자들은 무관심을 넘어서 노골적으로 반감을 표했다. 대표적인 반대자는 호킹이었다. 그는 엔트로피는 열에너지 나누기 온도이므로, 엔트로피를 가진 블랙홀은 온도를 가져야 하고, 따라서 복사파를 방출해야 한다고 논증했다. 온도를 가진 모든 물체는 복사파를 방출한다 — 뜨거운 물체는 가시광선을 방출하고 덜 뜨거운 물체는 적외선이나 열선을 방출한다. 그러나 블랙홀은 정의상 복사파를 방출하지 않는다. 복사파를 방출하지 않는다는 것은 온도가 없다는 것을, 따라서 엔트로피가 없다는 것을 의미한다. 그러므로 베켄슈타인의 주장은 옳지 않다. 휠러를 제외한 모든 전문가들이 호킹에게 동의했다.

그리고 기적이 일어났다. 다마섹 도상에서 예수를 만난 사울처럼 호킹은 빛을 보고 개종했다. 그는 1974년에 블랙홀이 기존의 지식과 그 자신의 추측과 달리 복사파를 방출한다는 것을 발견했고, 그 발견으로 과학계의 슈퍼스타가 되었다. 따라서 블랙홀은 온도를 가지고, 엔트로피를 가진다. 그러므로 베켄슈타인의 주장이 옳다! 물론 아무것도 블랙홀 내부를 탈출할 수 없으므로, 호킹 복사는 본성상 햇빛과 다르다. 호킹은 일반상대성이론과 열역학과 양자역학을 종합하여 블랙홀 표면에 인접한 외부 공간의 강력한 중력장으로부터 복사파가 방출된다는 것을 증명했다. 호킹 복사는 대기가 지구에 딸린 요소인 것처럼 블랙홀에 딸린 요소이다.

블랙홀은 차갑다는 것이 밝혀졌다. 왜냐하면 호킹 복사가 매우 약하기 때문이다 — 결코 직접적으로 탐지할 수 없을 만큼 약하다. 그러나 호킹 복사의 존재는 오늘날 보편적으로 인정된다. 호킹 복사는 우주 공간으로 에너지와 엔트로피를 운반하며, 정보도 운반할 것으로 추측된다.

19세기 중반에 고전적인 엔트로피가 발명된 이후 열역학은 볼츠만의 묘비에 새겨진 방정식과 통계역학 — 다수의 물체로 이루어진 집단을 다루는 물리학 — 으로 진화했다. 엔트로피는 원자 가설을 기반에 두고 도출되었으며, 공기 덩어리나 한 컵의 차나 그 밖에 복합적인 계가 거시적이고 측정가능한 성질들을 바꾸지 않고 여러 방식으로 재배열될 수 있다는 사실과 관련된다. 호킹의 발견 이후 천체물리학자들은 자연스럽게 열역학의 발전사와 같은 길을 갔다. 그들은 블랙홀의 엔트로피와 표면적을 연결하는 베켄슈타인의 공식을 수용하고, 엔트로피를 열 나누기 온도로 정의하는 기존의 공식과 함께 확고한 법칙으로 받아들였다. 이제 과학자들은 블랙홀의 엔트로피를 블랙홀의 미시적인 구성요소들을 재배열하는 방식의 수에 의해 재정의하는 방법을 탐구하기 시작했다. 그러나 그들은 곧 극복할 수 없을 것 같은 장벽에 부딪혔다. 블랙홀의 내부에 대해서 아무것도 모른다면, 블랙홀을 재배열하는 방식의 수를 어떻게 알 수 있겠는가?

블랙홀은 자신의 복잡성을 투시할 수 없는 베일 밑에 감추고 있다는 점에서 모든 다른 계와 구별된다. 물리학자들은 난관에 굴하지 않고 문제를 우회하는 몇 가지 방식을 제안했다. 예를 들어 베켄슈타인은 중요한 것은 '블랙홀이 무엇인가'가 아니라 '블랙홀이 어떻게 존재하게 되었는가'라고 주장했다. 그러므로 붕괴하여 블랙홀을 형성할 수 있는 물질의 양자 배열의 수를 세어야 한다고 그는 주장했다. 그러나 블랙홀에 물질을 추가로 집어넣었을 때 발생하는 새로운 엔트로피의 양에서 호킹 복사에 의해 방출되는 소량의 엔트로피를 뺀 값이 이론과 잘 일치하지 않았다.

끈이론가들은 1996년에 통계역학으로부터 베켄슈타인의 공식을 더 성공적으로 도출했다. 그들은 물질과 힘에 관한 양자이론과 함께 최초로 중력이론을 종합하여 그들의 이론 속에 있는 특정한 수학적인 대상이 재배열될 수 있는 방식의 수를 밝혀냈다. 그들이 얻은 결과의 로그는 베켄슈타인 엔트로피를 입증한다고 그들은 자랑스럽게 선언했다. 그러나 불행하게도 그들이 탐구한 모형은 블랙홀의 많은 성질들을 가지고 있지만, 모든 성질을 가지고 있지는 않다. 예를 들어 그 모형의 온도는 0도이다. 따라서 그 모형은 호킹 복사를 방출하는 '일반적인' 블랙홀을 기술하지 않는다. 그 후 실제 세계에 존재하지 않고 종이에만 존재하기 때문에 사고 Gedanken 블랙홀이라 불리는 더 복잡한 끈이론적인 모형들이 분석되었고 고무적인 결론들이 도출되었다. 그러나 베켄슈타인은 다음과 같이 주의를 촉구했다. "만일 당신이 동전을 잃어버렸고, 누군가 동전을 주웠다면, 그것이 당신이 잃어버린 동전이라고 확신할 수는 없다. 끈이론의 블랙홀과 전통적인 블랙홀이 동일한가?"

블랙홀 엔트로피가 통계역학에 의해 설명되지 않는 한, 열역학은 클라우시우스의 엔트로피를 통한 제2법칙 정식화와, 엔트로피가 방식의 수의 로그라는 볼츠만의 설명 사이로 회귀한다. 열역학은 다시 한 번 독립적이고 보편적인 물리학 이론이 된다. 대부분의 물리학자들은 블랙홀에서 멀리 떨어진 일상세계에서 제2법칙은 더 근본적인 역학적 통계학적 전제의 귀결이라고 믿는다. 그러나 우주적인 관점에서 블랙홀의 엔트로피는 열역학의 통계역학에 대한 우선성을 회복시켰다. 이와 유사하게 아인슈타인의 특수상대성이론은 에너지 보존 원리인 열역학 제1법칙에 대하여 동일한 효과를 발휘했다. 일반적인 맥락에서 에너지 보존은 잘 확립된 고전적인 역학과 전자기학과 양자역학의 법칙으로부터 수학적으로 도출된다. 그러나 아인슈타인은 그의 새로운 역학법칙을 정식화하면서, 예상외의 공식인 $E=mc^2$이 수용되어야만 에너지 보존 원리가 타당할 수 있음을 발견했다. 그렇게 에너지 보존법칙은 상대성이론으로부터 자동적으로 도출되기는커녕, 갑자기 원초성을 재획득했다. 아인슈타인의 두 상대성이론은 클라우시우스의 보편적인 열역학 법칙을 예상외의 방식으로 확장하는 효과를 발휘했다. 현대적인 용어로 그 효과를 기술하면 다음과 같다.

1) 질량이 있는 물체들의 정지에너지도 포함해서 우주의 에너지는 상수이다.
2) 블랙홀의 엔트로피도 포함해서 우주의 엔트로피는 증가한다.

블랙홀과 관련된 가장 난해한 역설은 호킹의 악명 높은 블랙홀 정보 역설이다. 이 문제는 양자역학적이다. 한 양자계를 상상해 보자 — 이를테면, 상자 속에서 돌아다니는 수소 원자 두 개를 상상해 보자. 두 수소 원자는 파동함수에 의해서 완벽하게 기술될 수 있다. 파동함수는 우리가 그 원자들에 관하여 발견할 수 있는 모든 정보를 담고 있다. 우리는 그 계를 적절하게 조작함으로써 원자들에 관해서 몇 가지 확실한 지식을 — 예를 들어 원자의 개수를 — 얻을 수 있고, 다양한 정도의 개연적인 지식을 얻을 수 있다. 우리가 상자 속에 손을 넣어 계를 교란시키지 않는 한, 파동함수는 부드럽고 절대적으로 예측가능하게 진화할 것이다. 왜냐하면 파동함수는 우리가 완벽하게 이해하고 심지어 단순한 계에 대해서는 풀 수 있는 방정식을 따르기 때문이다. 파동함수 속에 들어 있는 정보의 총량은 변하지 않는다. 양자역학에 의해 기술되는 자연적인 과정에서 정보는 보존된다.

그러나 만일 당신이 그 두 원자를 집어서 블랙홀 속으로 던진다면 어떻게 될지 생각해 보자. 우리가 그 원자들에 관해서 가졌던 정보는 사라진다. 물론 그 과정에서 블랙홀은 약간 더 무거워진다. 그러나 그것은 문제가 되지 않는다. 호킹 복사가 방출되고 있으므로, 블랙홀은 곧 원래 상태를 회복한다 — 정확히 원래 상태를 회복한다. 이 실험(미지근한 차를 붓는 휠러의 실험의 정교화)의 최종결과는, 블랙홀이 한 파동함수에 의해 기술되는 계를 열복사하는 다른 계로 변환시키는 촉매 역할을 하는 것이다. 그런데 불행하게도 열복사는 양자 상태보다 훨씬 적은 정보를 가지고 있다. 두 개의 수소 원자와 관련된 모든 복잡한 정보는 단 하나의 수 — 블랙홀의 복사 온도 — 로 대체된다. 다시 말해서 정보가 소실된 것이다.

정보를 잃음으로써 블랙홀은 양자역학의 규칙에 의해 금지된 것을 성취한다. 이 문제 때문에 많은 사람들이 골머리를 앓았다. 어떤 물리학자들은 블랙홀이 실제로 정보를 파괴하는 일종의 우주적인 문서파쇄기라는 극단적인 입장을 취한다. 이 입장이 양자역학에 모순된다면, 블랙홀 내부의 극단적인 압력과 물질 밀도와 시공의 굴곡에 적용할 수 있도록 양자역학의 규칙을 수정해야 할 것이다. 다른 물리학자들은 정보가 아직 밝혀지지 않은 방식으로 코드화되어 호킹 복사에 의해 고요하게 방출된다고 생각한다. 혹은 정보가 단지 숨었다가 블랙홀 생애의 끝에서 블랙홀의 에너지가 소진될 때 한꺼번에 방출될지도 모른다. 더 낯선 가설에 의하면, 정보가 블랙홀 내부에서 웜홀을 통해 빠져나간다고 한다. 웜홀은 다른 우주로 통하는 일종의 터널이다. 그러나 백과사전의 블랙홀 항목에 대한 설명에서 호킹 자신이 썼듯이, 블랙홀에 관한 논의에서 "우리는 현재의 지식과 이해의 한계를 넘어설 위험이 있다."

블랙홀 속에 들어 있는 정보에 관한 이야기는 매우 형이상학적으로 들리지만, 실제로 일상적인 문제들에 빛을 비출 수 있다. 블랙홀 이론은 가장 근본적인 물리학 법칙들의 요구를 한데 묶음으로써 다음과 같은 질문 등에 단서를 제공한다. "자연에 의해 설정된 정보기술 성장의 한계는 어디인가?" 구체적으로 블랙홀 이론은 컴퓨터 메모리의 한계를 밝히는 데 기여할 수 있다. 컴퓨터 메모리의 밀도가 높아지고 크기가 작아짐에 따라서, 자연 법칙이 컴퓨터 메모리에 얼마나 많은 정보 저장을 허용하는지에 대한 물음은 의미있게 되었다. 현재 가능한 기술로 고체 물질에 저장할 수 있는 비트의 최대 수는 원자당 약 1비트, 즉 세제곱센티미터당 10^{20}비트인 것으로 추정된다. 상상력을 발휘하여 물질 조각을 블랙홀로 대체하고 블랙홀의 엔트로피에 관한 알려진 공식을 사용하여 블랙홀이 저장할 수 있는 정보의 이론적인 최대량을 계산하면, 어떤 메모리도 능가할 수 없는 궁극적인 한계가 세제곱센티미터당 10^{65}비트라는 결론이 나온다. 기술적으로 도달 가능할 것으로 보이는 10^{20}비트와 근본적인 이론이 허용하는 10^{65}비트 사이의 간극은 터무니없이 커서 블랙홀과 관련된 논증을 무의미하게 보이게 만든다.

그러나 더 엄밀한 한계를 발견할 수 있다. 예를 들어 베켄슈타인은 물질 조각을 블랙홀로 대체하는 대신에 물질 조각을 기존의 블랙홀 속에 집어넣는 것을 상상하라고 제안한다. 블랙홀의 반지름은 증가하고, 블랙홀의 엔트로피도 — 알려진 양만큼 — 증가할 것이다. 이 논증을 이용하면 이론적인 한계가 세제곱센티미터당 10^{38}비트라는 계산이 나온다 — 터무니없이 큰 간극이 10의 거듭제곱 지수로 27만큼 줄어든다. 놀랍게도 베켄슈타인의 방법은 블랙홀을 일종의 개념적인 도구로만 이용하고, 중력을 전혀 언급하지 않는 공식을 산출한다. 그러므로 그 방법은 우리가 언급한 첫 번째 계산보다 더 현실적이어 보인다. 물론 그 방법도 현실적인 기술적 한계로부터 여전히 10의 거듭제곱의 지수로 18만큼 떨어져 있지만 말이다. 이런 논증들의 요점은 미래의 컴퓨터의 성능을 예측하는 것이 아니라 정보의 의미를 밝히는 것이다.

오늘날 물리학의 중심적인 주제 중 하나는 일반상대성이론(거시적인 공간과 시간과 물질의 이론)과 양자역학(원자의 언어)을 조화시키는 것이다. 전자는 기하학과 중력장을 통해 구성된 반면에, 후자는 파동함수를 이용한다. 두 이론의 양립불가능성을 진술하려 하더라도 먼저 공통적으로 사용할 용어들을 발견해야 한다. 블랙홀 정보 역설은 정보가 바로 그런 공통적인 개념임을 보여 준다. 정보는 베켄슈타인의 엔트로피를 통해 일반상대성이론에 입성하고, 파동함수의 확률적인 해석에 의해 양자역학에 입성한다. 호킹이 말하듯이, 정보는 그것의 보편성에 의해서 "오늘날 이론물리학의 주요 문제 중 하나"의 핵심에 놓인다. 보어가 주장했듯이, 역설이 진보의 전조라면, 정보 개념의 미래는 찬란하다.

확률론은 17세기에 진지한 과학이 되었지만, 그 뿌리는 고대의 주사위 놀이와 카드놀이로까지 거슬러 올라간다. 수학자들이 확률을 다룰 수 있을 만큼 충분하게 수학적 도구를 발전시키기 훨씬 전에 도박사들은 부분적인 정보를 이용하여 내기에서 이길 가능성을 계산하는 방법을 알고 있었다. 그런 방식으로 그들은 가지고 있는 혹은 필요한 정보에 양적인 가치를 직관적으로 부여했다. 확률과 도박의 이러한 상관성을 생각할 때, 확률이 정보를 반영하는 미묘한 방식을 매우 극적으로 보여 준 것이 TV 속의 한 도박 게임 – 정확히 말하면 그 게임에 관한 글 – 이었다는 것은 어쩌면 놀라운 일이 아닐 것이다.

매릴린 보스 사반트는 『퍼레이드 Parade』라는 잡지에 수학적인 게임과 논리적인 수수께끼에 관한 칼럼을 쓴다. 그녀는 자신이 아이큐가 228인 천재라고 허풍을 떠는 인물이지만, 그럼에도 불구하고 많은 독자를 가지고 있다. 1990년 9월 9일에 그녀는 수수께끼 하나를 냈다. (거래합시다)라는 제목의 TV 쇼 진행자 몬티 홀은 행운의 참가자에게 세 개의 방을 선택하라고. 방들은 1에서 3까지 번호가 매겨져 있고, 커튼으로 가려져있다. 세 방 중 하나에는 최신형 자동차가 있다. 만일 출연자가 자동차가 있는 방을 맞히면, 자동차는 그의 것이 된다. 출연자는 행운을 바라며 1번 방을 선택한다. 이때 '자동차가 어디에 있는지 아는' 진행자는 2번 방을 열어 방이 비어 있다는 것을 보여주면서 다음과 같이 자상하게 묻는다. "처음에 선택한 대로 1번 방에 거시겠습니까, 아니면 선택을 바꾸어 3번 방에 거시겠습니까?"

생각해 보면 자동차는 두 방 중 하나에 있으므로, 어느 방을 선택하든 자동차를 얻을 확률은 50퍼센트인 것처럼 보인다. 그러므로 선택을 바꾸는 것은 무의미한 일인 것처럼 보인다. 그러나 그것은 틀린 생각이다. 영리한 방청객들이 "바꿔라, 바꿔라" 하고 외친다고 상상해 보자.

24 비트, 달러, 히트, 너트
섀넌을 넘어선 정보이론

경주로 뒤에서 침착한 손으로 은밀하게 정보를 흥정하는 도박사를 상상해 보자. 그는 그 정보에 얼마를 지불해야 할까? 상대방이 요구하는 가격은 얼마일까? 더 고상한 말로 표현한다면, 그 정보의 시장가격은 얼마일까? 도박사가 가지고 있는 지불수단은 현금뿐이고, 도박사는 직감과 경험과 시장의 상식에 의지해서 가치를 판단하고 거래를 한다.

우리의 도박사는 섀넌의 이름을 전혀 들어보지 못했겠지만, 섀넌을 무시한다. 그는 다른 단위로 ― 비트 대신 달러로 ― 정보를 측정할 뿐 아니라, 정보의 양과 속도가 아니라 정보의 의미와 질에 가장 큰 관심을 기울인다. 확률론을 발명한 17세기의 수학자들이 주사위와 카드로부터 배운 것처럼, 우리는 그 도박사로부터 무언가 배울 수 있을까?

섀넌의 권위에 도전하는 것은 거의 신성모독에 가깝다. 그는 정보시대의 개척자이며 정보과학의 피타고라스이다. 실제로 그의 영향은 과학과 공학에 국한되지 않는다. 그의 도움으로 탄생한 기술은 우리의 세계를 지배한다. 그러나 영원히 도전을 받지 않는 선구자는 없다. 지난 50년 동안 이루어진 정보공학의 획기적인 발전은 정보공학의 토대를 재검토하고 정보이론의 원리들을 의문시할 것을 요구한다. 실제로 피타고라스의 정리도 발견된 지 200년 만에 유클리드의 공리들에 의해 확고한 발판을 얻음으로써 비로소 기하학의 주춧돌이 되었다. 21세기의 시작은 기본으로 돌아가 다음과 같이 묻기에 적당한 시기인 것처럼 보인다. 섀넌의 이론의 기반에는 어떤 전제들이 있는가? 비트는 유일한 정보의 단위인가, 아니면 대안이 있는가? 그리고 다른 정보 측정 방법들이 있다면, 우리는 어떤 방법을 선택할 것인가?

로그를 이용하는 섀넌의 정보 측정 방법의 대안들이 있다는 생각은 경마장 복도에만 머물지 않고 과학계에도 침투했다. 이미 섀넌의 논문이 발표되기 25년 전인 1925년에 영국의 생물통계학자 피셔Sir Ronald Aylmer Fisher는 디지털이 아니라 연속적인 자료에 들어 있는 정보를 측정하는 방법을 제안했다. 그가 이용한 도구는 컴퓨터의 이진법 코드가 아니라 고전적인 확률론의 통계적인 분포였다(분포 함수는 예를 들어 "길이가 5.2센티미터에서 5.3센티미터인 물고기가 이 연못에 얼마나 많을까?"라는 질문에 대한 답을 제공할 수 있다). 피셔는 섀넌을 예견한 듯 이렇게 썼다. "수학적인 양으로 간주한 정보는 수학적인 열역학 이론 속의 엔트로피와 놀랄 만큼 유사하다." 훨씬 후인 1980년에 우터스William Wootters는 — 그는 '큐비트'라는 단어의 탄생에 기여했다 — 휠러의 지도하에 쓴 박사논문에서 피셔 정보 이론과 양자역학의 유사성을 지적했다. 두 이론은 공통된 수학적인 형식을 사용하며, 모두 확률을 연속적인 함수의 제곱과 관련시킨다(양자역학에서 전형적인 질문은 다음과 같은 식이다. "핵으로부터 거리가 5.2 나노미터에서 5.3 나노미터인 궤도에서 전자를 발견할 확률은 얼마인가?"). 더 최근에 피셔 정보는 모든 물리학을 통일하는 과제와 관련해서 근본적인 개념으로 발전했다. 그러나 그 발전을 지지하는 과학자는 소수이다.

그러나 새로운 탐구는 새로운 정보 측정법을 개발하는 데 국한되지 않는다. 더 근본적인 탐구는 유클리드를 본받아 근본적인 공리들을 찾는 것일 것이다. 실제로 섀넌 자신을 비롯한 많은 과학자들이 임의의 정보 측정법이 작동하는 방식에 관한 일반적인 가정들로부터 섀넌의 방정식을 도출하려고 노력했다. 그러나 베켄슈타인의 공식의 경우와 마찬가지로, 상이한 가정으로부터 동일한 결론이 도출된다는 사실은 제안된 공리들이 부지중에 섀넌의 결론에 맞게 설정되었을지도 모른다는 의심을 일으킨다. 필요한 것은 정보 측정 문제에 대한 참신하고 선입견 없는 검토이다 — 섀넌의 헤게모니에 도전한 최근의 인물인 카레가 그런 작업을 했다.

카레는 핀란드와 스웨덴 사이의 발트해에 있는 독립적인 군도인 알란드 출신으로 천성적으로 독립성을 물려받았다. 알란드 군도는 핀란드 영토이지만, 스웨덴어를 유일한 언어로 사용하기 때문에, 수백 년 전부터 핀란드와 유럽 연합으로부터 고도의 자치권을 인정받았다. 알란드 군도는 군사적인 분쟁에 대하여 중립적이며, 전혀 무장화되어 있지 않다. 알란드인들은 어머니의 젖과 함께 자율성과 자신감을 빨아들이는 듯하다.

카레는 학계와 공식적인 관계를 가지고 있지 않은 기술자이다. 그는 공정의 자동제어와 관련된 실용적인 문제에서 영감을 받아 정보이론을 접하게 되었지만, 곧 정보이론에 관한 수많은 책들에 초점이 없다는 것을 발견했다. 비록 섀넌의 측정법 이외의 정보 측정법들이 여기저기에 언급되어 있었지만, 그 방법들을 비교하는 방법과 그 방법들을 통일하는 원리를 발견할 수 없었다. 독립적인 정신을 가진 카레는 외부자의 신분을 무릅쓰고 더 나은 정보과학의 토대를 건설하기 시작했다.

카레는 2002년에 그의 연구를 모아 『수학적인 정보이론(The Mathematical Theory of Information)』을 출간했다. 그 제목은 의도적으로 섀넌의 책 『수학적인 통신이론(The Mathematical Theory of Communication)』을 연상시키도록 지어졌다. 자상하고 풍부하고 공격적인 그 500쪽 분량의 책에서 카레는 두 가지 중요한 목표를 성취한다. 섀넌의 정보 측정법이 무한히 많은 정보 측정법 중 하나라는 것을 설득력 있게 증명하는 것과, 합리적인 정보측정법이라면 모두 따라야 하는 기초 원리를 제시하는 것이 그 두 목표이다.

카레가 가장 먼저 언급한 것은 도박사의 딜레마이다. 도박과 관련된 조언을 비트를 세서 평가하는 것은 무의미한 일이다. 문제는 효용성이다. 매입할 정보의 현금가치를 결정하기 위해서 도박사에게 필요한 것은 정보의 질을 측정하는 방법이다. 적절한 관련 개념은 '신뢰성', 즉 메시지가 옳을 확률이다. 100퍼센트 확실한 정보는 돈을 줄 가치가 있을 것이다. 그러나 50퍼센트 확실한 정보는 무용할 것이다 — 그 정보에 의지하는 것은 동전던지기에 의지하는 것과 같을 것이다. 이상한 일이지만 확실히 틀린 정보는 믿을 수 있는 정보만큼 가치가 있다. 간섭계와 관련해서 얘기했듯이, 일관된 거짓말은 뒤집힌 형태의 참말이다. 카레는 도박사가 측정된 신뢰성과 도박 확률에 대한 지식을 종합하여 정보에 현금가치를 부여하는 방법을 쉽게 고안할 수 있음을 보여준다. 그 경우에 정보의 단위는 비트가 아니라 달러이다.

섀넌은 100퍼센트 확실한 정보 전달만을 다루었기 때문에 신뢰성을 고려할 필요가 없었다. 섀넌 이후에 발전된 더 정교한 정보공학은 신뢰성을 무시할 수 없다. 예를 들어 현대적인 분야인 패턴 인식에서 0과 1 같은 두 패턴 구별의 정확성은 근본적으로 중요하다. 패턴 인식에서 정확성은 옳은 인식의 수에 의해 측정된다. 그 수는 '히트$_{hit}$'라고 불린다. 카레는 이 명칭을 수용하고, 비트와 엔트로피는 정보의 양적인 측정 단위인 반면에 히트와 신뢰성은 질적인 측정 단위라는 결론을 내린다. 네덜란드의 정보이론 전문가 하예크$_{Jan\ Hajek}$는 "비트보다 먼저 히트를"이라는 열정적인 구호를 외친다.

카레는 비트, 달러, 히트, 신뢰성, 피셔 정보뿐만 아니라 게임이론과 경제적인 결정 분석을 통합한 분야를 연구하는 학자들이 사용하는 정보 측정법도 다룬다. 그 분야에서 문제는 도박사의 경우와 마찬가지로 게임에서 이기는 데 도움을 주거나 이익을 얻는 데 도움을 주는 정보의 가치를 매기는 것이다. 그 가치의 수학적인 표현은 '효용성'이라 불린다. 효용성은 헝가리계 미국인 수학자 폰 노이만이 선호한 측정 기준이다. 카레는 그를 기리기 위해 '너트$_{Nut}$'라는 단어를 만들었다. '너트'는 '폰 노이만 효용성$_{von\ Neumann\ utility}$'을 의미한다. 이 측정법과 위에서 언급한 측정법들은 카레의 책에서 기술된 무수히 많은 가능한 측정법 중 일부에 불과하다. 그 측정법 각각은 고유한 영역에서 적절하며, 어떤 다른 측정법보다 근본적이지 않다. 비트는 역사적인 이유와 전문적인 이유 때문에 명예로운 자리를 차지하고 있다. 그러나 카레는 기존의 생각과 달리 비트가 전혀 유일하지 않음을 보여 준다.

카레는 그가 감소하는 정보의 법칙Law of Diminishing Information이라고 명명한 근본적인 공리를 통해 두 번째 목표 — 다양한 정보 측정법들의 공통분모 찾기 — 를 달성한다. 그의 말을 인용한다면, 이 공리는 정보이론의 가지치기용 칼이다. 어떤 수학적인 함수가 이 법칙을 따른다면, 그 함수는 정보 측정법으로 수용할 수 있다. 반대로 어떤 함수가 이 법칙을 위반한다면, 그 함수는 부적당한 것으로 거부되어야 한다.

감소하는 정보의 법칙 — 약자로 LDI — 은 한 열을 이룬 두 통로로 전달되는 정보와 관련된다. 그러니까 연결된 두 전화선을 통해 정보가 전달되거나, 정보가 수신자에게 전달되고 그 수신자가 정보를 컴퓨터에 넣어 처리하고 출력하여 다시 두 번째 수신자에게 전달하는 경우와 관련된다. 간단히 말해서 LDI에 따르면, 직접 수신과 비교할 때 매개 수신 — 연결된 두 번째 통로를 통한 수신 — 은 정보의 양에 영향을 미치지 않거나 정보를 감소시킨다. 매개 수신에 의해 일어날 수 없는 일은 정보가 증가하는 것이다.

어떤 측면에서 보면, 이 규칙은 자명하고 또한 익숙하다. '중국어 속삭이기Chinese Whispers'나 '전화기Telephone' 게임에서 이와 비슷한 상황을 볼 수 있다. 그 게임에서 한 아이는 적당한 문장을 선택해서 곁에 있는 아이의 귀에 속삭이고, 두 번째 아이는 다시 세 번째 아이에게 속삭이고, 그런 방식으로 문장은 계속 전달된다. 마지막에 등장하는 문장은 대개 우스꽝스럽게 왜곡되어 처음 문장과 전혀 관련이 없는 듯이 보인다. 그것은 정보 전달에서 잡음에 의해 일어나는 손상을 보여 주는 고전적인 예이다. 이 예는 원시적인 수준에서 LDI를 예증한다.

그러나 그 법칙은 훨씬 더 심오한 측면도 가지고 있다. 카레는 그 측면을 중국어 신문을 예로 들어 설명한다. 중국어를 모르는 영국인이 중국어 신문을 평가한다고 상상해 보자. 낯선 문자들은 그에게 아무 의미가 없으므로 그는 신문의 정보 보유량이 0이라고 결론짓는다. 그러나 그 후에 그는 신문을 번역하는 번역자를 만난다. 이제 영국인은 전과 동일한 기준에 의해 신문의 정보 보유량을 높게 판정한다. 다시 말해서 매개 통로가 원래 메시지의 정보 보유량을 증가시킨 것이다. 이 상황이 LDI를 위반한다는 사실은 무언가 문제가 있다는 신호이다.

우리는 이러한 주관성 문제를 앞에서도 보았다. 정보의 본성을 이해하려고 노력하면서 우리는 이렇게 물었다. 수열 14159265……가 얼마나 많은 정보를 가지고 있는가? 어떤 사람에게는 그 수열이 정보가 없는 무작위한 횡설수설이지만, 다른 사람에게는 상수 π의 소수점 이하 부분으로서 수학적인 정보를 제공한다. 이렇게 강하게 수신자의 선행 지식에 의존하는 정보 측정법은 너무 주관적이어서 사용될 수 없다. 그러므로 중국어 신문에 대한 영국인의 판단은 오류로 간주되어야 한다. 그 판단은 합법적인 정보 측정으로 인정될 수 없다. 앞에서 제시한 상황이 LDI를 위반한다는 사실이 영국인의 판단이 오류라는 것을 시사한다. 다른 한편 섀넌의 정보 측정법은 무난하게 LDI 시험을 통과한다. 왜냐하면 그 측정법은 의도적으로 의미의 문제를 회피하기 때문이다.

카레는 LDI를 주춧돌로 삼아 자신의 수학적인 정보이론을 전개한다. 그 이론은 다양한 정보측정법을 명료화하고 관련지으며, 일부 측정법을 거부하고, 시험을 통과한 새로운 측정법들의 집합을 발명하고, 정보의 행동에 관한 일반적인 정리들을 증명한다. 카레는 이론의 기반에 LDI 같은 부정적인 공리 — 매개 통로가 정보를 증가시킬 수 없다는 공리 — 를 두는 것을 염려한다. 물리학자로서 나는 카레보다 더 낙관적인 편이다. 나는 열역학 전체의 기반이 두 개의 간단한 명제라는 것을 기억한다. 그리고 그 중 두 번째 명제는, 질서가 감소할 때 엔트로피는 증가한다는 법칙이다. 그 명제는 LDI처럼 부정적이고, 더 나아가 놀라울 정도로 LDI와 유사하다.

카레의 이론은 섀넌의 이론처럼 번쩍이는 번개가 아니라 다양한 방향의 연구의 종합이며 사유의 해방이다. 그의 이론은 정보이론이 섀넌 이론을 벗어날 수 있도록 도와준다. 위대한 선지자와 관련해서 흔히 그런 일이 일어나듯이, (섀넌 자신은 그렇게 하지 않았지만) 그의 추종자들은 섀넌 이론을 통해 정보이론을 옭아매었다. 고전적인 정보와 관련해서 비트 세기를 넘어선 진보는 어느 정도 메시지의 의미에 의지하는 정보 측정법을 요구한다. 모든 도박사들이 본능적으로 알고 있듯이, 정보의 평가를 실용적으로 유용하게 만들기 위해서는 신뢰성 — 양적이지 않고 질적인 정보 측정법 — 같은 개념이 필요하다. 달러, 히트, 너트는 모두 신뢰성의 척도이며, 따라서 '정보'라는 단어의 언어적인 광의의 정의를 향한 작은 발걸음을 나타낸다.

카레는 주로 고전적인 정보를 다루고, 신비로운 양자의 세계에 대해서는 거의 아무 말도 하지 않는다. 그러나 수용가능한 정보 측정법에 관한 그의 연구는 최근에 제안된 새로운 양자 정보 측정법의 고전적인 변양태를 포함할 만큼 충분히 포괄적이다. 새로운 양자 정보 측정법을 배우려면, 아름다운 알란드 군도를 떠나 다시 볼츠만의 고향이며 따라서 물리학적 개념으로서 정보의 고향인 빈으로 돌아가야 한다.

25 차일링거의 원리
실재의 뿌리에 있는 정보

빈 대학 실험 물리학 연구소 — 그 연구소 내에 차일링거의 실험실이 있다 — 는 볼츠만 호텔 건너편 볼츠만가Boltzmangasse 5번지에 있다. 차일링거를 방문했을 때 나는 그의 고성능 레이저들이 유서 깊은 그 연구소의 재정을 압박한 덕분에 골목의 포장석이 낡은 채로 있는 것을 보았다. 대로와 이어지는 골목 입구에는 골목의 명칭의 기원을 알려주는 파란 표지판이 있었다. '루드비히 볼츠만(1844~1906) 물리학자, 철학자'

차일링거의 실험실을 방문하는 외국인들은 볼츠만을 철학자로 설명한 것을 의아하게 여긴다. 볼츠만이 안장된 중앙 묘지의 공식 안내서도 볼츠만이 단지 물리학자였다고 주장한다. 그러나 그 파란 표지판은, 그 표지판을 설치한 공무원도 아마 몰랐을 진실을 담고 있다. 오스트리아의 교육 체계에 원인이 있든, 오스트리아인의 사색적인 국민성에 원인이 있든 간에, 실제로 오스트리아 물리학의 위대한 전통은 철학적 요소를 강하게 포함하고 있는 듯하다. 오스트리아 물리학의 세계관은 대등하게 성공적이지만 훨씬 실용적인 미국 물리학의 세계관과 뚜렷하게 대조된다. 차일링거의 가장 최근의 연구는 그가 자랑스럽게 여기는 지적인 전통의 맥락 속에서 더 잘 이해된다.

볼츠만의 철학적인 정신은 소년시절부터 분명하게 드러났으며, 말년에 그가 선택한 강의 주제들에서도 확실하게 드러났다. 말년에 그는 철학적인 성향을 가진 물리학자들의 관심을 끌 만한 주제들을 폭넓게 강의했다. 예를 들어 그의 강의 제목은 '무생물적인 자연 속 과정의 객관적인 존재 문제에 관하여'에서부터 '쇼펜하우어가 헛소리와 공허한 말로 사람들에게 전적으로 악영향을 미친 분별없고 무식한 사이비철학자라는 사실에 대한 증명'까지 다양한 철학적인 주제들을 보여 준다. 그러나 무엇보다도 볼츠만의 철학적인 물리학 연구 방식은 엔트로피의 의미를 밝히려는 평생의 노력에서 분명하게 드러났다. 엔트로피가 '열 나누기 온도'라는 클라우시우스의 원래 정의는 완벽하게 타당하고 더 나아가 실험가들에게 매우 유용했지만, 엔트로피 개념의 실질적인 의미에 대해서는 아무것도 가르쳐 주지 않았다. 볼츠만을 철학자의 지위에 올려놓은 것은 엔트로피라는 난해한 개념을 탐구하기로 한 그의 결심이었다. 또한 그 결심의 산물은 그를 불멸의 물리학자로 평가되도록 만들었다. 그의 태도는 섀넌의 태도와 근본적으로 달랐다.

에른스트 마흐 Ernst Mach는 볼츠만의 빈 대학 동료였으며, 원자의 실재를 완강하게 부정했다. 원래 실험물리학자였던 마흐는 말년에 점차 철학으로 선회했다. 시공의 의미에 관한 마흐의 세심한 분석에 깊은 감명을 받은 아인슈타인은 다음과 같이 말했다. "이 핵심적인 측면을 발견하기 위해 필요한 비판적인 사유는 내 경우에 특히 흄과 마흐의 철학적인 저술을 읽음으로써 결정적으로 강화되었다." 이보다 더 확실하게 철학이 물리학에서 하는 역할을 정당화하는 말은 찾아보기 어려울 것이다.

또 한 명의 빈 대학 물리학 교수인 슈뢰딩거Erwin Schrödinger —그는 『생명이란 무엇일까?』의 저자이다 — 역시 매우 철학적인 세계관을 가지고 있었다. 하이젠베르크가 행렬이라는 낯설고 기괴한 도구를 이용한 양자 이론을 발표하자마자, 슈뢰딩거는 예측을 위한 단순한 지침보다 직관적으로 더 납득할 만한 이론을 개발하기 시작했다. 그는 이렇게 썼다. "물리학은 원자에 대한 탐구만으로 이루어지지 않고, 과학은 물리학만으로 이루어지지 않으며, 생명은 과학만으로 이루어지지 않는다. 원자에 대한 탐구의 목표는 원자에 대한 우리의 경험적인 지식을 우리의 다른 사상들과 맞추는 것이다." 이 견해는 슈뢰딩거의 인본주의적인 철학의 핵심이다.

마흐와 슈뢰딩거뿐만이 아니다. 조국을 떠난 오스트리아 물리학자들도 오스트리아 물리학의 철학적 전통에서 자유롭지 못했다. 1900년에 빈에서 태어난 파울리Wolfgang Pauli는 빈 대학 물리화학 교수였던 아버지의 영향으로 오스트리아의 과학적 전통을 습득했다. 파울리는 뮌헨에서 대학을 다녔고, 그 후 독일과 스위스에서 물리학자로서 활동했으며, 나중에 노벨상을 수상했다. 아마도 그는 양자 이론의 주요 창시자들 중에서 가장 뛰어난 수학자일 것이다. 또한 그는 동료들을 신랄하게 비판하여 '물리학의 양심'이라는 호칭을 얻기도 했다. 그 호칭은 도덕적인 의미를 내포하는 것이 아니라, 그가 재능이 덜한 학자들의 서툰 솜씨로부터 물리학의 통일성을 지키는 거장이라는 의미를 담고 있다. 그러나 가장 엄격한 추상적인 이론가였던 파울리는 무엇보다도 먼저 철학자였다. 역시 뛰어난 물리학자였던 파울리의 제자 피어츠Marcus Fierz는 파울리의 죽음을 알리는 감동적인 기사에서 다음과 같이 썼다. "그는 케플러, 뉴턴, 갈릴레이와 마찬가지로 전통적인 의미에서 타고난 철학자였다. 오늘날의 거의 모든 물리학자들과 달리 파울리는 자연의 책을 읽으려는 과학자의 노력이 자연 그 자체 안에서 과학자 자신의 모습을 보게 할 것이라는 믿음을 가지고 있었다…… 파울리에게는 물리학의 기초적인 질문들이 가장 심오한 의미에서 인간 삶에 대한 질문이기도 했다."

이런 배경을 염두에 둘 때, 빈 대학 실험물리학 교수인 차일링거가, 철학적인 태도가 근본적인 물리학 탐구에 필수적이지는 않지만 매우 권장할 만하다고 믿는 것은 놀라운 일이 아닐 것이다.

물론 그런 태도만으로는 불충분하다. 물리학자로서 명성을 얻기 위해서는 볼츠만, 마흐, 슈뢰딩거, 파울리가 그랬듯이 핵심적인 과학에 불멸의 기여를 해야 한다. 그리고 차일링거는 훌륭하게 그런 기여를 했다. 그는 1989년에 뉴욕 시립대학의 그린버거Daniel M. Greenberger와 보스턴 근처 스톤햄 칼리지의 호른Michael Horne과 함께 놀랍고도 독창적인 실험을 발표하면서 물리학계의 주목을 받기 시작했다. 오늘날 약자로 GHZ라고 알려진 그 실험은, 아인슈타인·로젠·포돌스키의 사고실험Gedankenexperiment까지 거슬러 올라가는 두 개의 얽힌 입자를 다루는 실험이 아니라, 세 개의 얽힌 입자를 다루는 실험이다. 처음에는 GHZ도 양자역학의 예측과 고전적인 예측을 비교하는 가설적인 탐구의 전통에 속하는 사고실험이었다. 그러나 약 10년 후에 GHZ는 실제로 수행되었고, 모든 물리학자들은 양자역학이 또 한 번 결정적으로 강화되었다고 평가했다. 그럼에도 불구하고 GHZ는 고전적인 실험으로 평가된다. 왜냐하면 그 실험은 개념적으로 단순하고, 그 후의 수많은 이론적인 연구와 실험적인 연구에 영감을 주었기 때문이다.

1990년대에 차일링거는 양자 공간이동 quantum teleportation과 관련된 주목할 만한 실험들을 계속했다. 양자 공간이동이라는 명칭은 오해를 불러일으킨다. 왜냐하면 그 명칭이 가리키는 과정 속에서 물질이나 정보가 실제로 순간적으로 이동하는 것은 아니기 때문이다. 그 과정은 다만 양자역학의 본성을 밝히는 실험적인 연구의 중요한 한 단계이며, 새롭게 등장하는 양자 정보공학에서 잠재적인 유용성을 가지고 있다. 최근에 그와 제자들은 무겁고 복잡한 대상의 양자역학적인 간섭을 보이는 분야에서 세계 신기록을 수립했다. 한때 물리학자들은 중성자 같은 '무거운' 대상과 원자 같은 복잡한 계가 파동성을 보이는 것에 감탄했다. 현재 차일링거는 탄소 원자 60개 혹은 70개로 이루어진 거대한 풀러른 분자의 파동성을 보이는 실험을 하고 있다. 다음번 실험 대상은 바이러스가 될 것이다.

차일링거는 바쁜 사람이다. 그는 학생들과 조교들로 이루어진 대규모 연구진을 지휘하면서도 전 세계를 돌아다니며 학회와 전문적인 세미나에 참석하고 있다. 빈의 언론은 그에게 중요한 시사적인 주제에 관한 대담을 요청하고, 그의 대규모 물리학 입문 강의를 위한 교육용 실험들이 준비되어야 하고, 전문적인 잡지와 대중적인 잡지에 발표할 글이 줄을 서 있고, 동료들은 그의 관심을 요구한다. 차일링거는 철학자의 가장 소중한 재산인 여가를 많이 가지지 못하고 있다. 그러나 그가 양자역학의 해석과 관련된 심오한 철학적인 문제에 관해 얘기할 때 빛나는 그의 눈은 그의 본성적인 관심이 어디에 있는지 분명하게 보여 준다. 헝클어지고 자상해 보이는 그의 외모는 날카로운 재치를 숨기고 있다. 그는 그 재치를 오스트리아 정치에서 현대 예술까지 모든 주제와 관련해서 발휘한다. 그러나 가장 깊은 곳에는 존재의 의미를 이해하려는 한결같고 열정적인 욕구가 있다. 그는 평생의 연구를 통해서 존재의 의미가 어떤 방식으로든 양자의 수수께끼와 관련되어 있다는 확신을 가지게 되었다. 휠러와 마찬가지로 그는 알고 싶어 한다. 왜 양자일까? 슈뢰딩거와 마찬가지로 그는 폭넓은 대중에게 제시할 대답을 원한다. 또한 파울리와 마찬가지로 그는 그 대답이 인간의 본성 그 자체를 드러내어 줄 것이라고 믿는다.

   1996년에 차일링거는 거장들이 스스로 쓴 사적인 편지들에 특별한 관심을 기울이면서 양자역학의 해석에 관한 글들을 총괄적으로 논평하는 중요한 작업을 감행했다. 그는 그가 발견한 것을 「양자역학의 해석과 철학적인 토대에 관하여(On the Interpretation and Philosophical Foundations of Quantum Mechanics)」라는 제목의 논문으로 발표했다. 그는 그 논문에서 '양자역학에게 제대로 된 철학적인 토대를 마련해 주는 문제가 존재하는지도 모른다' 라는 조심스러운 결론을 내렸고, 그 결론을 계기로 그 토대가 무엇일지를 묻기 시작했다. 지난 반세기 동안 다양한 양자역학의 해석들이 등장했다는 사실은, 그 해석들이 기대한 만큼 견고하지 못하다는 증거라고 그는 주장했다. 필요한 것은 명료하고 단순하고 확고한 근본원리라고 그는 생각했다.

차일링거는 물리학 법칙이 멈추어 있는 실험실에서나 빠른 속도로 일정하게 움직이는 로켓에서나 동일해야 한다는 아인슈타인의 특수상대성원리를 언급했다. 그 원리는 갈릴레이까지 거슬러 올라가며 — 갈릴레이가 상상한 배는 로켓이 아닌 돛에 의해 추진되었다 — 보편적으로 인정된다. 상대성이론의 특수한 방정식들은 대부분 아인슈타인의 연구 이전에도 있었지만, 아인슈타인 이전에는 굳건한 토대가 없었기 때문에 인정을 받지 못했다고 차일링거는 주장한다. 상대성원리는 마침내 아인슈타인에 의해 철학적인 기반을 얻었고, 그 결과 아인슈타인의 이론은 신속하게 이해되고 물리학의 주류에 통합되었다.

상대성이론의 역사를 살펴보는 것은 유익한 일이다. 그러나 양자역학의 사정은 다르다. 왜냐하면 양자역학의 기본적인 타당성과 괄목할 만한 성취를 의심하는 사람은 아무도 없지만, 양자역학을 이해하는 사람도 아무도 없기 때문이다. 아인슈타인은 슈뢰딩거에게 쓴 편지에서 대부분의 물리학자들을 가리키며 이렇게 말했다. "그 작자들은 그것을 인정하려 하지 않는다."

어쨌든 차일링거는 그 잡히지 않는 통합적인 원리를 탐구하기 시작했고, 3년 후인 1999년에 그 원리를 발견했다고 생각했다. 1월 5일에 그는 「양자역학의 근본원리(A Foundational Principle for Quantum Mechanics)」라는 과감한 제목이 붙은 논문을 발표했다. 그 원리는 상대성원리나 에너지 보존법칙처럼 매우 단순해 보인다.

기본적인 계는 1비트의 정보를 운반한다.

빈 대학의 그림 같은 야외 간이식당에서 그리스풍의 샐러드를 먹으면서 차일링거는 내게 그 원리를 설명했다.

그 원리의 기반에 있는 결정적인 가정은, 물리학 일반과 특히 양자역학이 세계 그 자체를 기술하는 것이 아니라 다만 우리가 세계에 관하여 말할 수 있는 것을 기술한다는 보어의 주장이다. 보어는 우리가 데모크리토스의 주문 — 우리가 정보의 매개적인 역할을 인정하거나 심지어 이해하려고 노력하지 않아도 객관적인 물질세계를 파악할 수 있다는 착각 — 에서 벗어날 것을 요구한다. '우리는 결코 의자를 보지 못한다'라고 보어는 말하곤 했다. 우리는 우리의 뇌가 처리하여 의자의 관념(아리스토텔레스가 말한 '형상')을 산출하는 정보를 주는 감각인상을 받는다. 우리는 원자를 보거나 탐지하거나 측정하지 못한다. 단지 원자에 관한 정보를 수집하고, 그 정보를 파동함수라는 수학적인 구조물 속에 집어넣는다. 파동함수는 우리가 미래의 실험에서 얻을지도 모르는 정보에 관한 예측을 할 수 있게 해 준다. 물리적인 세계의 본성에 관한 논의에서, 자연에 관하여 우리가 가진 모든 지식의 원천인 정보를 배제하는 것은 시대에 뒤떨어지고 용납할 수 없는 지나친 단순화이다.

그러나 만일 우리가 물질이 아니라 정보가 양자역학의 뿌리에 있다는 것을 인정한다면, 과학의 충실한 하녀인 환원주의는 타격을 받고 이렇게 물을 것이다. "정보의 근본적인 구성단위는 무엇인가?" 차일링거는 이렇게 대답한다. "그것은 명제이다." 휠러는 명제를 질문에 대한 대답이라고 불렀다. 그리고 가장 단순한 명제는 기본적인 명제, 즉 예-아니오 질문에 대한 대답이다. 그 대답은 이른바 1비트의 정보를 보유한다. 예 또는 아니오라는 대답을 요구하는 질문보다 더 단순한 질문을 상상하는 것은 불가능하다.

 그러나 이 장면에서 차일링거는 주의를 촉구한다. 우리는 기본적인 질문의 본성을 명확하게 알아야 한다. 예를 들어 양자역학에서 우리는 흔히 이렇게 묻는다. "이 광자의 편광은 무엇인가?" 대답은 경우에 따라서 다음과 같을 수 있다. "그 광자는 편광이 수직일 확률이 35퍼센트이다." 이것은 확실히 이진법적인 예-아니오 대답이 아니다. 또한 위의 질문도 기본적인 질문이 아니다. 합리적으로 정의되든 혹은 통계적으로 정의되든 확률은 복합적인 개념이다. 확률을 검증하기 위해서는 하나가 아니라 다수의 기본적인 실험이 필요하다. 다양한 색의 레이저 광선이 거대한 광학 테이블 위에 설치된 거울과 렌즈, 필터와 빛살가르개, 슬릿을 통과하며 우아한 기하학적 패턴을 그리는 차일링거의 어두운 실험실 한 구석에는 전기 장치들이 놓인 선반이 있다. 그 중 한 장치는 무작위해 보이는 간격으로 반짝이는 숫자를 표시하는 계수기이다. 27, 28, 잠시 휴식, 29, 잠시 휴식…… 그 숫자들이 기본적인 사건들이다. 그 숫자들은 슬릿이 특정한 각도로 고정되었을 때, 거울이 특정한 위치에 설치되었을 때, 실험장치가 특정한 시점에 작동하기 시작했을 때, 광자가 특정한 탐지장치에 도달하는지 여부를 알려 준다. 광자는 도달하거나 도달하지 않는다 — 예 혹은 아니오이다. "편광이 35퍼센트 확률로 수직이다"와 같은 진술은 그런 기본적인 사건들을 토대로 해서 계산되고 이론적인 예측과 비교될 수 있다. 그러나 실제 측정 자체는 단순하고 이진법적인 세기$_{counting}$이다. 그것은 비트로 표현된다.

모든 수학적인 연산을 비트를 통해서 표현할 수 있다는 생각은 긴 역사를 가지고 있으며, 차일링거 원리의 후반부에서 근본적인 역할을 한다 — 우리가 주고받을 수 있는 세계에 관한 정보의 최소량은 1비트이다. 차일링거의 원리의 전반부는, 우리는 1비트보다 적은 정보를 상상할 수 없으므로, 이해할 수 있는 '가장 단순한 물리적인 대상은 정확히 1비트에 의해 기술된다'라고 주장한다. 차일링거는 그 근본적인 대상을 '기본적인 계'라고 부른다. 그러나 그 기본적인 계는 예를 들어 전자 같은 단순하고 구조가 없는 입자가 아니다. 왜냐하면 가장 기본적인 입자들도 에너지, 방향, 위치 등의 외적인 속성과 전하량, 질량, 기묘도strangeness 같은 내적인 속성을 가지기 때문이다. 따라서 기본 입자들은 너무 복잡하다. 우리에게 기본적인 계를 제공하는 것은 오히려 그 속성 — 예를 들어 스핀이나 편광 — 이다. 기본적인 계는 반드시 사물일 필요는 없지만, 물질적인 세계를 명확하게 표현한다.

차일링거의 원리에서 물리적인 대상과 정보를 연결하는 단어는 '운반한다'이다. 그는 이 단어 때문에 고민한다. 왜냐하면 이 단어의 의미는 전적으로 명확하지 않기 때문이다. 차일링거의 원리를 다음과 같은 식으로 재구성하면 그 단어를 사용하지 않을 수 있다. "기본적인 계의 정보 보유량은 1비트이다." 혹은 "기본적인 계는 단일한 명제의 진리값을 표현한다." 한편 핵심적인 생각을 전달하는 또 다른 방법은, 기본적인 계를 '1비트에 기반을 둔 정신적인 구성물'로 정의하는 것이다. 그러나 정확한 단어 표현이 중요한 것은 아니다. 요점은 1비트의 정보가 기본적인 물리적 계와 연결된다는 것이다.

차일링거 원리의 첫 번째 함축은, 휠러의 유명한 질문, '왜 양자인가?'에 대한 대답이다. 자연은 왜 물처럼 부드럽고 연속적이지 않고 모래처럼 불연속적이고 분절적인 조각들로 양자화되어 있을까? 대답은 다음과 같다. 우리는 세계가 실제로 어떠한지 전혀 모르며, 심지어 어떠한지를 묻지도 말아야 한다. 우리가 아는 것은 세계에 관한 앎이 정보라는 것이다. 그리고 정보가 본성적으로 비트로 양자화되어 있기 때문에, 세계도 양자화되어 보인다. 만일 그렇지 않다면, 우리는 세계를 이해할 수 없을 것이다. 이 대답은 더할 나위 없이 단순하고 심오하다.

차일링거의 원리에 의해 설명되는 양자역학의 두 번째 예측은 일부 측정값들의 무작위성이다 — 모든 측정값들이 무작위한 것은 아니다. 어떤 측정값들은 완벽하게 예측가능하다. 예를 들어 전자가 가장 낮은 에너지 준위에 있는 수소 원자가 있다면, 그 전자의 에너지를 여러 번 측정했을 때, 동일한 결과를 얻을 수 있다. 그러나 그 전자의 정확한 위치를 측정하려 한다면, 결과는 예측불가능하고, 원자의 구조에 의해 설정된 넓은 범위 내에서 완전히 무작위할 것이다. 바로 이 본질적인 무작위성이 양자역학을 고전물리학으로부터 구별한다. 아인슈타인 같은 윗세대의 물리학자에게는 물리학의 기반에서 우연이 하는 역할을 인정하는 것이 어려운 일이었다. 심지어 슈뢰딩거도 우연의 역할을 부정했다. 차일링거의 원리는 그 무작위성을 더 근본적인 공리로부터 도출된 정리의 지위로 격상시켰다.

무작위성이 발생하는 이유는 다음과 같다. 기본적인 계 속에 있는 1비트의 정보가 드러나면, 그 계에 가해지는 추가적인 실험적 질문에 답할 정보가 더 이상 없다. 차일링거는 스핀 값이 수직축인 z에 대해 '업$_{up}$'으로 측정된 입자를 예로 든다. 그 측정값은 1비트의 정보를 운반한다 — "스핀이 z방향으로 업인가?"라는 질문에 대한 답을 운반한다. 이제 우리가 "x방향의 스핀은 무엇인가?"라는 질문을 던진다면, 대답은 알 수 없다. 실제로 양자역학의 공식들에 의하면, x방향의 스핀은 무작위한 동전 던지기처럼 50:50의 확률로 '업'이거나 '다운'이 된다. 차일링거의 원리는 왜 그래야만 하는지를 설명한다. 스핀에 의해 표출된 정보가 z방향에 있으므로, 더 이상 추가적인 정보가 있을 수 없다. 그러므로 다른 독립적인 실험들의 결과는 무작위해진다.

그러나 차일링거 원리의 가장 근본적인 귀결은 '얽힘'이라는 신비로운 양자역학적인 현상에 대한 설명이다. 얽힘을 의미하는 독일어 Verschränkung을 물리학 용어로 만들고, 그 후에 그 단어의 영어 번역어 entanglement를 스스로 선택한 슈뢰딩거는 얽힘이 양자역학의 본질이라고까지 말했다. 오늘날 얽힘은 양자 계산과 암호학과 공간이동의 열쇠로 인정받고 있다. 오늘날에도 반향이 남아 있는, 유명한 아인슈타인·포돌스키·로젠의 1935년 양자역학 비판에 대한 답변으로 슈뢰딩거는 얽힘을 다음과 같이 정의했다. "전체 계에 대한 최대 지식이 반드시 그 계의 모든 부분들에 관한 지식의 총합일 필요는 없다. 심지어 그 부분들이 완전히 개별적으로 분리되어 있다 할지라도 말이다."

1935년 이후 많은 물리학자들과 철학자들이 이 정의를 해석하기 위해 노력했다. 그러나 '지식'이라는 단어가 물리학 용어가 아니기 때문에, 그들이 제시한 설명은 예외 없이 양자역학의 수학적인 용어들로 귀착했다. '정보'를 가장 기초적인 물리학 개념으로 도입한 차일링거는 훨씬 더 쉽게 과제를 해결할 수 있다.

다음과 같은 2비트 시나리오를 생각해 보자. 기본적인 대상 두 개가 공간 속에 잘 분리되어 있다. 각각의 대상은 1비트에 의해 완벽하게 기술되고, 1비트의 정보를 운반한다(각각 앞면과 뒷면을 보이는 동전 두 개가 이 상황을 고전적으로 표현하는 예가 될 수 있다). 이제 그 두 기본적인 양자계를 접촉시켜 상호작용할 수 있게 만든다고 상상해 보자. 두 계가 보유한 2비트의 정보는 이제 말하자면 두 계 사이로 분산될 수 있다. 그 후에 두 계를 다시 분리하면, 정보는 한 계에 부분적으로 들어 있고, 다른 계에 부분적으로 들어 있게 된다 — 두 계를 수 킬로미터 멀리 떨어뜨려 놓는다 할지라도 말이다. 이것은 전체 계를 단순히 두 부분계의 합으로 기술하는 것이 원리적으로도 불가능함을 의미한다. 예를 들어 문제의 계가 스핀이라면, 다음과 같은 두 명제로 두 스핀을 기술할 수 있을 것이다. "x축을 따라 측정한 두 스핀은 서로 평행하다." 그리고 "y축을 따라 측정한 두 스핀은 서로 반대이다." 일단 이 두 진술을 하고 나면, 더 이상 할 수 있는 말이 없다 — 각각의 개별적인 입자의 x방향이나 y방향의 스핀에 관해서 아무 말도 할 수 없다. 이것이 바로 계에 관한 지식이 "반드시 계의 모든 부분들에 관한 지식 전체를 포함하는 것은 아니"라는 슈뢰딩거의 지적이 지니는 의미이다.

양자화와 무작위성과 얽힘을 쉽게 설명할 수 있다는 사실은 차일링거 원리의 위력을 대변한다. 그러나 이 모든 것은 새 부대에 담긴 헌 포도주에 불과하다. 물리학자들은 새로운 이론이 무언가 새로운 것을 예측할 수 있을 때만 관심을 기울인다. 그리고 차일링거의 원리는 무언가 새로운 것을 예측한다.

양자 통신과 양자 계산이 번창하려면, 새로운 정보이론이 개발되어야 한다. 그 이론의 요소는 비트가 아니라 큐비트일 것이며, 그 이론이 옛 이론과 겹치는 특수한 상황에서는 옛 이론에 일관된 결론이 나와야 할 것이다. 그러나 새 이론의 정식화에 대해서는 아직 합의가 이루어지지 않았다.

그 미래의 이론이 당면한 가장 시급한 문제 중 하나는 정보 측정방법의 확립이다. 여러 과학자들은 섀넌의 공식이 큐비트 개념과 부드럽게 맞물리지 않고, 경우에 따라서 볼츠만을 무덤에서 일어나게 만들 음의 엔트로피 같은 기괴한 결과들을 산출한다는 것을 지적했다. 그러나 차일링거가 그 자신의 원리를 정보이론에 적용하기 전까지는 문제가 정확히 무엇이고 그 문제를 어떻게 해결할 수 있을지 아는 사람이 아무도 없었다.

2001년에 차일링거와 그의 제자 브루크너Caslav Brukner는 「양자 측정에서 섀넌 정보의 개념적 부적합성」이라는 제목의 논문을 발표했다. 논문의 저자들은 섀넌 공식에 대한 섀넌 자신의 정당화를 검토하면서 당시에는 매우 자연스러워서 논의할 필요가 없다고 여겨진 가정을 지적했다. 그 가정을 간단히 말하면, 계의 속성들은 관찰 이전에 잘 정의되고 관찰에 의해 영향을 받지 않는다는 것이다. 그러니까 손을 떠난 주사위의 눈은 아직 관찰되지 않았지만, 확정된 — 비록 알려지지 않았지만 — 값을 가진다는 것이다. 더 나아가 그 값을 읽는 절차는 중요하지 않다. 당신이 그 값을 어떻게 관찰하든, 동일한 값을 얻는다. 그러나 양자 측정에서는 이 두 진술이 모두 거짓이다. 미래에 이루어질 관찰의 결과는 현시점에서 확정적이지 않고, 더 나아가 관찰 절차는 결과를 바꾸고 결정한다. 그러므로 섀넌 공식을 지지하는 섀넌의 논증은 양자역학의 맥락에서 타당하지 않다.

차일링거와 브루크너는 이 문제를 지적한 것으로 만족하지 않고, 정보 측정을 위한 새로운 방법을 제안하는 데까지 나아갔다. 그 방법이 측정하는 정보는 '전체 정보total information'라고 명명되었다. 그 방법은 로그를 포함하지 않으며, 섀넌의 방법보다 간단하다. 그 방법의 큰 장점은 기본적인 계에 대해서 정보 보유량을 1비트로 매긴다는 것이다. 따라서 두 기본적인 계의 정보 보유량은 2비트이다 — 계의 얽힘 상태가 어떠하든 상관없이 정보 보유량이 결정된다.

'전체 정보'는 '정보 보유량information content' — 약자로 '콘트cont' — 측정을 위한 양자역학적인 도구라는 것이 밝혀졌다. 이 측정방법은 카레가 검토하고 수용가능하다고 판정한 고전적인 정보측정법의 집합에 속하기도 한다. 철학자들은 '전체 정보'를 '의미론적인 정보 보유량'이라고 부른다. 왜냐하면 이 양은 섀넌이 전적으로 무시한 메시지의 의미에 의해 결정되기 때문이다. 의미와의 연결은 놀라운 요소를 매개로 해서 이루어진다. 정상적인 동전을 생각해 보자. 동전을 던지기 전 상태에서 당신은 당신이 결과에 대해 어느 정도 놀랄 것이라는 것을 안다. 만일 당신이 앞면을 기대한 상태에서 앞면이 나온다면, 놀라움의 정도는 0일 것이다. 반면에 만일 뒷면이 나온다면, 당신의 놀라움은 완벽할 것이다, 즉 100퍼센트 혹은 1일 것이다. 따라서 정상적인 동전의 '정보 보유량'은 0과 1의 중간인 1/2로 매겨진다. 섀넌은 정상적인 동전의 정보 보유량을 1비트로 판정하므로, 두 정보 측정법은 서로 다르다. 섀넌의 공식이 없었다면 20세기 후반의 통신과 컴퓨터 공학의 발전은 불가능했을 것이다. '전체 정보'가 21세기에 양자 통신과 계산에서 그와 유사한 역할을 하게 될까? 그것은 시간이 말해 줄 것이다.

  이 질문에 대한 답과 상관없이, 차일링거의 원리는 다음과 같은 휠러의 예언을 향한 한 걸음이다. 내일 우리는 물리학 전체를 정보의 언어로 이해하고 표현하는 법을 배울 것이다. 휠러는 그 예언을 1989년에 다양한 청중을 대상으로 이루어진 여러 강연 중 하나인 유명한 〈비트에서 존재로〉라는 제목의 강연에서 했다. 그는 자신의 정말로 큰 질문의 목록에 들어 있는 그 수수께끼 같은 제목을 특유의 간결하고 기품 있는 방식으로 설명했다.

  '비트에서 존재로'라는 문구는 물리적인 세계의 모든 대상이 바닥에 — 대개 아주 깊은 바닥에 — 비물질적인 원천과 이유를 가지고 있다는 것을 상징한다. 또한 우리가 실재라고 부르는 것이, 최종적인 분석에 의하면, 예- 아니오 질문을 제기하고 답하는 것에서 발생한다는 것을 상징한다. 간단히 말해서, 모든 물리적인 사물은 정보이론적이며, 이 우주는 동참하는 우주이다.

  이 예언에 비추어 볼 때 차일링거의 업적은 휠러의 말을 이론물리학의 수학적인 언어로 번역하고 그로부터 엄밀한 귀결들을 도출하기 위해 첫걸음을 내디딘 것에 있다고 할 수 있다. 그는 그 과정에서 최근에 양자역학의 용어로 추가된 '큐비트'의 도움을 받았다. 큐비트는 휠러가 말한 '물리적인 실재'와 차일링거의 '기본적인 계'를 기술하기 위해 물리학자들이 개발한 양자역학적인 도구이다. 큐비트는 내용 면에서 비트보다 훨씬 풍부하다. 차일링거 원리의 힘은 바로 큐비트(무생물적인 물질의 궁극적인 구성요소)와 비트(인간의 앎의 궁극적인 양자)를 연결한 것에서 나온다. 큐비트와 비트가 일대일 대응을 이루어야 한다는 것은 가장 단순한 가정이며 또한 심오한 통찰이다.

근본적으로 실험가인 차일링거는 자연이 큐비트에서 꺼내도록 우리에게 허락한 확실성의 덩어리인 비트에 신뢰를 둔다. 비트는 그의 계수기가 내는 딸깍 소리나 그가 그린 그래프 속의 점에 대응한다. 비트는 그가 지각하고 측정하는 자연을 대변한다. 이론가인 나는 조심스럽게 다른 쪽으로 눈을 돌려 큐비트를 바라본다. 부드럽고 투명한 공의 형태로, 오색찬란하게 빛나는 포도알의 형태로 나의 정신 속을 떠돌아다니는 큐비트는 미래에야 비로소 알 수 있을 가능성들의 무한한 원천이다. 큐비트는 우리에게 무한한 놀라움을 안겨 줄 것이다. 왜냐하면 비트가 궁극적으로 무작위적이고 예측불가능한 방식으로 큐비트 속에 들어 있기 때문이다. 큐비트를 움켜쥐고, 측정하고, 확정된 색으로 환원시키는 일은, 즉 분명한 예나 아니오를 끌어내는 일, 혹은 0이나 1을 끌어내는 일은, 과거에 의해 결정되지 않고 미래에 재현할 수 없는 나만의 고유한 근원적 창조 행위이다. 내게 큐비트는 경이로움의 궁극적인 원천이다.

Notes

서문

pp. 12 '휠러는 다음과 같은 신비로운 주장을…', John A. Wheeler, *At Home in the Universe*, Springer, 1992, p. 296.

p. 14 '열이 어떤 특정한 물질 속을 흐르는 방식에 관한 세부적인 이론', H. C. von Baeyer and J. Callaway, 'The effect of point imperfections on Lattice Thermal Conductivity', *Physical Review* 120, 1149(1960).

p. 14 '이 논문은 그들의 견해 차이에서 발상을 얻어 씌어졌다', Joseph Callaway, 'Mach's Principle and Unified Field Theory', *Physical Review* 96, 778(1954).

p. 15 '질문은 큐비트에서 존재로(IT FROM QUBIT)?가 된다', Gerard J. Milburn, *The Feynman Processor*, Perseus Books, 1998, p. 37.

1. 전기비

p. 21 '캘리포니아 대학의 과학자들은 인간과 인간이 만든 기계가 앞으로 3년 동안…', *New York Times* (hereafter referred to as *NYT*), 15 Jan 2001, p. C1.

p. 21 '1964년에 그는 이렇게 지적했다. "사무용 가구나 기기를 만드는 것이 중요한 일이 아니라…', Marshall McLuhan, *Understanding Media*, McGraw-Hill, 1964, p. 9.

p. 22 '물리학 법칙과 관련된 더 근본적인 한계는 2020년 이후에나 도달될 것으로 추정…', Neil Gershenfeld, *The Physics of Information Technology*, Cambridge University Press, 2000, p. 161.

p. 23 '마치 바다 속의 물고기처럼, 사람들을 뒤덮는 정보의 바다를 창조하기로 계획', George Johnson, *NYT*, 2. Feb 2001, p. 4.

p. 24 '세계 인구의 대다수는 아직 정보기술과 무관하다. 월드 와이드 웹은, …', Samuel R. Berger, *NYT*, 20 Jan 2001, p. A19.

p. 24 '언제 이 숨겨진 비용이 컴퓨터칩 생산을 억제하게 될지 아무도 모른다.', *Science News* 16, p. 309(2002).

p. 25 '「진흙에서 다이아몬드 캐기」라는 제목의 글', In Peter J. Denning, ed. *Talking Back to the Machine: Computers and Human Aspiration*, Copernicus Springer-Verlag, 1999.

p. 27 '전기적인 신호와 화학적인 신호를 교환하는 세포들의 거대한 연결망인 뇌도…', Ian Glynn, *An Anatomy of Thought*, Oxford University Press, 1999, p. 106.

p. 28 '환경에서 정보를 추출하는 아메바의 능력에서부터 꿀벌의 춤과 새의 노래를 거쳐…', Barbara King, *The Information Continuum*, University of Washington Press, 1994.

2. 데모크리토스의 주문

p. 32 '눈앞에 있는 돌의 실재성을 증명하기 위해 주저 없이 그 돌을…', James Boswell, *The Life of Samuel Johnson*, Encyclopaedia Britannica Great Books, vol. 44, 1952, p. 134.

p. 33 '그의 저술은 소수의 조각글로만 남아있다…', Bernard Pullman, *The Atom in the History of Human Thought*, Oxford University Press, 1998, p. 31.

p. 33 '관습에 의해 달고 관습에 의해 쓰며, …', Erwin Schrodinger, *Nature and the Greeks & Science and Humanism*, Cambridge University Press, 1996, p. 89.

p. 36 '만약 어떤 재앙이 발생하여 모든 과학 지식이 파괴될 위기에…', Richard Feynman, *Lectures on Physics*, Addison-Wesley, 1963, vol. I, p. 1-2.

3. 인-포메이션

p. 44 '우리는 유기적인 현상에 대한 연구가, …', D'Arcy Wentworth Thompson, *On Growth and Form* (abridged), Cambridge University Press, 1961, p. 269.

p. 45 '정보의 본성을 명료화하려는 노력 속에서 '형태'와 비슷한…', Paul Young, *The Nature of Information*, Praeger, 1987, p. 52.

p. 45 '그가 정보과학에 기여한 공로는 논리 체계의 근본 정리를…', Andrew Hodges, *Alan Turing - The Enigma of Intelligence*, Unwin Paperbacks, 1983, p. 492.

p. 47 '과학의 목표는 독단론자들이 단순하게 상상하는 것처럼 사물 자체가 아니라…', Henri Poincaré, *Science and Hypothesis*, Dover, 1952, p. xxiv.

p. 48 '얽히고설킨 관계의 거미줄만이 남아 형상을 추구한다…', Italo Calvino, *Invisible Cities*, Harcourt Brace Jovanovich, 1972, p. 76.

p. 49 '형상을 부여하는 힘…', Robert Wright, *Three Scientists and their Gods*, Times Books, 1988, p. 95.

4. 비트 세기

p. 55 '좋은 전략을 따르면 20개의 대답은 20비트의 정보를 제공한다…', N. J. A. Sloane and A. D. Wyer, eds., *Claude Elwood Shannon: Collected Papers*, IEEE Press, 1993, p. 215.

p. 56 '현대 과학의 출발점은…', François Jacob, *The Possible and the Actual*, Pantheon, 1982, p. 10.

p. 60 '고전적인 양자이론의 '관찰자'를 대체하는 형식적인 개념으로…', M. Gell-Mann, *The Quark and the Jaguar*, Little Brown, 1994, p. 155.

p. 60 '…그것이 관찰자의 참된 역할이다.', Tom Siegfried, *The Bit and the Pendulum*, Wiley, 2000, p. 175.

5. 추상

p. 63 '그것의 일반적인 구조로 볼 때 19세기…', Ernst Cassirer, *The Philosophy of Symbolic Forms*, Yale University Press, 1957, p. 406.

p. 67 '현재 그는 장보다 더 근본적인 개념들이 물리학적인 세계관을…', Steven Weinberg, *Facing Up*, Harvard University Press, 2001, p. 97.

p. 68 '일반상대성이론(고전적인 장이론)이 이중중성자성계…', Graham Farmelo, ed., *It Must Be Beautiful*, Granta, 2002, p. 145.

6. 생명의 책

p. 73 '…플랑크-아인슈타인 가설은 물리학계에서 큰 관심을 받지 못했다.', Helge Kragh, *Quantum Generations*, Princeton University Press, 1999, p. 65.

p. 76 '신은 미묘하지만 악의적이지는 않다…', Alice Calaprice, *The Expanded Quotalble Einstein*, Princeton University Press, 2000, p. 241.

p. 77 '그가 상대적인 위치를 발견한 세 가지 형질은…', Peter Raven and George Johnson, *Biology*, Times Mirror/Mosby College Publishing, 1989, p. 247.

p. 78 '유전자가 가설적인 단위이든 혹은 물리적인 단위이든 전혀 차이가 없다…', Burton Feldman, *The Nobel Prize*, Arcade Publishing, 2000, p. 253.

p. 78 '유전자에 대한 지식은 생명 그 자체에 대한 지식에 크게 기여…', Erwin Schrödinger, *What is Life?* – The Physical Aspect of the Living Cell, Macmillan, 1945.

7. 거인들의 싸움

p. 87 '그를 둘러싼 세계에 대해서 깊이 숙고한다…', Italo Calvino, *Mr Palomar*, Harcourt Brace Jovanovich, 1985, p. 32.

p. 91 '2002년 7월 현재, 가장 최근에 이루어진 논쟁은…', Philip W. Anderson, *Physics Today*, Jul 2002, p. 56.

p. 93 '환원주의가 '과학의 최첨단'이며 심지어…', Edward O. Wilson, *Consilience*, Knopf, 1998, p. 54.

8. 코펜하겐의 신탁

9. 가능성 계산

p. 107 '정확히 말하면 그 게임에 관한', http://www.wiskit.com.marilyn.gameshow.html

p. 107 '전설이 된 몬티 홀 문제와 관련된 충격적인 일화가 있다…', Paul Hoffman, *The Man Who Loved Only Numbers*, Hyperion, 1998, p. 249.

p. 108 '원자들을 다룰 때 확률 논증을 이용해야 하는 이유는 원자들의 수가 엄청나게 많아서 우리에게 정보가 부족…', Claude E. Shannon and Warren Weaver, *The Mathematical Theory of Communication*, University of Illinois Press, 1949, p. 95.

p. 115 '매릴린 보스 사반트의 답…', http://www.astro.uchicago.edu/rranch/vkashyap/Misc/mh.html

p. 116 '이것은 실제 생명이 걸린 일이다…', David Leonhardt, *NYT*, 28 Apr 2001, p. A17.

p. 122 '유일한 사건에 확률을 부여하는 것을 허용하는 베이스의 방법…', Carlton M. Caves, 'Resource Material for Promoting the Bayesian View of Everything', http://info.phys.unm.edu/~caves/thought2.2.pdf

10. 자릿수 계산

p. 123 '로그는 17세기에 발명되어 천문학자들의 계산 능력을 크게 향상시켰다', Carl B. Boyer, *A History of Mathematics*, Princeton, 1985, p. 346.

p. 129 '더 최근에 씌어진 책 『우주의 다섯 시대(The Five Ages of the Universe)』는…', Fred Adams and Greg Laughlin, *The Five Ages of the Universe*, The Free Press, 1999, p. 237.

p. 130 '…6세 아동에게 1개월은 영원이다. 그러나 노인에게 1개월은 눈깜짝할 사이에 지나간다', Sheldon Glashow, *From Alchemy to Quarks*, Brooks/Cole, 1993, p. 26.

p. 131 '지수를 통해 생각하기는 그렇게 현대물리학의 오래 된 수수께끼 하나를…', Frank Wilczek, 'Scaling Mount Planck', *Physics Today*, Jun 2001, p. 12;Nov 2001, p. 12;Aug 2002, p. 10.

11. 묘비에 새겨진 메시지

p. 138 '자연법칙들 중에서 최고의 지위', Arthur Eddington, *The Nature of the Physical World*, Macmillan, 1929, p. 74.

p. 144 '일상적인 직관에서 멀리 떨어져 있으며, 어떤 사람들에게는 강한 불쾌감을…', David Ruelle, *Chance and Chaos*, Princeton University Press, 1991, p. 101.

12. 무작위성

p. 150 '그 해에 21세의 케임브리지 대학 학부생이었던 챔퍼노운…', Edward Beltrami, *What Is Random?*, Springer/Copernicus, 1999, p. 33.

p. 151 '경제학자와 통계학자로서 성공적인 삶을 살았고 2000년 9월에 88세로 사망', www.nuff.ox.ac.uk/Users/SHEPHARD/OXECONGROUP/Champernowne.html

p. 152 '1960년대에 여러 수학자들은…', Dana Mackenzie, 'On a Roll', *New Scientist*, 6 Nov 1999, p. 44.

p. 155 '인간이 무작위성을 산출하지 못한다는 것을 보여 주는…', Simon Singh, *The Code Book*, Doubleday, 1999, p. 164.

p. 156 '누구든 무작위한 수를 산출하는 산술적인 방법을 숙고하는 자는 죄를 범하고 있는 것이다', Colin P. Williams and Scott H. Clearwater, *Ultimate Zero and One*, Copernicus, 2000, p. 135.

13. 전기 정보

p. 164 '공간을 사라지게 만드는 기적…', Oliver W. Larkin, *Samuel F. B. Morse and American Democratic Art*, Little Brown, 1954, p. 151.

p. 164 '머지않아 미국 전체가 생각의 속도로 지식을 확산시키는 신경망…', Paul J. Staiti, *Samuel F. B. Morse*, Cambridge University Press, 1989, p. 223.

p. 167 '실행이 불가능할 정도로 번거로운 일이었다', John R. Pierce, *An Introduction to Information Theory*, Dover, 1980, p. 24.
NYT Obituary, 27 Feb 2001.

14. 잡음

p. 183 '훨씬 더 극적으로 잡음의 유용성을 보여 주는 예로 이른바…', Frank Moss and Kurt Wiesenfeld, 'The Benefits of Background Noise', *Scientific American*, Aug 1995, p. 66.

15. 궁극적인 속도

p. 190 '광속을 능가하는 다른 대상을 시간을 거슬러 과거로 보내는 것을 허용한다는 것…', John Stachel and David C. Cassidy, *The Collected Papers of Albert Einstein*, vol. 2, Princeton University Press, 1989, p. 424.

p. 191 '드레스덴에서 열린 독일 의사 및 과학자 연례 회의에서 위대한 이론물리학자 좀머펠트…', Leon Brillouin, *Wave propagation and Group Velocity*, Academic Press, 1960, p. 12.

p. 193 '2001년 4월에 뉴저지 주 프린스턴 소재 NEC 연구소의 물리학자 세 명이…', A. Dogariu, A. Kuzmich, and L. J. Wang, 'Transparent anomalous dispersion and superluminal light-pulse propagation at a negative group velocity',

Physical Review A63, 053806-1, 2001.

p. 194 'NEC의 세 과학자는 다른 과학자들과 협력하여 정보의 속도를 c로 제한하는 물리적인 메커니즘…', A. Kuzmich, A. Dogariu, L. J. Wang, P. W. Milonni, and R. Y. Chiao, 'Signal Velocity, Causality, and Quantum Noise in Superluminal Light pulse Propagation', *Physical Review* Letters 86, p. 3925, 2001.

16. 정보 풀기

p. 197 '평생의 경험과 사유로 다져진 대 여섯 개의 선으로 과학이론들이 어떻게 발전되고 검증되는지 표현했다…', Reproduced and discussed by Gerald Holton, *The Advancement of Science*, and its Burdens, Cambridge University Press, 1986, p. 31.

17. 생물정보학

p. 213 '4개의 단어를 철자 하나씩 비교하면 놀라운 유사성이 드러난…', http://www.uni-mainz.de/%7Ecfrosch/bc4s/example.html

18. 정보는 물리적이다

p. 220 '열을 통해 운동을 산출하는 원리를 가장 일반적으로 고찰하기 위해서는 열을 어떤 메커니즘나…', H. C. von Baeyer, *Warmth Disperses and Time Passes-The History of Heat*, Modern Library, 1999, p. 39.

p. 224 '과학사회학의 커다란 수수께끼 중 하나', Rolf Landauer, 'Zig-Zag Path to Understanding', *Proceedings of the Workshop on Physics and Computation*, Dallas, TX, 17~20 Nov 1994, IEEE Computer Society.

p. 225 '1991년의 상황을 요약하기 위해 쓴 유명한 논문의 다음과 같은 제목은 그의 관점…', Rolf Landauer, 'Information is Physical', *Physics Today*, May 1991, p. 23.

19. 양자 기계

20. 구슬 게임

p. 249 '그 두 전자는 얽혀있다(슈뢰딩거가 만든 말이다)고 말해지며…', Erwin Schrödinger,

'Discussion of probability relations between separated sustems', *Proceedings of the Cambridge Philosophical Society* 31, 555(1935).

21. 큐비트

22. 양자 컴퓨터
p. 281 '나노미터보다 수백만 배 작은…', S. Somaroo, 'Quantum simulations on a quantum computer', *Physical Review* Letters 82, 5381(1999).

23. 블랙홀
p. 285 '항상 재치있는 표현을 즐긴 휠러는 이 불법적인 증거 인멸을 완전범죄라고…', Jacob D. Bekenstein, 'The Limits of Information', *Studies in the History and Philosophy of Modern Physics* 32, p. 511(2002).

p. 291 '우리는 현재의 지식과 이해의 한계를 넘어설 위험이 있다', Stephen W. Hawking and Werner Israel, 'Black Holes', *Encyclopedia of Physics*, p. 104(1991).

24. 비트, 달러, 히트, 너트
p. 298 '휠러의 지도하에 쓴 박사논문에서 피셔 정보 이론과 양자역학의 유사성을 지적했다…', W. K. Wooters, *The Acquisition of Information from Quantum Measurements*, PhD dissertation, University of Texas at Austin, 1980.

25. 차일링거의 원리

역자 후기

철학을 아는 물리학자와
물리학을 아는 철학자를 위하여

　　물리학자들이 늘 철학을 하는 것 같지 않다. 직업적인 철학자와 마찬가지로 물리학자도 우선 직업인이라서 안타깝지만 늘 바쁘다. 연구비 신청하랴, 연구원들 챙기랴, 학생들 시험 채점에, 성적이의에는 일일이 대답해야지, 거기에 대학의 행정업무까지, 몸이 열 개라도 모자랄 판이다. 철학을 하려면 한가로움이 필수조건이라는데, 이런 지경이니 어찌 철학할 시간이 있겠는가. 또 철학을 무시하는 물리학자도 많이 있다. 그 유명한 미국 물리학자 파인만이 그랬다고 들었다. 철학할 시간이 있거든, 열심히 계산이나 하라고. 그렇다, 그래서인지 물리학자들은 계산에 몰두한다. 그것은 보통 사람들이 엄두도 못 내는 오래된 비문을 읽어 내거나 고대 그리스어를 줄줄 외거나, 라틴어로 대화를 하거나 100미터를 11초 안에 뛰는 것처럼, 물구나무서서 네댓 시간을 버티다가 그 자세로 밥을 먹고 또 네댓 시간을 버티는 것처럼, 아낌없이 찬사를 바치고 진기명기의 반열에 올려야 마땅할 놀라운 능력이다. 물리학자가 전문직으로 분류되는 것은 마땅한 일이다.

그러나 때때로 물리학자들은 철학을 한다. 새로운 과학이 등장하느라 논의가 분분할 때 그렇고, 거장이라 불리는 이들은 대세와 상관없이도 그런 경우가 많다. 슈뢰딩거는 너무나 반기독교적이고 인도철학적인 강연으로 사람들을 망연자실하게 만들기도 했다. 보어와 아인슈타인의 논쟁은 뉴턴주의자들과 라이프니츠의 논쟁보다 철학적으로 더 중요하게 보인다.

어디 그뿐인가? 고맙게도 이 책은 내게 지금 살아 있는 많은 철학자 겸 물리학자들을 소개해 주었다. "왜 양자인가?"라는 질문을 보고 나는 그 도발성에 놀랐다. 과연 이 질문에 물리학만으로 대답할 수 있을까? 쉽게 단정할 수는 없는 일이지만, 나는 불가능하다고 본다. 이 질문은 이미 철학 속으로 너무 깊이 들어와 있기 때문이다. 물리학을 조금 하다가 철학으로 건너온 나는 항상 철학의 바다에 거침없이 뛰어드는 물리학자들을 주목해 왔다. 특히 사회현상과 관련해서 그들은 너무 소박한 주장과 논증을 제시하지만, 때로는 물리학자로서의 명성에 걸맞은 천재적인 발상을 내놓기도 한다. 참 놀랍다. 천재는 물리학을 하건 철학을 하건 어디에서나 빛을 발하는 것일까? 이 책에도 상당한 분량으로 소개된 오스트리아 물리학자들의 계보는 내게 많은 것을 생각하게 한다. 에른스트 마흐나 루트비히 볼츠만, 에르빈 슈뢰딩거는 자라면서 또 물리학자로 활동하면서 지금 이 땅에 사는 어느 철학자 못지않게 많은 철학책을 읽었다. 세상의 생명이 한 뿌리에서 나왔듯이, 모든 학문이 하나라는 말은 공허하지 않다. 나는 더 많은 철학자와 물리학자가 서로 교류하는 모습을 상상한다. 수식 앞에서 주눅 들지 않는 철학자와 고전 앞에서 콧방귀 뀌지 않는 물리학자들이 더 많아지는 것을 상상한다.

언제 어디에서든 시장에는 싸구려들이 넘쳐 나기 마련일 것이다. 이 정보기술의 시대에, 이 논술 지향적 입시 교육의 시대에, "정보"에 관한 책이 어찌 부족할 수 있겠는가? 일일이 찾아보진 않았으나 아마 산더미를 이뤄도 여러 개를 이뤘으리라. 젊은 철학자는 논술 과외를 하고, 젊은 물리학자는 심층 면접 과외를 한다. 어눌하지만 지혜로운 학생들은 약삭빠르지만 한 치 앞만 계산하는 우등생으로 다시 태어난다. 그러면 "왜 정보인가?"라는 질문, "완벽한 무질서에서 완벽한 질서가 나온다는 볼츠만의 이론은 정말 아무 문제가 없는가?"라는 질문은 누가 제기하고 대답할까? 별들이 질문하고 나무들이 대답할까? 나는 이 책에 상당한 가치를 둔다. 적어도 질문을 제기하는 차원에서는 전격적인 철학서라 불러도 아무 손색이 없기 때문이다. 일반인도 그렇겠지만, 물리학자 혹은 물리학도가 읽어도 좋을 것 같다. 또 철학자들은 이 책을 통해 물리학자들이 이만큼 철학한다는 것을 알 필요가 있다. "세계를 이루는 근원적인 재료는 정보이다"라는 주장을 듣고 귀가 번쩍 뜨이지 않을 철학자는 드물 것이다. 이건 정말 제대로 된 형이상학이 아닌가? 근원적인 재료가 물이라고 외치던 탈레스도 생각나고, 태초에 말씀이 있었다는 사도 요한도 생각나지 않는가?

세세한 소개는 하지 않겠으나, 이 책에는 철학적으로 의미심장하면서도 누구에게나 재미있을 내용들이 풍부하게 들어 있다고 말하고 싶다. 나로서는 유익하고 즐거운 번역이었다. 독자들에게도 유익하고 즐거운 책

읽기가 되기를 바란다. 또 철학과 물리학의 관계를 성찰하는 계기가 되기를 바란다.

2006년 여름, 한강 가에서

전대호

찾 · 아 · 보 · 기

ㄱ

가시화가능성visualizibility 68
간섭interference 237, 238, 239, 240, 241, 242, 243, 244, 246, 261, 262, 265
간섭계interferometer 235, 236, 237, 238, 239, 240, 243, 246, 262, 277
갈릴레이Galileo 44, 91, 310, 313
감각senses 34, 127, 128
감각운동 단계sensorimotor stage 61, 62
감소하는 정보의 법칙(LDI)Law of Diminishing Information 302, 303, 304
객관성objectivity 30, 31, 32, 34
거대 병렬massive parallelism 271, 272, 273, 274
겔만, 머리Gell-mann, Murray 25
겸상 적혈구 빈혈증sickle-cell anaemia 214, 215
경입자leptons 88, 92, 130
경험experience 197
계산자slide rule 126
고전적인 정보classical information 107 ~ 228
곱셈multiplication 126
공간space 129
과학과 궁극적인 실재 심포지엄Science and Ultimate Reality symposium 8, 12
관계relationship 197-
관습convention 33
관찰자observer 34, 35, 60
광속을 능가하는 속도superliminal velocity 189, 190
광자photons 22, 73, 193, 233, 235, 240, 241, 243, 260, 261, 276, 284, 315
괴테, J. W. 폰Goethe, J. W. von 200
교류alternating currents 183
구슬 게임Game of Beads 245
구아닌guanine 209
구체적인 조작 단계concrete operational stage 61, 62
귀ears 127
귀납induction 197, 198, 199, 217
귀납적인 도약inductive leap 198, 199
귀류법contrapositive proof 222
그린버거, 다니엘 M. Greenberger, Daniel M. 310
글래쇼, 셸던Glashow, Sheldon 130
글루타민glutamine 214
GHZ 308, 311
기본입자 표준모형Standard Model of Elementary Particles 67, 90
기본적인 계elementary system 313,

316, 317, 321, 322
기본적인 명제/질문 elementary propositions/questions 314
기하학화geometrizing a theory 46
깁스, 존 윌러드Gibbs, John Willard 139
끈이론string theory 6, 288

ㄴ

나누기(나눗셈)division 126
나트게이트not gate 262, 263
나트의 제곱근square root of not 263, 264
낙하법칙falling, law of 91
난수발생기random-number-generators 156, 157, 158, 234
　의사 난수발생기pseudo- 156, 158
낭비의 원자atom of waste 224, 226
너트Nut 301, 304
노이만, 존 폰Neumann, John von 156, 301
놀라움surprise 321
뇌brain 24, 27
눈eyes 26, 27, 77, 79, 85
《뉴욕 데일리 트리뷴》New York Daily Tribune 164
뉴턴, 아이작Newton, Isaac 37, 46, 62, 63, 91, 128, 141

ㄷ

다윈, 찰스Darwin, Charles 57, 198
단백질proteins 210, 213, 214, 215
단백질 접힘protein-folding 214, 215

대 환원주의grand reductionism 90, 91, 93
데모크리토스Democritus 33, 34, 35, 36, 67, 88, 89
데시벨decibel scale of loudness 128
도박사bookies 107, 116, 297
도이치, 데이비드Deutsch, David 270, 271, 272
돌연변이mutations 77, 79, 82, 84, 85, 214
동전coins
　동전던지기tossing 54, 91, 112, 113, 114, 148
　무게 측정weighing 272, 273
동참하는 우주participatory universe 10, 32, 322
'두 문화' 'two cultures' 41, 55
드브로이, 루이스Broglie Louis de 244
디랙, P.A.M. Dirac, P.A.M. 103
DNA 38, 83, 84, 136, 209, 210, 212
디지털 카메라digital camera 26
디지트(숫자) digits
　디지털 정보 처리의 효율성 efficiency of digital data processing 57
　세기 counting 123-

ㄹ

라이트, 로버트Wright, Robert 49, 59
라파엘: 아테네 학파Raphael: The School of Athens 97
란다우어, 롤프Landauer, Rolf 224, 225
란다우어의 원리Landauer's principle

225
러더퍼드, 어니스트Rutherford, Ernest 64, 99
로그logarithms 123~131
로젠, 나탄Rosen, Nathan 310
루크레티우스Lucretius 89
리코크, 스티븐Leacock, Stephen 253
리히터 규모Richter scale 131

ㅁ

마샬리아, 조지Marsaglia, George 156
마음을 읽는(?) 기계mind-reading(?) machine 155, 170
-1의 제곱근square root of minus 1 263
마이어, 에른스트Mayr, Ernst 90
마흐, 에른스트Mach, Ernst 235, 308
마흐-첸더 간섭계Mach-Zehnder interferometer 235, 239, 277
말(馬)임horse-ness 43
망각의 비용forgetting, cost of 226, 270
매개 통로intermediary channel 303
매튜스, 로버트Mathews, Robert A. 120
맥루한, 마샬McLuhan, Marshall 21, 164, 225
맥스웰, 제임스 클럭Maxwell, James Clerk 170, 198
맬서스, 토마스Malthus, Thomas 22
멘델, 그레고르Mendel, Gregor 73, 74, 81
멘델 비율Mendelian ratio 74
명제propositions 314
모건, 토마스 헌트Morgan, Thomas Hunt 77

모리슨, 필립Morrison, Philip 129
모스 부호Morse code 168
모스, 새뮤얼 핀리 브리즈Morse, Samuel Finley Breese 163
　루브르 갤러리The Gallery at the Luvre 165
　하원The House of Representatives 165
모양shape 45
몬테카를로 적분Monte Carlo integration 156, 157
몬티 홀 문제Monty Hall Problem 108
무거운 입자massive particles 189
무리속도group velocity 191
무작위성randomness 148~161, 234, 244, 270, 317
물리학physics
　알고리즘적 복잡성 적용application of algorithmic complexity 152, 265
　유전학and genetics 75~85
　인식론and epistemology 102
　정보and information 36, 37, 59, 60, 146, 322
　주관성/객관성and subjectivity/objectivity 30~34
　추상의 경향성tendency to abstraction 61~69
　컴퓨터 이용computers in service of 203~207
　형이상학and metaphysics 10
　확률and probability 113

환원주의and reductionism 88~94
물water 75, 82
뮬러, 헤르만Muller, Hermann 78
《미국 의학회지》Journal of the American Medical Association 120
밀레이, 에드나 성 빈센트Millay; St Vincent 25
밍 리Ming Li 158

ㅂ

바이드만, 레프Vaidman, Lev 247
발린valine 214
밝기brightness 127
방사성 핵radioactive nucleus 245, 252
방산충radiolaria 45
방식의 수number of ways 142
버클리Berkeley 23
벌bee 57
베네트, 찰스Bennett, Charles 227
베이스, 데이비드Bayes, David 117
베이스의 정리Bayes' theorem 117, 118, 119
베켄슈타인, 야콥Bekenstein, Jacob 284, 285
벨, 알렉산더 그래험Bell, Alexander Graham 127
별의 광도stellar magnitudes 126, 127
병렬계산parallel computing 271
보강간섭constructive interference 194, 237
보르헤스, 호르헤 루이스: 바벨의 도서관 Borges, Jorge Louis: Library of Babel 151
보스 사반트, 매릴린vos Savant, Marilyn 107
보어, 닐스Bohr, Niels 9, 97~103
복사radiation 73, 193
복잡성 이론complexity theory 159
복제 불가 정리no cloning theorem 265
볼츠만, 루트비히Boltzmann, Ludwig 307-
볼츠만 상수Boltzmann's constant 143
볼츠만의 공식Boltzmann's formula 136, 160, 161
뵈케, 키스Boeke, kees 129
부시, 조지 W. 대통령Bush, President George W. 9
북극성Polaris 126
분자 스펙트럼molecular spectra 281
분절성graininess 73, 75, 233
분포 함수distribution function 298
불확정성원리uncertainly principle 23, 223
브루크너, 차슬라프Brukner Časlav 320
블랙박스black box 258
블랙홀black holes 10, 203
블랙홀 정보 역설Black Hole Information Paradox 289, 292
블록-코딩block-coding 174
비누거품soap bubbles 238
비브라토vibrato 183
비타니, 폴Vitanyi, Paul 158
비트겐슈타인, 루트비히Wittgenstein, Ludwig 47

빅뱅Big Bang 128
빈Vienna 135
   대학: 실험 물리학 연구소 University: Institute of Experimental Physics 307
   중앙 묘지Central Cemetary 135, 307
빈 대학 실험물리학 연구소Institute of Experimental Physics, University of Vienna 135
빛 탐지장치/광자계수기 photo-detectors/photon counters 233
빛살가르개beam splitters 231 ~ 242, 260
빛의 속도 c speed of light c 189

ㅅ

사고 블랙홀Gedanken black holes 288
사이델, 에드Seidel, Ed 204
사이버cyber (prefix) 26
사이버네틱스cybernetics 26
《사이언티픽 아메리칸》Scientific American 90
'산소' 프로그램'Oxygen' program 23
삼각형 문제triangle problem 159
상대성이론relativity, theory of 9, 14, 23, 31, 46, 65, 67, 68, 97, 189, 285, 286, 289, 292, 313
상쇄간섭destructive interference 237, 238, 239, 240, 261, 262
섀넌 정보Shannon information 54, 55, 148, 160, 174
섀넌, 클로드Shannon, Claude 53
선-조작 단계pre-operational stage 61

선행확률prior probability 117 ~ 121, 217
성별 맞추기 문제gender-guessing problem 112, 114
세린serine 210
세슘 기체cesium 193, 194
소리의 세기loudness 127, 128
소인수prime factors 274
소 환원주의petty reductionism 90
솔로모노프, 로이Solomonoff, Roy 152
솔로바인, 모리스Solovine, Maurice 197
쇼어의 알고리즘Shor's algorithm 274
쇼어, 피터Shor, Peter 274
수소 원자hydrogen atom 289
슈뢰딩거 방정식Schrödinger's equation 281
슈뢰딩거, 에르빈Schrödinger, Erwin 309, 310, 312, 313, 317, 318, 319
슈뢰딩거의 고양이Schrödinger's cat 245, 247
슈뢰딩거 파동함수Schrödinger wave function 64
슈마허, 벤자민Schumacher, Benjamin 256
슈바르츠실트, 칼Schwarzschild, Karl 201, 203, 205
슈퍼컴퓨터supercomputers 27, 153, 280
스로박(THROBAC, 컴퓨터) 170
스무고개Twenty Questions, game of 54, 173, 273
스터트번트, 알프레드 헨리Sturtevant,

Alfred Henry 77
스핀spin 249~253, 316, 317, 318, 319
시공space-time 12, 66, 200, 201, 202, 203, 206, 290, 308
시토신cytosine 209
신 원리God Principle 92
신호 대 잡음 비율(S/N)signal-to-noise ratio 180
신호속도signal velocity 193, 195
실험가의 업적experimentalists, work of 199
10의 거듭제곱powers of ten notation 129

ㅇ

아날로그 기술analogue technology 57
아데닌adenine 209
아리스토텔레스Aristotle 43, 44, 65, 66, 97, 103, 314
아미노산amino acids 210, 213, 214
i(-1의 제곱근)square root of minus one 263
아이리스파iris waves 189, 190
IBM 21, 225, 227
아인슈타인, 알베르트Einstein, Albert 9, 14, 31, 37, 46, 62, 73, 76, 93, 97, 98, 99, 101, 103, 104, 158, 188, 189, 190, 194, 197~206, 217, 240, 243, 283, 285, 289, 309, 310, 313, 317, 318
안타레스Antares 126, 127
알고리즘적 복잡성algorithmic complexity 152, 153, 158, 159, 160, 207

알란드 군도Aland Islands 299
알베르트 아인슈타인 중력 물리학연구소 Albert Einstein Institute for Gravitational Physics 204
알츠하이머Alzheimer's 215
알파벳alphabet 20
앤더슨, 필립Anderson, Philip 64
양성자protons 64, 66
양자 가설quantum hypothesis 72, 73
양자 계산quantum computing 265, 269, 270, 272~276, 318, 320
양자 공간이동quantum teleportation 311
양자 암호 연결망quantum-cryptographic networks 274
양자의 신비quantum weirdness 32, 232~235
양자장quantum fields 64, 66, 67, 68, 69
양자 정보quantum information 56, 195, 299-
얽힘entanglement 318
에딩턴 경, 아더Eddington, Sir Arthur 138
S 곡선S curve 22
에어디쉬, 폴Erdos, Paul 111, 119, 159
에어컨air conditioner 222
NMR(핵 자기 공명)nuclear magnetic resonance 278
NEC 물리학 연구소NEC Research Institute physicists 193
엔트로피entropy 60, 137~146, 160, 173, 265, 284, 285, 286, 287, 288, 289,

292, 298, 301, 304, 308, 320
MIT 23, 130
역설paradox 283
열기관heat engines 220, 221, 222, 223, 227
열역학thermodynamics 220, 223
　열역학 법칙 laws of 227, 284, 285
염색체chromosomes 76, 77, 78, 79
영, 토마스Young, Thomas 234
영, 폴Young, Paul 45
영화movies 129
오류 수정error correction 276
오캄의 면도날Ockham's razor 37, 67, 152, 199
온도temperature 41
온도계thermometer 35, 41
와인버그, 스티븐Weinberg, Steven 67
와트, 제임스Watt, James 221
완두peas 74
왓슨, 제임스 D. Watson, James D. 83
요한 바오로 2세, 교황John Paul II, Pope 9
우주론적인 시대cosmological decades 129
우주의 다섯 시대Five Ages of the Universe, The 129
우주적인 관점: 40단계의 우주(뵈케)Cosmic View: The Universe in Forty Jumps (Boeke) 129
우터스, 윌리엄Wooters, William 256
원격작용action-at-a-distance 240
월드 와이드 그리드World Wide Grid 22

월드 와이드 웹World Wide Web 22
웜홀wormhole 291
위너, 노버트Wiener, Norbert 26
위버, 워렌Weaver, Warren 58
위상속도phase velocity 191
윌슨, 에드워드Wilson, Edward O. 93
윌체크, 프랑크Wilczek, Frank 130
유전자genes 75 ~ 85, 209, 210
유전자 발현gene expression 210, 218
유클리드Euclid 98, 298
의미론적 문제semantic problem 58, 59
의미론적 정보 보유량semantic information content 321
이구스IGUS, 정보 수집 및 이용 체계 information gathering and utilizing system 60
이상적인 발전기ideal generator 222
이온, 붙잡힌 이온ions, trapped 277, 278
이중나선double helix 83, 88, 136
이중 슬릿 실험double slit experiment 234
이진법 숫자binary digits 54, 148
이진법 코드binary code 211, 298
인간 게놈human genome 71
'인데버' 프로젝트'Endeavour' project 23
인슐린insulin 213
인식론epistemology 102
인터넷Internet 11, 24, 26, 58, 108
임스, 레이Eames, Ray 129
임스, 찰스Eames, Charles 129

ㅈ

자극stimulus 26, 128
자기공명영상(MRI)magnetic-resonance imaging 278
자연로그natural logarithm 123, 125
자연적인 정보natural information 26
자코브, 프랑소아Jacob, François 170
잡음noise 177~185, 216
저글링juggling 170
전기 펄스electrical pulses 20, 47, 179, 180
전류currents 49, 50, 167
  교류 alternating 183
전보체telegraphese 168
전자기학electromagnetism 73, 189, 198
전체 정보total information 321
전파radio waves 19, 50, 172
절약의 원리parsimony, principle of 199
정말 큰 질문(RBQ)Really Big Questions 10, 12, 253, 322
정보공학information technology 58, 167, 212, 298
정보 보유량information content 303, 316, 321
정보이론information theory 53, 56, 159, 161, 168, 174, 175, 195, 219, 224, 255, 267, 298, 303, 316, 321
정상적인 수normal numbers 150
정지질량rest mass 188
정확성accuracy 94, 178, 301
조작적인 정의operational definition 41, 53, 55, 56
존슨, 사무엘Johnson, Dr Samuel 32
존 템플턴 재단John Templeton Foundation 8
좀머펠트, 아르놀트Sommerfeld, Arnold 191
주관성subjectivity 29, 30, 31, 160, 161
주렉, 보이테크Żurek Wojtek 160
주사위 던지기dice, throwing 172
중국어 속삭이기Chinese Whispers 302
중력파gravity waves 202, 203, 204, 205, 206
중성자neutrons 64, 241, 277, 311
중첩superposition 244, 246, 247, 250, 252, 253, 254, 264
증기기관steam engine 219, 220, 221, 286
지각, 아리스토텔레스의 지각 이론 perception, Aristotle's theory of 43
지수로 생각하기power thinking 174
직렬 계산serial computing 273
진동수frequency 22, 172, 181, 277, 278
질량이 없는 입자massless particles 189

ㅊ

차일링거, 안톤Zeilinger, Anton 307-
차일링거의 원리Zeilinger's Principle 316, 317, 318, 319
채틴, 그레고리Chaitin, Gregory 152
챔퍼노운, 데이비드(챔프)Champernowne, David(Champ) 150
챔퍼노운 상수 Champernowne's

Constant 150
챔퍼노운의 수Champernowne's Number 150
철자-코딩letter-coding 174
초파리fruit flies 77

ㅋ

카레, 얀Kåhre, Jan 182, 299~304
카르노, 사디Carnot, Sadi 220
카시러, 에른스트Cassirer, Ernst 63
칼비노, 이탈로Calvino, Italo 87
　보이지 않는 도시들Invisible Cities 48
　팔로마 씨Mr Palomar 87
캘러웨이, 조Callaway, Joe 14
컴퓨터 시뮬레이션computer simulations 111, 114, 156
케인즈, 존 메이나드Keynes, John Maynard 115
케플러, 요한Kepler, Johann 310
케플러의 법칙Kepler's laws 37, 199
코돈codons 210
코드화(코딩)coding 27, 49
코렌스, 칼Correns, Karl 76
코펜하겐 대학 이론물리학 연구소Institute of Theoretical Physics, University of Copenhagen 98
코펜하겐 해석Copenhagen interpretation 98
콜모고로프, 안드레이Kolmagorov, Andrei 152
쿠크, 빌Cooke, Bill 232
쿡, 제임스 선장Cook, Captain James 23

쿼크quarks. 25, 66, 88, 94, 130, 197
큐비트qubits 94, 228, 256~268
크러치필드, 짐Crutchfield, Jim 207
크릭, 프랜시스Crick, Francis 83
큰 수의 법칙large numbers, law of 92
클라우시우스, 루돌프Clausius, Rudolf 137
키케로Cicero 48
킹, 바바라King, Barbara 27

ㅌ

타오 지앙Tao Jiang 158
태양Sun 201
톰프슨, 다시Thompson, D'Arcy 44
통계역학statistical mechanics 92, 116, 287, 288, 289
통계적인 복잡성statistical complexity 207
통계적인 분포statistical distribution 298
튜로챔프 체스 프로그램Turochamp chess program 150
튜링, 앨런Turing, Alan 45, 150
티민thymine 209

ㅍ

파동-입자 이중성wave-particle duality 244
파울리, 볼프강Pauli, Wolfgang 309
파인만, 리처드Feynman, Richard 10, 23, 28, 36, 37, 38, 67, 68, 101, 198, 199, 200, 206, 234, 241, 279
패턴 인식Pattern Recognition 94, 301
《퍼레이드 잡지》Parade magazine 107

페히너, 구스타프 테오도르Fechner, Gustav Theodor 128
페히너의 법칙Fechner's law 128
펜로즈, 로저Penrose, Roger 68
포돌스키, 보리스Podolsky, Boris 310
포우, 에드가 알렌: 황금딱정벌레Poe, Edgar Allen: The Gold Bug 168
폴링, 리너스Pauling, Linus 83
푸앵카레, 앙리Poincaré, Henry 47
플라톤Plato 42, 43, 44, 97, 109
플랑크 길이Planck length 126
플랑크, 막스Planck, Max 72, 73
플랑크 시간Planck time 126
피셔 경, 로날드 아일버Fisher, Sir Ronald Aylmer 298
피셔 정보 이론Fisher information, theory 298
피아제, 장Piaget, Jean 61
피어츠, 마르쿠스Fierz, Marcus 310
《피직스 투데이》Physics Today 91
피타고라스Pythagoras 44, 98

ㅎ

하예크, 얀Hajek, Jan 301
하이젠베르크, 베르너Heisenberg, Werner 266, 309
하틀, 짐Hartle, Jim 59
합리적으로 정의된 확률rationally defined probability 116
허수imaginary numbers 263
헤모글로빈haemoglobin 214, 215
헨리, 조세프Henry, Joseph 167

혈우병haemophilia 215
혈전용해제, 베이스적인 분석clot-busters, Bayesian analysis of 120
형상form 42, 43, 44, 47, 48, 49, 50, 146, 314
형상을 부여하는 힘informative power 49
형식적인 조작 단계formal operational stage 61
호른, 마이클Horne, Michael 310
호킹 복사Hawking radiation 286, 287, 288, 290
호킹, 스티븐Hawking, Stephen 245, 286
화성의 궤도Mars, orbit of 37
화이 베타 카파Phi Beta Kappa 26
환원주의reductionism 88-
효율성 문제effectiveness problem 59
후행확률posterior probability 118
휠러, 존 아치볼드Wheeler, John Archibald 8 ~ 15, 32, 67, 103, 201, 253, 284
흄, 데이비드Hume, David 39, 309
히트hits 94, 301
히파르쿠스Hipparchus 127

승·산·에·서·만·든·책·들

물리

How the nature behaves

아인슈타인의 베일: 양자물리학의 새로운 세계
안톤 차일링거 지음 | 전대호 옮김 | 312쪽 | 15,000원
양자물리학의 전체적인 흐름을 심오한 질문들을 통해 설명하는 책. 세계의 비밀을 감추고 있는 거대한 '베일'을 양자이론으로 점차 들춰낸다. 고전물리학에서부터 최첨단의 실험 결과에 이르기까지, 일반 독자들을 위해 쉽게 설명하고 있어 과학 논술을 준비하는 학생들에게 도움을 준다.

엘러건트 유니버스
브라이언 그린 지음 | 박병철 옮김 | 592쪽 | 20,000원
초끈이론과 숨겨진 차원, 그리고 궁극의 이론을 향한 탐구 여행. 초끈이론의 권위자 브라이언 그린은 핵심을 비껴가지 않고도 가장 명쾌한 방법을 택한다.
《KBS TV 책을 말하다》와 〈동아일보〉〈조선일보〉〈한겨레〉 선정 '2002년 올해의 책', 2008년 '새 대통령에게 권하는 책 30선'

우주의 구조
브라이언 그린 지음 | 박병철 옮김 | 747쪽 | 28,000원
'엘러건트 유니버스'에 이어 최첨간 물리를 맛보고 싶은 독자들을 위한 브라이언 그린의 역작! 새로운 각도에서 우주의 본질에 관한 이해를 도모할 수 있을 것이다.
《KBS TV 책을 말하다》 테마북 선정, 제46회 한국출판문화상(번역부문, 한국일보사), 아·태 이론물리센터 선정 '2005년 올해의 과학도서 10권'

파인만의 물리학 강의 I

리처드 파인만 강의 | 로버트 레이턴, 매슈 샌즈 엮음 | 박병철 옮김 | 736쪽 | 양장 38,000원 | 반양장 18,000원, 16,000원(I-I, I-II로 분권)

40년 동안 한 번도 절판되지 않았던, 전 세계 이공계생들의 필독서, 파인만의 빨간 책.

2006년 중3, 고1 대상 권장 도서 선정(서울시 교육청)

파인만의 물리학 강의 II

리처드 파인만 강의 | 로버트 레이턴, 매슈 샌즈 엮음 | 김인보, 박병철 외 6명 옮김 | 800쪽 | 40,000원

파인만의 물리학 강의에 이어 우리나라에 처음 소개하는 파인만 물리학 강의의 완역본. 주로 전자기학과 물성에 관한 내용을 담고 있다.

파인만의 물리학 길라잡이: 강의록에 딸린 문제 풀이

리처드 파인만, 마이클 고틀리브, 랠프 레이턴 지음 | 박병철 옮김 | 304쪽 | 15,000원

파인만 강의에 매료되었던 마이클 고틀리브와 랠프 레이턴이 강의록에 누락된 네 차례의 강의와 음성 녹음, 그리고 사진 등을 찾아 복원하는 데 성공하여 탄생한 책으로, 기존의 전설적인 강의록을 보충하기에 부족함이 없는 참고서이다.

파인만의 여섯 가지 물리 이야기

리처드 파인만 강의 | 박병철 옮김 | 246쪽 | 양장 13,000원, 반양장 9,800원

파인만의 강의록 중 일반인도 이해할 만한 '쉬운' 여섯 개 장을 선별하여 묶은 책. 미국 랜덤하우스 선정 20세기 100대 비소설 가운데 물리학 책으로 유일하게 선정된 현대과학의 고전.

간행물윤리위원회 선정 '청소년 권장 도서'

파인만의 또 다른 물리 이야기
리처드 파인만 강의 | 박병철 옮김 | 238쪽 | 양장 13,000원, 반양장 9,800원

파인만의 강의록 중 상대성이론에 관한 '쉽지만은 않은' 여섯 개 장을 선별하여 묶은 책. 블랙홀과 웜홀, 원자 에너지, 휘어진 공간 등 현대물리학의 분수령이 된 상대성이론을 군더더기 없는 접근 방식으로 흥미롭게 다룬다.

일반인을 위한 파인만의 QED 강의
리처드 파인만 강의 | 박병철 옮김 | 224쪽 | 9,800원

가장 복잡한 물리학 이론인 양자전기역학을 가장 평범한 일상의 언어로 풀어낸 나흘간의 여행. 최고의 물리학자 리처드 파인만이 복잡한 수식 하나 없이 설명해 간다.

발견하는 즐거움
리처드 파인만 지음 | 승영조, 김희봉 옮김 | 320쪽 | 9,800원

인간이 만든 이론 가운데 가장 정확한 이론이라는 '양자전기역학(QED)'의 완성자로 평가받는 파인만. 그에게서 듣는 앎에 대한 열정. 문화관광부 선정 '우수학술도서', 간행물윤리위원회 선정 '청소년을 위한 좋은 책'

파인만의 과학이란 무엇인가?
리처드 파인만 강연 | 정무광, 정재승 옮김 | 192쪽 | 10,000원

'과학이란 무엇인가?', '과학적인 사유는 세상의 다른 많은 분야에 어떻게 영향을 미치는가?'에 대한 기지 넘치는 강연을 생생히 읽을 수 있다. 리처드 파인만의 1963년 워싱턴 대학교 강연을 책으로 엮었다.

천재: 리처드 파인만의 삶과 과학
제임스 글릭 지음 | 황혁기 옮김 | 792쪽 | 28,000원

'카오스'의 저자 제임스 글릭이 쓴, 천재 과학자 리처드 파인만의 전기. 과학자라면, 특히 과학을 공부하는 학생이라면 꼭 읽어야 하는 책. 과학기술부 인증 '우수과학도서', 아·태 이론물리센터 선정 '2006년 올해의 과학도서 10권'

수학

An invention of the human mind

스트레인지 뷰티: 머리 겔만과 20세기 물리학의 혁명

조지 존슨 지음 | 고중숙 옮김 | 608쪽 | 20,000원

20여 년에 걸쳐 입자 물리학을 지배했던, 탁월하면서도 고뇌를 벗어나지 못했던 한 인간에 대한 다차원적인 조명. 노벨물리학상을 받은 머리 겔만의 삶과 학문.

교보문고 선정 '2004 올해의 책'

갈릴레오가 들려주는 별자리 이야기: 시데레우스 눈치우스

갈릴레오 갈릴레이 지음 | 장헌영 옮김 (근간)

스스로 만든 망원경을 통해 달을 관찰하고, 그 내용을 바탕으로 당대의 천문학적 믿음을 뒤엎었던 갈릴레오. 시대를 넘어선 갈릴레오의 뛰어난 통찰력과 날카로운 지성을 느낄 수 있다.

너무 많이 알았던 사람: 앨런 튜링과 컴퓨터의 발명

데이비드 리비트 지음 | 고중숙 옮김 | 408쪽 | 18,000원

튜링은 제 2차 세계대전 중에 독일군의 암호를 해독하기 위해 '튜링기계'를 성공적으로 설계하고 제작하여 연합군에게 승리를 보장해 주었고 컴퓨터 시대의 문을 열었다. 또한 반동성애법을 위반했다는 혐의로 체포되기도 했다. 저자는 소설가의 감성을 발휘하여 튜링의 세계와 특출한 이야기 속으로 들어가 인간적인 면에 대한 시각을 잃지 않으면서 그의 업적과 귀결을 우아하게 파헤친다.

오일러상수 감마

줄리언 해빌 지음 | 프리먼 다이슨 서문 | 고중숙 옮김 | 416쪽 | 20,000원

수학의 중요한 상수 중 하나인 감마는 여전히 깊은 신비에 싸여 있다. 줄리언 해빌은 여러 나라와 세기를 넘나들며 수학에서 감마가 차지하는 위치를 설명하고, 독자들을 로그와 조화급수, 리만 가설과 소수정리의 세계로 끌어들인다.

소수의 음악: 수학 최고의 신비를 찾아
마커스 드 사토이 지음 | 고중숙 옮김 | 560쪽 | 20,000원

수학의 위대한 신비로 남아 있는 소수의 비밀을 파헤친다! 수의 구조와 밀접한 관련을 맺고 있는 소수의 비밀을 풀기 위한 수학자들의 도전사다. 세계 최고의 수학자들이 혼돈 속에서 질서를 찾고 소수의 음악을 듣기 위해 힘겨운 노력을 기울이는 경이로운 과정을 생생하게 담고 있다.

불완전성:쿠르트 괴델의 증명과 역설
레베카 골드스타인 지음 | 고중숙 옮김 | 352쪽 | 15,000원

독자적인 증명을 통해 괴델은 충분히 복잡한 체계, 요컨대 수학자들이 사용하는 체계라면 무엇이든 참이면서도 증명불가능한 명제가 반드시 존재한다는 사실을 밝혀냈다! 놀랍도록 쉽게 풀어 쓴 이야기.

퀀트: 물리와 금융에 관한 회고
이매뉴얼 더만 지음 | 권루시안 옮김 | 472쪽 | 18,000원

'금융가의 리처드 파인만'으로 손꼽히는 더만! 그가 말하는 이공계생들의 금융계 진출과 성공을 향한 도전을 책으로 읽는다. 금융공학과 퀀트의 세계에 대한 다채롭고 흥미로운 회고. 이공계생들이여, 금융공학에 도전하라!

무한의 신비
애머 악첼 지음 | 신현용, 승영조 옮김 | 304쪽 | 12,000원

고대부터 현대에 이르기까지 수학자들이 이루어 낸 무한에 대한 도전과 좌절. 무한의 개념을 연구하다 정신병원에서 쓸쓸히 생을 마쳐야 했던 칸토어와, 피타고라스에서 괴델에 이르는 '무한'의 역사.

영재들을 위한 365일 수학여행
시오니 파파스 지음 | 김홍규 옮김 | 280쪽 | 15,000원

재미있는 수학 문제와 수수께끼를 일기를 쓰듯이 하루에 한 문제씩 풀어 가면서 문제 해결 능력을 키우는 책. 더불어 수학사의 유익한 에피소드들도 읽을 수 있다.

리만 가설: 베른하르트 리만과 소수의 비밀

존 더비셔 지음 | 박병철 옮김 | 560쪽 | 20,000원

수학의 역사와 구체적인 수학적 기술을 적절하게 배합시켜 '리만 가설'을 향한 인류의 도전사를 흥미진진하게 보여 준다. 일반 독자들도 명실 공히 최고 수준이라 할 수 있는 난제를 해결하는 지적 성취감을 느낄 수 있을 것이다.

2007 대한민국학술원 기초학문육성 '우수학술도서' 선정

뷰티풀 마인드

실비아 네이사 지음 | 신현용, 승영조, 이종인 옮김 | 757쪽 | 18,000원

존 내쉬의 영화 같았던 삶. 그의 삶 속에서 진정한 승리는 정신분열증을 극복하고 노벨상을 수상한 것이 아니라, 아내 앨리샤와의 사랑이 끝까지 살아남아 성장할 수 있었다는 점이다.

간행물윤리위원회 선정 '우수도서', 영화 〈뷰티풀 마인드〉는 오스카 4개 부문 수상

우리 수학자 모두는 약간 미친 겁니다

폴 호프만 지음 | 신현용 옮김 | 376쪽 | 12,000원

83년간 살면서 하루 19시간씩 수학문제만 풀었고, 485명의 수학자들과 함께 1,475편의 수학논문을 써낸 20세기 최고의 전설적인 수학자 폴 에어디쉬의 전기.

한국출판인회의 선정 '이달의 책', 론-풀랑 과학도서 저술상 수상

유추를 통한 수학탐구

P. M. 에르든예프, 한인기 공저 | 272쪽 | 18,000원

유추는 개념과 개념을, 생각과 생각을 연결하는 징검다리와 같다. 이 책을 통해 우리는 '내 힘으로' 수학하는 기쁨을 얻게 된다.

문제해결의 이론과 실제

한인기, 꼴랴긴 Yu. M. 공저 | 208쪽 | 15,000원

입시 위주의 수학교육에 지친 수학교사들에게는 '수학 문제해결의 가치'를 다시금 일깨워 주고, 수학 논술을 준비하는 중등학생들에게는 진정한 문제해결력을 길러 줄 수 있는 수학 탐구서.

과학의 새로운 언어, 정보

1판 1쇄 펴냄 2007년 1월 18일
1판 2쇄 펴냄 2009년 3월 3일

지은이	한스 크리스천 폰 베이어
옮긴이	전대호
펴낸이	황승기

마케팅	송선경
표지디자인	이은주
본문디자인	소울커뮤니케이션

펴낸곳	도서출판 승산
등록날짜	1998년 4월 2일
주소	서울특별시 강남구 역삼동 723번지 혜성빌딩 402호
전화번호	02-568-6111
팩시밀리	02-568-6118
이메일	books@seungsan.com
웹사이트	www.seungsan.com

ISBN 978-89-88907-94-8 03420

- 이 도서는 한국과학문화재단이 시행하는 과학문화지원사업의 지원을 받아 출판되었습니다.
- 이 도서의 국립중앙도서관 출판시도서목록(CIP)은 e-CIP 홈페이지(http://www.nl.go.kr/ecip)에서 이용하실 수 있습니다.(CIP제어번호: CIP2009000482)
- 승산 북카페는 온라인 독서토론을 위한 공간입니다. '이 책의 포럼 info.seungsan.com' 으로 오시면 이 책에 대해 자유롭게 의견 나누실 수 있습니다.
- 도서출판 승산은 좋은 책을 만들기 위해 언제나 독자의 소리에 귀를 기울이고 있습니다.